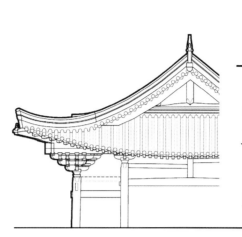

四川古建筑
调查报告集

成都文物考古研究院　编著

Investigation Reports of
The Ancient Architecture in
Sichuan

第一卷

文物出版社

图书在版编目（CIP）数据

四川古建筑调查报告集．第一卷 / 成都文物考古研究院编著．-- 北京：文物出版社，2020.12

ISBN 978-7-5010-6972-9

Ⅰ．①四… Ⅱ．①成… Ⅲ．①古建筑－调查报告－汇编－四川 Ⅳ．① K928.71

中国版本图书馆 CIP 数据核字 (2020) 第 269812 号

审图号：川 S【2020】00035 号

四川古建筑调查报告集（第一卷）

成都文物考古研究院　编著

责任编辑：耿　昀

书籍设计：特木热

责任印制：陈　杰

出版发行：文物出版社

社　　址：北京市东直门内北小街 2 号楼

邮　　编：100007

网　　址：http://www.wenwu.com

邮　　箱：web@wenwu.com

经　　销：新华书店

印　　刷：北京荣宝艺品印刷有限公司

开　　本：889mm×1194mm　1/16

印　　张：21.25

版　　次：2020 年 12 月第 1 版

印　　次：2020 年 12 月第 1 次印刷

书　　号：ISBN 978-7-5010-6972-9

定　　价：460.00 元

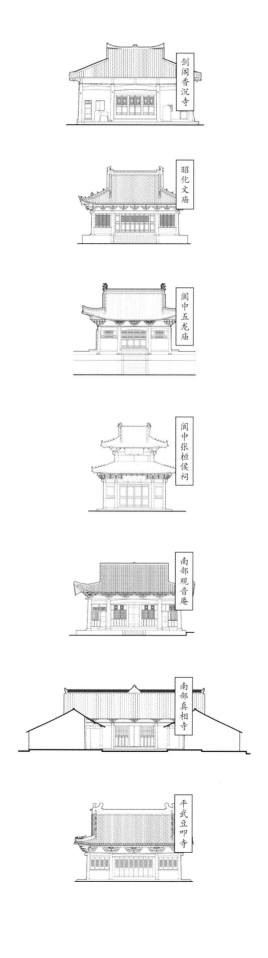

剑阁香沉寺

昭化文庙

阆中五龙庙

阆中张桓侯祠

南部观音庵

南部真相寺

平武豆叩寺

序一

19 世纪下半叶，中国古代建筑成为学者关注的研究对象。一百多年来，对文物建筑进行田野踏查和测绘记录，始终是中外学者持之以恒的学科正途。从外国学者的开拓到营造学社的耕耘，再到 20 世纪 50 年代以来的三次全国文物普查，以及其间高校、文物机构开展的无数次小规模调查测绘，百余年来所积累的踏查记录成果，建构了中国古代建筑的基本认知体系和学科史料基础。

中国营造学社创始人朱启钤先生在《中国营造学社缘起》一文中曾高屋建瓴地指出，中国古代营造具有历劫不磨的价值，而欲揭示其价值，必须以科学的方法做有系统的研究。可以说，中国古代建筑研究，从一开始就被先贤们注入了注重科学调查与系统研究的基因，惟新惟能，止于至善，始终应是中国古建人的初心和底色。

近百年间，新的科学问题、科学方法不断迭代，新技术、新理念和新研究系统，不断涌现，古建筑踏查记录也面临着继承与创新的考验。1998 年，为培养古建保护和研究的高端人才，国家文物局与北京大学联合办学，在北大考古系增设文物建筑专业方向。从此，"以建筑见证文明"成为北大文物建筑专业的发展目标。如何让建筑成为历史学的可靠史料、如何提高建筑史料的时空精度，成为北大建筑考古学对古建筑研究提出的科学问题。基于这样的发展目标和科学问题，北大逐步建设起从文物建筑踏查记录到建筑形制区系类型、时空框架研究的完整学术理论和方法，拓展、夯实了中国建筑考古学的学科基础，发现了一大批重要的建筑史料，同时培养了一大批认同建筑考古学理念、掌握建筑考古学研究方法的专业人才。今天，这部呈现给学界的《四川古建筑调查报告集》丛书，其主要的筹划者和撰写者，正是一批毕业于北大文物建筑专业的学子们。这套丛书体现出他们对建筑考古学的理解和掌握，提升了四川古建筑历史研究的学术水平和建筑遗产保护的科学性，其学术特点和贡献主要表现在以下几个方面。

一、坚持田野工作，基于建筑考古学理念，聚焦建筑年代问题，多有重要发现。《四川古建筑调查报告集》在全面调查记录的基础上，运用建筑考古学研究方法，综合建筑形制与文献史料，发现或订正了如盐亭花林寺大殿、芦山青龙寺大殿、雅安观音阁等一批重要木构建筑的精细年代，提炼建筑形制年代标尺，为建立四川地区建筑形制的精细时空框架奠定了坚实基础，有助于提升四川地区在中国古代建筑研究体系中的地位。

由于四川地区的环境和历史特点，木构建筑难以长期保存，所以四川元代以前的木构建筑极为稀少，而明清时期的四川在地理位置上又离政治中心较远。因此，在以往重点关注早期木构或官式建筑的研究视野下，四川地区长期处于边缘地位，其古建筑系统研究的深度尤显不足。但如果我们以整体性的历史视角审视，四川地区在唐宋时期是承接陕西、河南等政治文化中心地带影响，并再将其辐射到云南、贵州等西南地区的重要枢纽，到元以后，又转而体现出长江流域的特征。这一文化源流发生巨大转变的动因及由此带来的深刻影响和痕迹，恰是不应被忽视且值得深入研究和探讨的重要历史存在。

二、注重时空逻辑、层层推进的系统化记录和研究。建筑考古学的核心是建立尽可能精细的建筑形制时空框架，以提高建筑的史料价值，使建筑成为社会历史文化的可靠见证和追溯途径。要实现这一目标，就必须重视调查的全面性，研究的系统性、逻辑性。任何建筑形制的历史演变都离不开具体时空的承载。在不同时空之间，建筑形制又存在联系交流和互相影响的情况。当我们希望更精准地研究建筑形制的年代问题时，就必须对研究对象的空间范围加以限定，反之亦然。所以，在建筑考古学研究中，会呈现出研究空间范围由小及大，研究时段由短及长，研究对象由具体到多样的特征。《四川古建筑调查报告集》丛书聚焦四川省内，从各个单体建筑的全面记录、测绘和精细年代研究起步，由点及面，细分地区地逐渐展开。这种有步骤、有层次的研究，体现了建筑考古学见微知著的系统化研究路径。

三、不懈探索，精益求精的创新精神。工欲善其事，必先利其器。这套丛书的作者们在一次次的田野调查中逐步积累出了一些新方法和新经验，例如为更全面地提取测绘对象的历史信息，自制调查工具。作者李林东在北大学习期间，了解到普通数码相机改造为红外相机的方法，在四川工作期间，将其灵活运用于古建筑考察之中；作者赵元祥在前者改造的相机基础上，又探索出配套的装备和具体工作方法，从而在多处古建筑构件上，发现了被黔黑的油饰覆盖、肉眼无法观察到的大量题记。这些题记记录了重要的历史文化信息，与建筑形制相配合，形成了一系列建筑年代和历史文化研究成果。他们的创新之举也完善和规范了四川地区文物建筑田野记录的工作范式，极大地推动了四川地区古建筑研究保护事业。

　　最后，借此机会，向成都市文物考古工作队、成都文物考古研究院表达我的敬意。我相信，四川的古建筑，会记住所有为之付出过心血的人，因为文物工作者的生命，从来都与他们的研究对象融为一体。在古建筑中发现历史的脚步，感悟古人的匠心；在古建筑中见证今人的坚守，领悟专业的智慧。相信《四川古建筑调查报告集》丛书，可以带给读者这份收获。

徐怡涛

北京大学考古文博学院

序二

一、四川古建筑概述

　　四川省位于我国西南内陆，历史文化底蕴深厚。古建筑作为人类活动的重要遗存，是人们曾经创造的活动空间与场所，蕴含着诸多历史信息。每一地的古建筑都是当地历史进程的实物例证。

　　提起四川古建筑，最容易让人联想到的便是汉阙。早在 20 世纪初，考察中国的西方汉学家便已注意到这种类似于西方纪念碑式的石质建筑。20 世纪 30 年代，中国营造学社在四川地区调查时，也对雅安高颐阙进行过测绘。除了汉阙之外，四川地区还出土了大量汉代陶楼、陶屋及汉画像砖，汉代崖墓中也多有仿木构建筑的结构和装饰。这些考古实物连同屹立于地面的汉阙一起，为我们勾勒出了四川汉代建筑的形象。

　　魏晋南北朝时期，四川古建筑的情况可以从成都市中心考古发掘出的众多砖瓦构件窥知一二。

　　隋唐时期，伴随着地方经济和文化的发展，佛教在四川地区一度繁荣。留存至今的这一时期的文化遗存几乎都是与佛教相关的摩崖石刻以及佛塔。在展现净土变的摩崖石刻中，通常会雕凿出华丽的建筑形象来展示极乐世界的美好景象。在地面实物不足的情况下，这些建筑形象为我们了解四川唐代建筑提供了重要的参考依据。

　　南方地区由于战争和气候等原因，现存宋元木构建筑数量远不及北方。四川作为南方地区现存宋元木构建筑最多的地区之一，单体建筑的总数也未超过 10 座。这些建筑多位于远离城镇的丘陵地区，因此得以躲过屡次战乱，幸存至今，如南部醴峰观大殿、阆中永安寺大殿、蓬溪金仙寺大殿等。另有宋元时期的砖塔，因不易烧毁，在城市之中亦有留存，如简阳白塔、南充白塔和蓬溪鹫峰寺塔等。

　　明代的四川，繁荣程度虽然不及宋代，但由于距离现世较近，留下了数量众多的地面建筑。这些建筑种类丰富，以寺庙类为主，包括佛寺、道观、祠庙等，其中又以佛寺数量最多。既有像平武报恩寺、梓潼七曲山大庙这样规模宏大的建筑群，也有一些并不知名的乡村小寺。

此外，一些县市保留了明代的城墙和城门。明代的文庙及民居建筑则较为稀少。

在明代，四川地区流传着两种来源不同的营造技艺，一种源于本土，继承了宋元时期建筑的若干特点，明初的许多建筑即是如此；另一种则来自于明代官式建筑，最可作为代表的当属明代蜀王府及其相关建筑。可惜蜀王府早已被毁，今天只能通过蜀王府遗址和墓葬推断当时地面木构建筑的形象。除蜀王府以外，现存安岳道林寺大殿、平武报恩寺等建筑，也表现出了强烈的官式建筑特征，很可能是当地信众聘请了掌握官式建筑技术的工匠所建造。明代中期开始，官式建筑的做法逐渐被民间的本土建筑所吸收。至明代中晚期，长江中下游的建筑做法亦开始影响到四川地区，这些影响是如何开始的，又是如何演变的，很值得我们深入研究。

明末清初，是四川地区的重大历史转折阶段。川内不同的区域因受战乱破坏的程度不同，而有着不同的景象。川西平原受到的破坏最为严重，许多城镇被人为纵火烧毁，以至于该地区现存的明代及以前的古建筑非常稀少。以成都旧城为例，没有一座早期建筑能幸存至今。而在局势较早稳定的川北（保宁府）地区，城镇没有进入漫长、持续的荒废阶段，许多旧有的建筑都得以保留，清初的建筑形制也与明末一脉相承，没有明显的断层。四川保存至今的清代古建筑数量和种类都远超过去历代之和，而且种类非常丰富，前朝没能保留下来的宗祠、会馆、园林、考棚、书院等类型均有完整的实例留存。无论建筑等级高低，建筑形制在清初以后趋于稳定，抬梁式做法彻底消失，取而代之的是四川清代特有的抬担式及穿斗式做法。此外，许多清代少数民族的寺庙、民居也保留到了今天，有着与汉族建筑不同的营造方式和因地制宜的特色。

二、调查工作缘起和过程

对四川古建筑的调查和研究积累到今天，已经有了不少成果。这些成果中，最珍贵难得的是 20 世纪抗日战争时期中国营造学社的川康古建筑调查。学社成员在梁思成、刘敦桢的带领下，秉承营造学社的学术理念，克服战时各方面的艰苦条件，奔赴实地进行测绘踏查，给我们留下了大量的图纸和照片。可惜调查成果在学社解散以后部分佚失，实属遗憾。

之后的半个多世纪里，四川地区的古建筑研究虽然一直在进行，但一直缺乏系统的调查和整理，或以零星的专题文章发表，或以简介汇编的形式出版。20 世纪 90 年代以来，一些学者开始思考如何借鉴考古学的理论和方法来更好地判断古建筑的年代。回顾过往的古建筑研究，在文献不足的情况下，对建筑的年代断定多停留在经验判断层面，主观性和随意性较大。如果对一座建筑年代的认识有偏差，那么后续的研究就会建立在一些不符合历史真实的假设之上。因此，和考古学一样，年代问题是我们正确解读古代建筑历史文化价值的基础。

21世纪初，古建筑的形制年代学和单体建筑断代方法在北京大学考古文博学院文物建筑专业师生的努力下，有了一些很好的实践案例。其率先在华北地区修正了不少古建筑的年代判定。我们的理论知识即受益于这些实践之中，在我们开始工作以后，也想将这种科学的断代方法应用到四川的古建筑研究保护中去。

古建筑的形制年代学，最终目的是要分地区建立起一个有时间纪年的断代标尺。这把标尺上的年代刻度，是由若干处有明确纪年的古建筑构成的。因此，为了实现"建立四川古建筑年代标尺"这一目标，为了丰富标尺上的刻度，就需要在四川进行大量的田野调查，从中寻找到有可靠纪年的建筑。

2008年"5·12"汶川大地震之后，我们开启了古建筑的调查和资料收集工作，在随后的几年里，发表过一些单独的古建筑调查报告，均是一些可以作为标尺的纪年建筑，如青白江明教寺觉皇殿、盐亭花林寺大殿等，但在调查整理的过程中，仍感到力度和效率上的不足。从2017年开始，我们先对四川省内现有的文物保护单位和第三次全国文物普查后的古建筑普查登记点进行了资料梳理，筛选出了公布年代为明代或明代以前的一批古建筑名单，共计一百余处。我们计划逐一对这些古建筑进行田野调查和研究，并将成果以调查报告形式出版。

在现场测绘中，我们采用三维激光扫描仪，大大提升了数据采集的速度和准确度；利用红外相机，可以拍摄到肉眼无法辨认的墨书题记。除了科技设备的使用，我们在调查中也注重观察记录建筑本体遗留的各种痕迹，从中发现各种历史线索，重新审视每座建筑的判定年代。在条件允许的情况下，我们还会对古建筑构件进行木样采集，以便后期进行实验室树种鉴定或碳十四测年。

三、期寄与展望

四川数量庞大的古建筑是前人留给我们的巨大财富，如何认识、整理、研究它们，成了文物保护工作者长期的历史使命。有幸在多方支持下，我们的田野调查工作目前进展顺利，调查报告的撰写也在同步进行之中。《四川古建筑调查报告集》丛书会根据进度，陆续单卷出版，希望能为将来的古建筑深入研究和保护工作提供依据，也欢迎社会各界读者提出宝贵意见。

本
卷
内
容
提
要

　　本书是《四川古建筑调查报告集》丛书的第一卷，共收录 7 篇古建筑调查报告和 1 篇木材树种鉴定报告。每篇报告在标题页下均配有二维码，读者可以通过扫码在线浏览该处建筑的虚拟现实（VR）全景照片，获得身临其境的感受。

　　本卷调查对象包括：广元市剑阁县香沉寺、昭化区文庙，南充市阆中市五龙庙、张桓侯祠，南充市南部县观音庵、真相寺，以及绵阳市平武县豆叩寺。这 7 处寺庙都分布于川北地区，建造年代自元代至清代早期。在每篇报告中，我们将每座寺庙中年代较早的木构建筑作为重点调查对象，撰写详尽的调查报告；其他年代较晚的清代建筑，则只做基本调查，以概述的形式予以记录。

　　丛书里的每一篇调查报告，如同考古发掘报告，均是在现场测绘、记录以及相关历史文献的搜集、梳理基础上，遵循报告体例写作而成。每篇调查报告主要包括以下内容：根据文献、档案梳理建筑的历史沿革；介绍建筑群的地理位置、布局、环境等；详细描述重要建筑的结构形制；释读碑刻题记；介绍壁画、彩画等附属文物；综合上述调查成果，对建筑年代、历代改修情况、建筑所反映的历史作出判断和分析；文末附建筑群总平面图和建筑单体全套测绘图。

　　木材树种鉴定报告在最后独立成篇，包括本卷收录的 7 处古建筑的 70 个木构件样品，列表记录了每个样品的取样位置、显微切片照片，通过与标准图录比对鉴定其至属。

　　本卷收录的建筑，过去只有少数几处发表过简单的报告和测绘图，此次出版的报告是很多古建筑首次公开发表的较完整的一手资料。更为重要的是，通过调查和分析，进一步细化甚至更正了部分建筑已公布的年代：平武豆叩寺大殿有明确的修建纪年题记，与建筑形制也可相互印证，是一座可信度很高的纪年建筑；阆中五龙庙文昌阁过去根据碑刻史料认定了建筑年代，本次调查结合形制和题记中的人名信息，判断出碑刻记载的始建年代是可信的；剑阁香沉寺大殿虽然没有明确的纪年题记，但题记中出现的建置和人名将其年代限定在一个区间内；同样，南部观音庵大殿也根据题记进一步限定了年代范围。以上4座建筑年代可信度高，可视为具有标尺作用的纪年建筑。昭化文庙大成殿在历史上有过多次维修和迁建，根据形制判断和文献记载的年代，推测现存建筑为清代早期重建；真相寺大殿虽然发现了一批原始题记，且在题记中出现了明代特有的建置，但由于缺乏更确切的文字信息，部分重要构件也已缺失，因此只能结合形制判断其为明代中后期建筑；阆中张桓侯祠敌万楼和山门的形制复杂且独特，尚未发现任何题记，为年代判断带来很大困难，初步认为敌万楼主体结构建于明代晚期，山门年代晚于敌万楼，可能建于明代晚期至清代早期（图1；表1）。

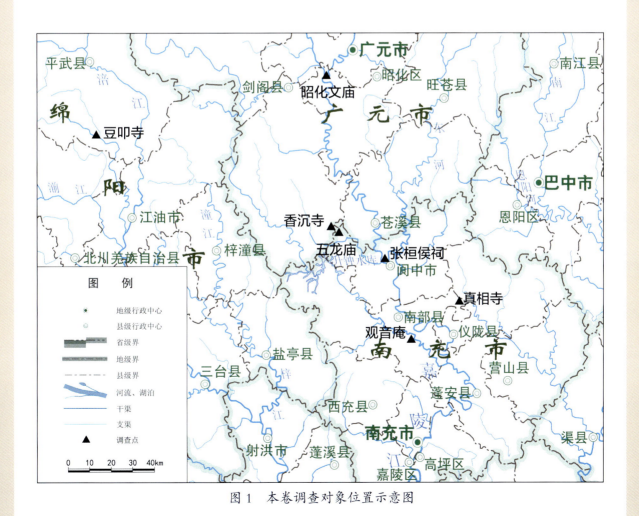

图1　本卷调查对象位置示意图

表 1 本卷调查对象基本信息表

文保单位公布名称	现代区划	古代区划	现文保级别	重点调查对象			
				建筑名称	现公布年代	调查后判断主体结构年代	是否是纪年建筑
剑阁香沉寺	广元市剑阁县	广元路剑州普安县	第八批省保	大殿	元代	元泰定三年（1326年）至至正三年（1343年）	是
昭化文庙	广元市昭化区	保宁府昭化县	市保	大成殿	明代	清康熙三十一年（1692年）	暂未确定
五龙庙文昌阁	南充市阆中市	广元路剑州普安县	第五批国保	文昌阁	元至正三年（1343年）	元至正三年（1343年）	是
张桓侯祠	南充市阆中市	保宁府阆中县	第四批国保	敌万楼	明代	明代晚期	暂未确定
南部观音庵大殿	南充市南部县	保宁府南部县	第八批国保	大殿	明清	明景泰年（1450~1456年）	是
真相寺	南充市南部县	保宁府南部县	第八批省保	正殿	明代	明代中后期	暂未确定
豆叩寺	绵阳市平武县	龙安府平武县	第七批省保	大殿	明代	清雍正十年（1732年）	是

目录

释　　名

本报告涉及四川地区元、明、清三代的建筑，彼此间存在显著的时代差异与地域特征，为使名词术语所指明晰，作此释名。

宋《营造法式》与清工部《工程做法则例》是研究中国古代建筑最重要的两部"文法课本"，其中所记载的名词术语是目前描述古代建筑所用词汇的主要来源。但两书均为官修，代表宋、清两朝的官式建筑，而四川建筑的发展脉络与形制做法有其地域性特点。

目前已发现的四川木构遗存大致可划分为三个发展阶段：元代建筑承袭唐、宋，而且由于两宋南北交通受阻，其形制区别于北方却保留了不少古制；明初，以蜀王府等官式建筑的兴建为契机，明官式做法进入四川，此时两种做法的建筑并存，在经历了明中期的大规模建设后，官式做法与地方做法融合并固定下来；明末清初的战争给四川地区古建筑造成了严重破坏，清初以后建筑形制逐渐转变为穿斗结构。

四川穿斗建筑的研究始于中国营造学社1939年开启的川、康古建筑调查。期间，刘致平先生根据所调查的大量民居完成了《四川住宅建筑》一文，其中总结了地方工匠术语，首次在学术语境中使用了"穿斗"这一词汇，并将四川民居的梁架形式分为"穿斗式列子"和"抬担式列子"两种。由于"穿斗"等相关名词术语均与四川方言关系密切，采用地方术语更能体现其营造思想与结构逻辑。

综上所述，本报告中使用的建筑名词术语遵循以下原则：

1. 元代及承袭元代做法的明初大殿，采用宋《营造法式》术语系统。其余明代至清初大殿采用清《工程做法则例》术语系统。

2. 清代穿斗结构的建筑，以刘致平先生《四川住宅建筑》中整理的术语为主，兼顾目前本地工匠通行术语，尚未获得准确名称的，再参考《工程做法则例》命名。

3. 部分清初大殿采用抬梁与穿斗混合的梁架，另有早期建筑在后期改造中局部使用了穿斗结构，这些无法纳入《营造法式》或《工程做法则例》体系，则采用穿斗术语进行描述。

4. 现实案例中出现与《营造法式》或《工程做法则例》无法完全契合的构件时，优先参考位置相近的构件命名，并附以必要定语相区别。

5. 关于《营造法式》中"华栱"的别称，目前学界并存"抄""杪"两种观点，本书从"杪"。

最后需要指出，《营造法式》与《工程做法则例》的术语系统并不完全符合四川的情况，本报告受篇幅所限无法进行深入讨论，所采用建筑术语仅求前后统一，不涉及其他学术观点。

考虑到一般读者对四川穿斗建筑术语较宋、清官式建筑术语更为陌生，以下采用对照列表形式，将各术语系统中位置相近的构件名称列出，以资参照（表1）。

表1　　　　　　　　　　　　　　　　　　构件分类名称对照表

构件分类		元至明初大殿（参考宋《营造法式》）	明至清初大殿（参考清《工程做法则例》）	穿斗结构		
				穿斗架	抬担架	注释
进深方向	金柱与金柱之间	栿、梁	梁	穿枋	抬担／过担	进深方向金柱之间联系构件统称穿枋，截面一般为纵长方形；抬担通常用于室内不设中柱时，截面较一般穿枋宽，或采用圆形截面；穿枋与抬担的命名均为由下往上依次命名，如一穿、二穿，一过担、二过担等
		顺栿串	随梁			
			承重	一穿	一过担	楼房中除满堂柱外，二层楼面由一穿或一过担支承
		叉手	叉手	四川明清建筑尚存叉手，名称因袭《营造法式》		
		内额横架		四川元明建筑地方做法，指明间中部内额支承的附加结构，形制与正缝梁架相同		
		大叉手		四川元明建筑地方做法，指明间中部脊榑两侧斜梁组成的人字形支承结构		
	金柱与檐柱之间	乳栿	双步梁	步枋、挑枋		檐柱与金柱之间，伸出檐柱另承檩的称挑枋，不伸出檐柱的称步枋；挑枋与步枋按位置可命名为上、下挑枋，上、下步枋
		劄牵	单步梁			
		顺栿串	随梁	步枋		
顺身方向		榑	桁／檩	檩		
		橑檐枋、橑风榑	挑檐桁／挑檐檩	挑檩		位于挑枋上，檐柱以外的檩；若采用双挑枋，挑檩按位置分为内、外挑檩
		顺脊串	脊枋	天欠／大梁／正梁		明间天欠又称大梁或正梁
			楞木	楼欠		用于楼房，上承楼板，由一穿支承

续表

顺身方向	素枋	金枋	挂枋	
		檐枋		
	普拍枋	平板枋		
	阑额	大额枋	照面枋 / 落檐枋	照面枋命名依据其位置分内外、上下，与功能无关
	由额	小额枋		
	屋内额	棋枋	内照面	
		花台枋		
	门额	关门枋		
		间枋		
	地栿	下槛	地脚枋	
	绰幕枋	雀替		
	生头木	枕头木	塞角	
屋顶	阑头栿	踩步金	穿枋	
	大角梁	老角梁	角梁 / 龙背	
	子角梁	仔角梁	大刀木	
	隐角梁			
	递角栿（按惯例）	斜挑尖梁（按惯例）	翘角挑	角部斜 45° 的挑枋
			虾须	位于挑檩外侧，固定在挑檩与大刀木之间，为翼角椽提供外侧支承
	搏风版	博缝板	博缝板	
垂直构件	檐柱	檐柱	檐柱	穿斗结构可用落地柱与瓜柱的数量描述进深，如 X 柱 Y 瓜，其中 X 为落地柱数，Y 为不落地柱数
	内柱	金柱	金柱	
	蜀柱	瓜柱	瓜柱	
		垂莲柱	吊瓜	
			坐墩	位置与吊瓜接近，但底部有挑枋支承
			撑弓	挑枋与檐柱间的斜撑
	驼峰	柁墩		
		荷叶墩		

续表

斗栱	栌斗	大斗		
	交互斗	十八斗		
	散斗	三才升 / 小斗		
		槽升子		
	鬼斗	借用日本建筑史术语，指斗底旋转 45° 的交互斗，安装在平盘斗的位置		
	华栱	翘		
	瓜子栱	瓜栱		
	慢栱	万栱		
	扶壁栱	正心栱		
	泥道栱	正心瓜栱		
	泥道慢栱	正心万栱		
	令栱	厢栱		
	罗汉枋	拽枋		
小木作	门额	上槛	照面枋	用照面枋时通常不另设小木构件安门
		中槛	中枋	门窗较窄较矮时，于照面枋下安立枋，立枋之间另设较短的中枋围成门框
	立颊	门框	立枋 / 撑枋	竖直分隔构件，将墙面分为较小单元
	立旌	间框 / 立框		
	槫柱	抱框	抱柱枋	柱子两侧的立枋，起到找竖直的作用
	横铃	腰枋	中枋	水平分隔构件，将墙面分为较小单元
	鸡栖木	连楹	门墩	
	平棊枋 / 算桯枋	天花支条		

浏览全景照片
请扫描以上二维码

剑阁香沉寺

　　香沉寺位于四川省广元市剑阁县东南约 100 公里的香沉镇老街北端，建筑群坐北朝南略偏西，现存前殿、两厢、大殿、后殿共 5 座单体建筑，其中大殿是四川省内为数不多的元代木构建筑之一，具有重要的文物价值。香沉寺于 1988 年被公布为剑阁县文物保护单位，第三次全国文物普查时重新受到重视，2012 年被公布为第八批四川省文物保护单位。成都文物考古研究院于 2014 年 11 月陪同北京大学考古文博学院徐怡涛师生一行踏查香沉寺，2016 年 12 月与北京大学考古虚拟仿真实验中心合作采集影像数据，2017 年 8 月和 2020 年 7 月对寺院建筑进行调查和数字化测绘，现将主要调查成果公布如下。

一　历史沿革及寺院布局

　　香沉镇地处川北丘陵地带中的河谷平原上，西、北、东三面被香沉河环绕，东南 2 公里即与阆中市桥楼乡及河楼社区接壤。该镇北宋时名香城镇，是当时剑州普成县五镇之一[1]。清雍正《剑州志》载此地名"香成沟"[2]，同治《剑州志》载此地名"香沈寺"，是当时剑州东南与南部县交界处[3]。

　　据现存碑记，香沉寺原名"香城寺"，又称"慈云院"，创建于宋元时期[4]。民国《剑阁县续志》记载香沉寺为元代母大成所建，称殿内有"大元国四川道广元路思都乡"墨书题记[5]。据调查发现的碑刻题记，该寺历代皆由当地母姓家族捐资修建。当地至今仍为母姓聚居区，香沉寺西南 500 米处的母家坝尚存清代至民国修建的多所母家宅院。清光绪三十三年（1907 年），在香沉寺佛祖殿开办了初级小学[6]。中华人民共和国成立后，寺产收归国有，仍办小学，后改为中学，现为香沉小学附属幼儿园（图 1）。

　　香沉寺中轴线上现存前殿、大殿、后殿三重殿宇及前殿两侧的厢房。前殿建于清康熙年间，过去为观音殿，现为主入口，紧临殿前而建的现代民宅和街道斜对入口，寺前空间格局已非原貌。大殿建于元代中晚期，为佛殿，殿前有石碑 4 块。2015 年，香沉镇政府将前殿、大殿及两厢房从学校划出，

[1]（宋）王存：《元丰九域志》卷八，中华书局，1984，第 358 页。

[2] 清雍正五年《剑州志》卷二《疆域》，第 4 页，国家图书馆藏刻本。

[3] 清同治十二年《剑州志》卷一《疆域》，收入《中国地方志集成·四川府县志辑》第 19 册，巴蜀书社，1992，第 763 页。

[4] 清光绪《复古补修》碑，立于大殿前檐下，碑记称"此地寺名香城，院号慈云"；《香城寺复古碑记》，残，立于大殿前檐下，碑记称"香城古刹自宋元开基"。

[5] 民国《剑阁县续志》卷四《祠庙》，收入《中国地方志集成·四川府县志辑》第 19 册，巴蜀书社，1992，第 902 页。

[6] 同上书，卷八《学校》，第 939 页。

由镇政府管理。后殿建于民国时期，目前仍位于学校院内。当地居民回忆，20世纪50年代，左厢房有4间，右厢房延伸至大殿后山柱，后殿两侧还各有1栋民国时期建造的两层木结构教学楼（图2）。

二　结构形制

（一）前殿及厢房

前殿又称观音殿，面阔三间，九檩单檐悬山顶，前后挑枋承檐，冷摊小青瓦屋面。明间面阔4.8、次间面阔4.1、通面阔13、通进深9.2、通高7.5米。建筑现处于平地上，后檐和山面有后期略微垫高的阶沿，前檐柱础露出地表，为红砂石方形素面础石，其余柱础多埋于地下。前殿右次间现打通为入口，前檐二柱下半部包砖安装铁门，其余两间前檐被砖墙封堵，室内隔成3个房间（图3）。

图1　香沉寺及周边环境卫星影像图

图2　香沉寺组群航拍图

图 3　前殿外观

图 4　前殿前檐挑枋

图 5　前殿前廊屋架

图 6　前殿明间屋架

　　前殿明间左右缝为抬担式屋架，用四柱，各柱均有侧脚，分为前中后三进，前后进各两步架，中进四步架。檐柱与金柱间以步枋和挑枋相拉结，步枋肩部斜杀，挑枋肩部做钟形砍杀，挑枋前端穿出檐柱，其上又叠一层小挑枋，小挑枋后尾插入檐柱，两层挑枋端头各做简单雕刻，小挑枋与挂枋相交，上承挑檩（图 4）。前进挑枋上承荷叶墩，荷叶墩上施一根断面呈斗形的枋，连接左右两缝屋架，枋上承单步梁头。单步梁之间施挂枋，梁头承下金檩（图 5）。后进挑枋则承瓜柱，瓜柱与金柱间施步枋，瓜柱间施挂枋，柱头承下金檩。金柱头上沿进深方向开一字形槽口，五架梁头扣入口内，即典型的四川抬担式做法，梁肩部略包住柱头再微做斜杀。金柱头间施挂枋，上承中金檩。五架梁上与前进挑枋相同，施荷叶墩及斗形枋，上承三架梁。三架梁之间施挂枋，梁头承上金檩。三架梁上当中立脊瓜柱，左右脊瓜柱之间施以粗大的正梁，瓜柱头承脊檩（图 6、8）。左右缝屋架中，梁枋构件大多为圆形断面，中间略向上拱起，只有挑枋出头断面呈矩形，瓜柱则均为抹角方形断面。

　　两山面为五柱四瓜的穿斗式屋架，各柱也都有侧脚，前后金柱之间过中柱施三道穿枋，一穿约在金柱一半的高度。檐柱与金柱之间，在略低于一穿位置施下步枋，下步枋上施瓜柱，其中前进瓜柱断面为抹角方形，后进则为圆形。瓜柱与金柱间施上步枋。瓜柱与檐柱间施挑枋，出挑与明间做法相同（图 7、9）。

各缝屋架之间，以照面枋、檩挂相拉结。金檩和挑檩下的挂枋均为矩形断面，且与檩下皮贴紧；檐檩下不用挂枋；脊檩下明间施圆形断面的正梁，正面绘双龙，背面绘云纹，两端出柱头；次间在正梁出头下施天欠，榫头直截，不承托正梁。前后每排檐柱间施圆形断面的照面枋，中间略向上拱起，明间照面枋较两次间的略高。前后每排金柱间，均施矩形断面的照面枋，明间较两次间的高，照面枋与挂枋之间做编壁。

明间前金柱柱脚有地脚枋榫口，柱身有编壁留下的一排槽口，高约1.9米处有腰枋榫口，柱间照面枋

图7　前殿山面屋架

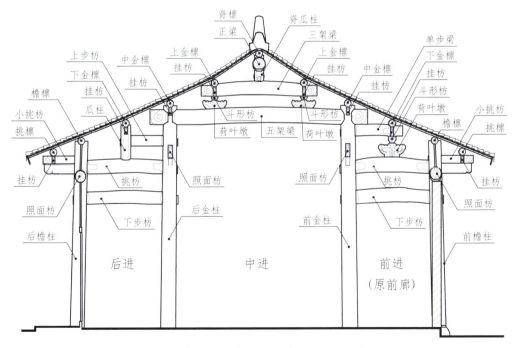

图8　前殿左一缝剖面及构件名称示意图

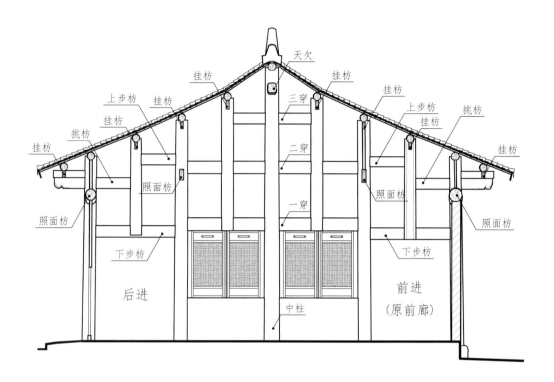

图 9　前殿左二缝剖面及构件名称示意图

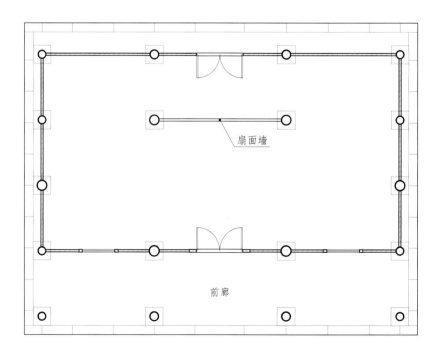

图 10　前殿平面复原示意图

下有 2 个 28 厘米 ×4 厘米的榫口，背面无门簪及连楹痕迹。推测前金柱间原有地脚枋，其与照面枋间装 2 根撑枋，撑枋间上部横施一枋装连楹，上下做 2 块编壁及 2 扇门，撑枋与金柱间施一道腰枋，上下做 2 块编壁。次间前金柱柱脚也有地脚枋榫口，柱高约 1.2 米处有腰枋榫口，照面枋下有 2 个 13 厘米 ×3 厘米榫口和 3 个 10 厘米 ×1.5 厘米榫口，是 2 个不同时期的撑枋痕迹，其中 2 个较大的榫口可能是原构，右次间照面枋正面还残留 2 个偏托。推测次间前金柱原有地脚枋，高 1.2 米处施腰枋，其与照面枋间装 2 根撑枋将面阔分为 3 份，做窗或编壁、装板等。故可判断前殿前檐两步架原为敞廊。

后金柱朝向明间的一侧，柱脚有地脚枋榫口，柱身有编壁留下的一排槽口，高约 1.9 米处有腰枋榫口，柱间照面枋下有 3 个 16 厘米 ×4 厘米的榫口，照面枋与挂枋之间的编壁残存部分悬塑。说明后金柱间原有编壁形式的扇面墙，正面布置有塑像。扇面墙做法为金柱间施地脚枋、腰枋、照面枋，腰枋与照面枋间立 3 道撑枋，分为 4 块编壁，腰枋与地脚枋间可能也同样划分 4 块壁面（图 10）。残存的悬塑位于照面枋上方西部，竹编骨架上不抹泥，直接用掺有纤维的石灰塑造。现存部分为背景山峦，及彩云尾尖，云尾蜿蜒而下，在照面枋正面留有印痕，东边也发现对称印痕，彩云上原本可能立有童子。照面枋中央有一个宽约 2.4 米的火焰形背光印痕，说明原殿内主尊为一尊单独塑像（图 11、12）。

若前殿原先确为观音殿，根据背光的造型、尺度比例及四川地区的造像传统，推测原状是先在地面用砖石砌成素面或须弥座式佛坛，坛上先塑底座，可能为须弥座，也可能为坐骑金毛犼，上为莲台和端坐的观音，观音头部大约在照面枋略靠下的位置，头戴宝冠，背后莲座以上塑火焰形背光（图 13）。

图 11　后金柱间残存悬塑

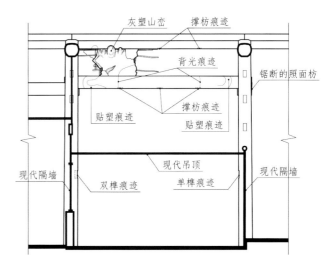

图 12　后金柱间痕迹现状示意图

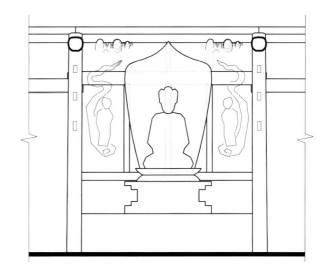

图 13　后金柱间复原示意图

图 14　左厢房

图 15　右厢房

前殿的地脚枋、腰枋均采用一端单榫、一端双榫的做法，其中双榫的榫口较深，说明是用倒退榫的方式安装，即屋架立好后，先将枋子的双榫插入柱子，再向外拔出使单榫插入另一柱子，最后用木条塞住双榫与柱子间的空隙。

厢房位于前殿两侧，南山墙基本与前殿前檐柱在一条轴线上。据剑阁县文物档案记载，1991 年时，香沉寺有"左右厢房各 12 间，面阔 48.9 米，进深 11 米"[7]，应该包括了前殿两侧厢房和后殿两侧民国时期修建的校舍。左厢房现存南端三间，每间面阔 4.4、通面阔 13.2、通进深 7.3、通高 6 米，前金柱间与后檐柱间的照面枋都是中间一间低，两边两间高，且最北端屋架外侧留有榫口，可知向北还有房间延伸，现中间一间不是原有明间。据屋架穿枋上题记可知清代曾供奉痘疹娘娘。右厢房现存南端一间，面阔 3.8、通进深 7.3 米。两厢结构均为五柱三瓜八檩穿斗式屋架，中柱以前为三步架，含一步前廊，中柱以后为四步架，前后单挑承檐，悬山式屋顶。前檐挑枋出头上又叠一层小挑枋，后檐则无。右厢房前廊被包入室内，部分柱、枋存彩画痕迹。两厢房从建筑形制来看可能与前殿年代相近，为清代早期建筑（图 14、15）。

（二）大殿

1. 平面

大殿面阔三间，厅堂式构造，六架椽屋分心劄牵用五柱，带前廊，厦两头造（图 16）。前檐柱柱底明显低于其他柱子，可能与阆中永安寺大殿、五龙庙文昌阁类似，采用两段式台基。据 1991 年记录，大殿台基高 1 米，踏道 5 级[8]，现状第一层台基自前檐滴水线至前檐柱止，高 0.38 米，第二层台基自前檐柱至后檐滴水线，高出地表约 0.7 米。台基大部分被水泥涂覆，仅二层台基在前檐明间和后檐位置露出阶条石。右山中柱露出础石外侧刻一"云"字，可能是用其他石刻改制（图 17）。殿内部分柱底

---

[7] 剑阁县文物保护管理所：《剑阁县文物保护单位管理合同书》，1991 年 5 月 30 日。

[8] 同上。

图 16　大殿外观

图 17　刻字础石（吴煜楠摄）

图 18　大殿前廊东南角

图中标注文字：
- 阑额下有题记
- 山面由额
- 垫板
- 前檐阑额
- 残留榫头

图 19　大殿山面（吴煜楠摄）

可见低平的方形石柱础，其他柱础或埋于地下，或被水泥涂覆。柱底平面通面阔 14.6 米，其中明间宽 6.2、次间宽 4.2 米；通进深 12.1 米，各柱间从前向后分别深 2.3、3.75、3.75、2.3 米；通高 10.54 米。各柱侧脚明显，柱顶平面通面阔 14.27、通进深 11.97 米。

2. 立面

大殿前进一椽原为前廊，后改为学校办公用房时，两次间被包入室内，并在四面开辟多处门窗。四面檐柱柱头无其他构件交接的面均做钟形砍杀。前檐柱间施阑额一道，断面圆形，中间略向上拱起，与普拍枋之间用垫板填实。阑额肩部做钟形砍杀，端头入角柱，出头直截。4 根前檐柱在紧贴阑额下的位置都有榫头残留柱内，可能阑额下原有绰幕枋之类的构件，但已被锯掉。前檐角柱与山面檐柱之间施阑额及由额，此阑额断面为矩形，底面有墨书题记，表明阑额与由额间原为透空，前廊左右开敞。由额断面圆形，肩部钟形砍杀，与正面阑额相似。前檐柱至山面前进柱头施普拍枋，断面呈斗形，采用斜批搭掌式交接（图 18）。

山面后部及后檐的檐柱，因铺作减跳且无普拍枋，故而比前廊的檐柱高，柱头之间施一道阑额，断面矩形。阑额下施由额，山面由额断面为矩形，后檐则与前檐阑额类似，断面为圆形，中间略拱起。后檐明间由额上，当中立一蜀柱，柱头与其他后檐柱齐平，上承补间铺作（图 19）。

3. 外檐铺作

外檐铺作遵循前繁后简的原则，前廊部分于普拍枋上施六铺作斗栱，山面后部及后檐则减两跳，于柱头施斗口跳，但多经后期改造，众多构件缺失。前廊铺作，原应有正面柱头铺作 2 朵、明间补间铺作 2 朵、转角铺作 2 朵及山面柱头铺作 2 朵。现正面 6 朵铺作均已缺失，而用短柱加挑枋承檐的方式代替，仅山面柱头铺作保存较完整。山面后部及后檐铺作，原应有后檐柱头铺作 2 朵、明间补间铺作 1 朵、转角铺作 2 朵及山面柱头铺作 4 朵。现转角铺作已不存，亦用短柱加挑枋承檐代替，其余则在栌斗下添加了挑枋承檐。斗栱用材厚 134、单材广 191、足材广 286、栔高 95 毫米，约当《营造法式》中六等材。但栔高、材厚、单材广、足材广的比值约等于 7：10：14：21，在栔高、材厚、单材广之间存在近似 $\sqrt{2}$ 的比例关系，与《法式》略有不同。

前廊山面柱头铺作为六铺作单杪双下昂。栌斗口出第一跳华栱，为足材，外跳较里跳长，里跳上施斗承丁栿，梁头伸至外跳跳头，但不出华头子，外跳上施交互斗承瓜子栱并出第二跳昂，昂尾做楂头压在第三跳昂下，昂头施六边形交互斗承翼形栱并出第三跳昂，第三跳昂昂尾插入丁栿所承蜀柱上。两昂嘴皆已被锯短，昂面起脊，两颊沿上下缘各刻一道线脚，与阆中永安寺大殿、梓潼七曲山盘陀石殿和天尊殿等建筑的昂嘴形制相近。据昂身两侧所开子荫，推测瓜子栱上还有慢栱和一道素枋，即重栱素枋，素枋位置与山面后部斗口跳上的缺口对齐，可知素枋延伸至斗口跳上为橑檐枋，第三跳昂头上留有安装小斗的缺口，可知原有小斗承橑檐枋。从檐椽与斗栱的高度关系可知斗栱上不用令栱、耍头，是四川元代建筑一贯的做法。华栱、横栱、扶壁栱栱头都做五瓣卷杀，分瓣转折处有刻痕。扶壁栱朝后檐一侧为 3 层单材栱，前廊一侧为重栱素枋。其中，第二层泥道慢栱朝后檐的一端在泥道瓜栱散斗上方断开，向后施素枋作为山面的阑额，并在阑额上隐刻出慢栱栱头，慢栱上两侧各施两个散斗。第三层泥道栱朝后檐一侧做成栱身，是一个单独构件，上承 3 个散斗；朝前廊一侧的构件已缺失，推测原为与转角铺作相连的素枋（图 20、21）。

图 20　大殿右山前柱头铺作外跳

图 21　大殿左山前柱头铺作里跳

山面后部及后檐柱头铺作，柱头上承栌斗，斗口出梁头，上开一槽口，可能原承橑檐枋，出跳长度与前廊第一跳华栱相同。梁头雕卷草纹，各构件纹样有细微差别，可能是不同工匠的作品。扶壁栱为单栱素枋，栱已不存，据梁头两侧子荫高度推测应为足材，又据素枋底面安装竹编壁留下的痕迹可限定其长度，推测与后檐补间铺作现存的翼形栱相近（图22）。

后檐补间铺作，施于阑额当中立着的蜀柱上，栌斗外侧沿45°方向开口，说明外跳原有斜栱。华栱外跳与柱头铺作相同，里跳做挑斡搭在后内柱间的屋内额上。泥道栱为足材翼形栱，仅外侧有雕饰，纹样与华栱头相同（图23、24）。

后期因椽子断面缩小，山面后部至后檐斗栱的出跳长度不能满足承檐需要，故将栌斗底部凿穿，增加了挑枋承檐，但这样就破坏了柱头与栌斗连接的馒头榫，没有顺栿串与内柱拉结的山面中柱因此与斗栱发生错位。

大殿斗栱的后期改造中，许多构件是利用原构构件改制而成。前檐转角铺作位置的翅角挑上各使用了一件两端不等长的足材栱作为垫块，原应为华栱（图25）。前檐及右后角的3根角梁断面呈半圆形，底面存有连接椽子时插栽销的榫口，应是将檩条剖开改成。普拍枋上又撑檐槫的一些短柱也是用檩条改成，同样留有插栽销的榫口。前檐明间的2根挂枋、前檐明间中缝和右缝檐槫与下平槫之间的2根斜梁、左后角梁、后檐明间左缝栌斗下的挑枋等构件两侧留有斜向的子荫，可知为下昂改成（图26）。其他一些枋材也留有各种榫卯痕迹，应该都是用旧构件改制而成。这些构件是复原大殿缺失部分的重要依据，有待进一步调查研究。

图22　大殿右山后柱头铺作

图23　大殿后檐明间补间铺作外跳

图24　大殿后檐明间补间铺作里跳

图 25　翘角挑上利用的华栱

图 26　昂改成的角梁

图 27　大殿右缝屋架

4. 梁架

大殿间缝梁架为六架椽屋分心劄牵用五柱。檐柱和内柱间有顺栿串拉结，柱头铺作上的劄牵后尾入内柱，前檐劄牵已被后期挑枋替代。内柱与中柱间有顺栿串拉结，后内柱顺栿串的位置比前内柱的高，榫头入中柱时互不相碍。内柱柱头之间有一道素枋规格的顺栿串拉结，上施乳栿，断面与槫相当。乳栿上承蜀柱，柱脚做鹰嘴砍杀，左右缝蜀柱间施屋内额，前后蜀柱与中柱共同承平梁。蜀柱与平梁节点是在柱头开一字口，梁头下半部做箍头榫扣入柱头，中柱柱头做钟形砍杀，平托于梁下。平梁上承蜀柱，左右缝蜀柱间施顺脊串，蜀柱头与平梁间施叉手（图 27）。4 根叉手中有 3 根底面留有竹篾戳痕，推测以前装有编壁，左山靠前的 1 根叉手底面开有槽口，可能是用其他位置的枋材改制。

前内柱缝上，原为前廊与室内的分界，安装有门扇、编壁等，现仅明间设门，两次间则与前廊打通。明间现有地栿、门额、三开六扇隔扇门均非原物。原门额已被锯掉，但榫头仍留在内柱内，比现有门额高。门额上方有一道屋内额，内额底面均匀分布 3 个槽口，同时在内额与门额之间的内柱侧面开有 5 个方形榫眼，推测内额下的 3 个槽口处原有 3 道立旌，将门额与屋内额之间的空当分为 4 块，内柱侧面的 5 个榫眼插经篾 5 道，编成横经纵纬的竹编壁（图 28）。屋内额上分布 2 朵内檐铺作，与前檐补间铺作位置对应，铺作间安竹编抹泥栱眼壁。铺作为栌斗上承泥道栱、华栱及 2 散斗，华栱为单材，且外跳底面平直、顶面砍斜。铺作上承一道素枋及下平槫，该素枋下半于铺作缝上开口（图 29、30）。推测原前檐补间铺作后尾挑斡即压在内檐铺作华栱上，并与泥道栱上素枋相交。次间柱

图 28 明间门额及编壁痕迹

图 29 内檐铺作外侧

图 30 内檐铺作内侧

图31　左次间门额及编壁

图32　大殿室内梁架（吴煜楠摄）

图33　左山中柱丁栿

脚可见安装地栿的榫口。次间门额尚存，位置较明间低，正面开有2个透眼，推测原安装有门簪，背面隐约可见鸡栖木留下的印痕。门额底面开有若干槽口，有些深浅不一，有后期改动迹象，可能是不同时期安装立颊、槫柱等留下的。门额上方为山面丁栿，丁栿与门额间施立旌一道，现仅东次间靠外檐侧存一块编壁，两面都绘有壁画，正面为老鹰图，靠内柱一侧的丁栿下留有5个方形榫眼，说明编壁为纵经横纬。丁栿上施蜀柱，柱脚做鹰嘴砍杀，山面柱头铺作后尾挑斡插入柱中。丁栿以上的方形和三角形空当也都曾安有编壁（图31）。

中柱缝上，明间中柱间施屋内额一道，高度与前内柱屋内额一致。脊槫下蜀柱之间施顺脊串。次间山面中柱与内中柱间无顺栿串拉结，丁栿后尾入内中柱，压在明间屋内额下。丁栿上承蜀柱，蜀柱上施一斗三升斗栱，承素枋及山面下平槫（图32、33）。

后内柱缝上，纵架结构与前内柱缝基本相同。在与前内柱门额相同的高度，也有明间高、次间低的一道额串，但两次间额串已被锯断，仅存榫头，明间额串则砌在墙内。内柱上段的屋内额上也有2朵内檐铺作，因后檐只有1朵补间铺作，不与内檐铺作发生关系，所以内檐铺作的华栱前后均为完整的栱头。丁栿上的蜀柱与前内柱缝上不同，其柱脚不做鹰嘴砍杀，柱身无45°方向角梁开口，反而在进深方向有一大进小出的透眼，这两根蜀柱很可能是从别处移来的（图34）。

大殿屋顶结构经后期改造，变动很大。翼角部分，现状自橑檐枋经檐槫至下平槫、下平槫至上平槫用2根枋材搭接作为角梁，无翼角起翘（图36）。而原角梁后尾在前内柱缝丁栿上的蜀柱中残留有榫头（图35），是了解转角做法的重要线索。

该榫头穿透蜀柱中部的卯眼后用销子拴住，角梁尾插入柱中而非搭在柱头上，说明角梁背上还有隐角梁。这种做法在川北地区元代及部分明代建筑实例中较常见，如梓潼七曲山的天尊殿，角梁伸出转角铺作后略微上翘，不用子角梁，角梁后半部上施隐角梁来承托翼角椽和戗脊（图37）。现状山面厦两椽，建筑立面正脊短，两山屋面过长，比例很不协调。可能原先在山面下平槫以上，还有屋架结构，槫上是否留有相关遗痕，尚待调查。屋面部分，槫和椽子大多为后期更换，现椽子均为扁长方形断面，而

图 34　右后丁栿上蜀柱

图 35　蜀柱上残留的角梁尾部

图 36　左后角梁现状

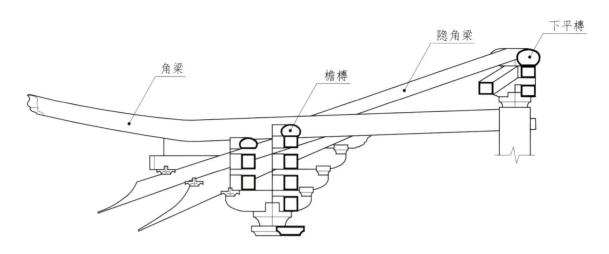

角梁　　　　　　檐槫　　　隐角梁　　　下平槫

图 37　七曲山天尊殿角梁构造示意图

原橡架平长达 1.8~2.3 米，扁橡无法满足这么大的跨度，因此在檐步、金步都增加了斜梁，脊步则利用叉手，在斜梁和叉手上增加一道檩条。

（三）后殿

后殿由主殿和两侧耳房组成，通面阔 18.15 米，原带前廊，后期改为学校用房，将墙体外推至檐柱。主殿面阔三间，单檐歇山顶，平面呈正方形，面阔进深各 6.6、通高 7.1 米。主殿屋架原用四柱，因后期改建墙体门窗，前檐柱下部被锯断，改用一根照面枋承托。檐柱上部出挑枋承檐，挑枋中间立瓜柱。金柱间施承重，承重正中立脊瓜柱，瓜柱与金柱间施穿枋和斜梁组成桁架式结构。承重上原施楼欠，铺楼板将室内分成两层，一层供奉财神，二层平时不可登临，供奉玉皇大帝。两侧耳房原面阔各两间，东耳房因新建教学楼拆除一间，单檐悬山顶，屋面较主殿略低，采用四柱五瓜九檩穿斗式屋架。后殿构造上的显著特点是所有柱枋交接处，都从柱子侧面打眼穿透枋子的榫头，并插入木销固定，是当地清代晚期至民国时期的做法（图 38、39）。

图 38　后殿外观

图 39　后殿梁架

三 题记及碑刻

香沉寺大殿内目前发现题记 20 条，其中左山前廊阑额下题记被砖墙遮挡无法释读，另据当地老人回忆，大殿明间前檐阑额下原有题记，但铲除漆皮后已不见。根据现有题记所在位置推测，还有一些被遮挡或被破坏的构件也可能有题记，总数应不少于 28 条[9]（图 40）。

前殿目前发现题记 17 条，另有部分被墙体遮挡的构件也可能有题记，估计总数 20 余条。东厢房目前发现题记 2 条，部分挂枋也有题记痕迹，但已被烟尘熏黑，难以辨识。后殿发现题记 2 条，但大部分被人为涂黑，字迹不清。

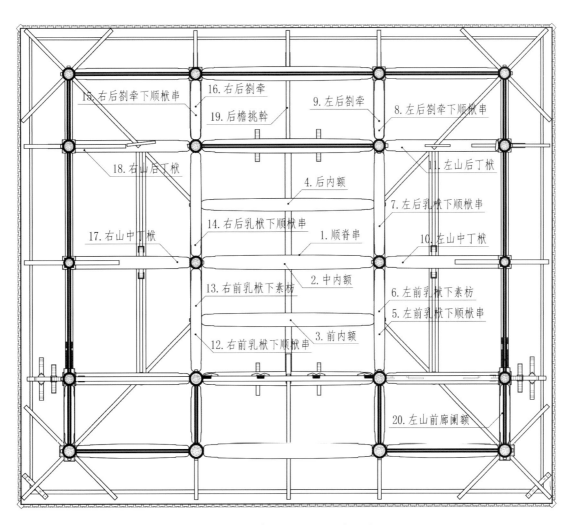

图 40　香沉寺大殿题记分布示意图

[9] 题记、碑刻录文中，"□"表缺一字，"……"表无法判断字数的缺字，"｜"表换行，一行内又分多行的，多行内容外加"［］"，各行用"｜"隔开，如果多行的各行内又分多行，则用"｜｜"套"［］"的方式表示。

　　大殿前现存古代碑刻及残件 4 件，现代碑刻 1 件。据乡亲介绍，寺内原有 8 通石碑，后来砸毁用来垫房基等，有些老人还能回忆起自己参与埋碑石的位置。今后有望发现其他石碑残块，以丰富香沉寺的历史资料。

（一）大殿题记

1. 顺脊串

　　上祝：皇帝万岁，太子千秋，文武重臣，高增禄位。伏愿风调雨顺，十方界五谷丰登；海晏河清，合国内万民乐业。佛日增辉，法轮常转。

2. 中内额

　　当乡大檀［王拱辰、王拱之、王拱朝、陈嗣兴、陈嗣隆、王文胜、王文质、王文灿、涂再五、王文用、王文贵、王文□、王文忠、王文炳、王文琰、何文通、何文炳、何文进、何文违、何文焕、何文德、何坦之、冯坦祯、何坦智、何坦祥，］杨德秀、杨德润、杨应坤、杨德进、杨应亨、杨德俊、杨应和、杨应举、杨德富、杨德纯、杨德英、杨德仁、杨思聪、杨思恭、李嗣昌、李惟贤、曾延寿、曾保寿、曾才焕、曾才俊、何坦仁、何坦信、何坦元、何坦宁，］各舍钱粮，祈增福寿者，谨题。

3. 前内额

　　［云南诸路行中书省掾史罗璟，将仕郎中庆路易门县尹高选，顺元等处宣抚司知事赵时行，镇西路儒学正罗瓒，剑州医学正何友文，］承直郎广元路同知沔州事郑友益，夔路儒学教授高举，丽江路军民宣抚使司儒学教授罗琇，云南廉访司通事郑庚，孟隆路儒学正高起严，］教官［罗杲，］高起元，］［四川左右司吏赵时俊，剑州司吏徐嗣永、杨思敬，］云南宣慰司奏差苟文彬、剑州医学正杨思忠，］伏冀亨衢奋迅者。

4. 后内额

　　［佛寿院住持妙和，净众院讲主玉峰光教大师法琳，感化院师兄明德，师弟明闻、明义、明思、从顺、从正，□□法侣可□、□□□……］悟本院讲主妙融，灵芝院讲主思明、思觉、永恭，云楼山讲师陈拱玄、杨道渊，龙台院讲主法珍，二教院讲主庆寿、可□、法□……］长孝、普照、法□、善传，圣寿寺长老庆福，伏冀法幢高竖，道树婆娑者，谨题。

5. 左缝前乳栿下顺栿串

　　俗亲［母大用、母大富、母大中、］母大全、母大和、母大悦；］俗弟［母思义、母思明、母思显、母思聪、母思宽、母思可、母思亨、］母思恭、母思德、母思正、母思仁、母思诚、母思美、母思通；］俗门母天保，男母仲文，伏冀家道兴隆，子孙荣显者。

6. 左缝前乳栿下素枋

司吏杨大荣，里正姚保福、姚保成、罗□兴，杨尚成、尚大尚二尚顺和、郭二、住大，各冀福寿增高者。

7. 左缝后乳栿下顺栿串

当乡大檀［普成社长郑友直、郑友谅、郑友闻、郑璧、郑瑞、］前剑州仓使苟德隆、苟德懋、苟德新、苟德用、罗瑁，］里正［罗有英、罗有雄、罗有域、］杨再成、杨再思、杨再昌，］各舍钱粮，冀乃子乃孙，曰寿曰富。

8. 左缝后刌牵下顺栿串

安仁乡施主［崔惠清、崔惠隆、□□□、苟文笔、张□□、］何惠明、何惠光、苟文富、苟文贵、杜绍□，］各舍钱粮，冀五福咸臻者。

9. 左缝后刌牵

南隆施主［蒲润之、蒲□□、严□□、李炳□、李炳义、蔡□之、□子美、刘□□、何□□、］蒲志忠、蒲志荣、蒲志隆、李炳□、严……］……

10. 左山中丁栿

金仙里施主［罗庚祖、冯炳聪、冯炳明、何彦进、张智明、赵思文、冯炳智、冯炳文、冯炳奂、母忠仁、母忠义、母忠礼、母忠孝、罗有成、范昌宗、袁森、］蒲保德、梁思明、梁思永、梁思成、梁思恭、梁思有、梁思聪、梁思敬、梁思义、梁子安、梁子□……］……

11. 左山后丁栿

剑门乡施主［杨天益、赵时中、赵时举、□□□、罗元□、］赵天惠、王应祖、王德□、□□□、□有庆……］［□□□、□□成、王再昌、杨大伦、杨大亨、］□惟贵、李才富、李才用、李才智、李文秀，］各□□粮……

12. 右缝前乳栿下顺栿串

当乡大檀何富有，男社长何善荣、龙爪站提领何善质，次男何善从，孙男［何道成、何道昌、］何道隆、何道明，］各舍钱粮，祈乞晚景康宁，子孙昌衍。

13. 右缝前乳栿下素枋

普成乡大檀，安仁乡居士王□明，王文富、刘祥甫，伏冀五福咸臻者。

14. 右缝后乳栿下顺栿串

普成乡施主［罗隆之、杨孝光、杨敬光、杨妙林、李自强、李仁美、李天德、李天锡、李天惠、杨子文、张兴进、］李绍祖、罗绍先、罗珪、罗珍、罗琳、罗绍祖、李天桂、李天喜、李天佑、蒲元宗、冯昌祖，］伏冀家道兴隆，吉祥如意者。

15. 右缝后刌牵下顺栿串

当乡施主张伴全，壻吴继祖，孙男张□□，运工力施主冯兴孙，男冯祥，祈……

16. 右缝后劄牵

俗门姑何□母氏，暨……

17. 右山中丁栿

普成施主［陈思聪、陈思恭、田再兴、田再茂、田再隆、田再喜、田再荣、田再思、张复亨、张复泰、张复昌、］梁震纯、杨忠显、姜子朝、梁子文、梁子贞、梁子仁、梁子义、梁子□、梁子琦、梁□□、梁□富，］各舍钱粮……

18. 右山后丁栿

当乡耆宿［杨定保、苟德坤、杨德□、］杨震乙、李德新、杨德广；］［罗村站官杨□……］儒学义官郑□……］

19. 后檐补间铺作挑斡

……门翁婆母光祖杨氏，伯母大用王氏，存留资金，重光福地，［愿生人间天上，］□结佛果菩提，］谨题。

从题记 5、16、19 可知，这些题记是以"母"姓"思"字辈出家子弟的口吻所写，其祖父为母光祖，祖母杨氏，父辈为"大"字辈。而民国县志中记载的修建者"母大成"未见于现存题记中，参考元至大四年（1311年）修建的盐亭花林寺大殿是李昌祖为出家的儿子李德荣所建[10]，香沉寺可能也是同样的情况，是母大成为儿子所建。从题记 4 可了解香沉寺与周边其他寺院的关系，其中"感化院师兄明德，师弟明闻、明义、明思、从顺、从正""龙台院讲主法珍"等人也出现于相距仅 6 公里的阆中五龙庙题记中。五龙庙左缝后劄牵下题有"明义、明闻、从正、从顺，慈云院讲主明照，龙台院讲主法珍"，其中的"慈云院"即现在的香沉寺，慈云院讲主明照，与感化院明德、明闻、明义字辈相同，应为师兄弟关系，与题记 4 称"感化院师兄、师弟"相符，因此推测主持修建香沉寺大殿的很可能是明照。

题记 3 是在外做官吏的乡人祈愿，其中有"孟隆路儒学正高起严"，孟隆路位于云南，设立于元泰定三年（1326年），因此可断定香沉寺大殿建造年代不早于元泰定三年。题记 12 中出现了"孙男何道成、何道昌、何道隆、何道明"，他们的名字也出现在阆中五龙庙的题记中。五龙庙右缝后劄牵下题有"思都乡信士何道隆、道成、道昌"，他们在香沉寺题记中是排位最末的孙男，但在五龙庙题记中已经排位居首，因此推测香沉寺大殿比五龙庙年代略早。五龙庙的年代，目前一般据庙前碑记"太元至正三年修立"字样，认为建于元至正三年（1343年）。综上，判断香沉寺大殿建造年代在 1326 年至 1343 年之间（图 41）。

---

［10］蔡宇琨、赵元祥、张宇：《四川盐亭新发现的元代建筑花林寺大殿》，《文物》2017 年第 11 期。

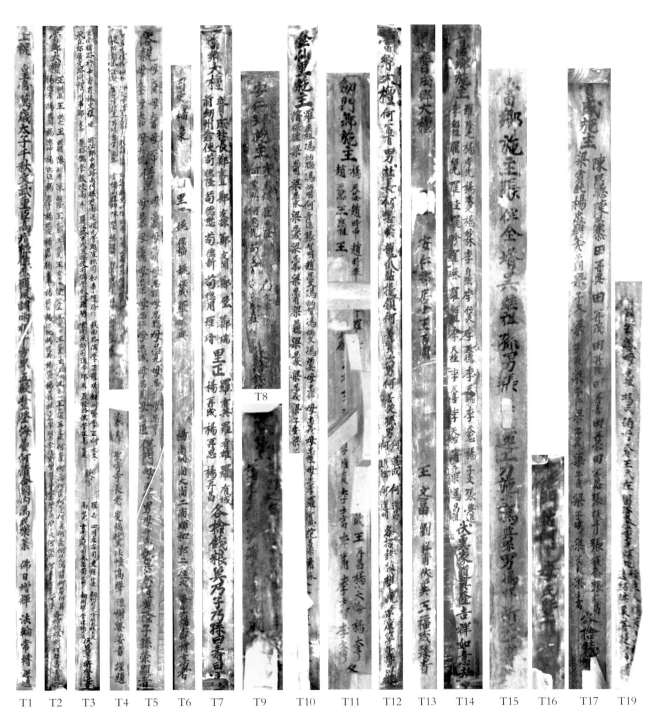

图 41　大殿部分题记

（二）前殿题记

1. 明间正梁

□□当□皇帝万岁万万岁，太子千秋千千秋。文武百官，高增禄位。风调雨顺，国泰民安。读者科甲登第，耕者蚕谷丰盈。庶使山门镇静，派续联芳，合境宁谧者矣，谨题。

2. 明间前上金枋

奉直大夫知剑州事张，儒学学正田，训导姚，登仕郎知捕务事乔，川北镇标右营驻防剑州千斤马，复古捐资仝□。

3. 明间前下金枋

施资信善［王际昌、刘铉、刘鳌、王倬云、□□□、刘钺、刘铎、王松、王奋晋、王岳、王倬干、王奋闳、杨……」王逸、刘文慧、张兆鹏、王倬学、刘文煜、刘铭、刘铦、刘钊、王奋韩、王奋魏、王奋洛、王奋太、杨……」王奋宜、刘子相、杨名声、王倬岸、刘宿端、刘钦、刘钟、王明、王奋齐、王奋敏、王奋奭、王□、杨……］……士［（人名30多个略，笔者注）。］施资巫觋［（人名11个略，笔者注）。］谨题。

4. 明间后下金枋

施资信善［（人名57个略，笔者注）。］施资信善［（人名66个略，笔者注）。］谨题。

5. 左缝五架梁

施资吏部候选知县、丙子科举人［王世甲」王楷。］剑州贡生［（人名6个略，笔者注）。］文武生员［（人名77个略，笔者注）。］昭化生员［杨芝玺、张秀彩、」胡诏虞、龚舒翼、」李永宁、曹尔位、」曹尔吉、杨翠。］南部生员［王有经」王彩明。］督吏［王可举」王永龙」王永昌」王弘绪。］施资乡约［（人名略，笔者注）。］合众谨题。

6. 左缝三架梁

皇图巩固，□□□昌。

7. 右缝三架梁

佛日增辉，□□□□。

8. 左缝前挑枋

施资□□黄□□，男黄□［富」□」贵。］

9. 左次间天枋

施资剑、南、昭、苍廪增生员［苟秉垣……」张……（人名略，笔者注）。］

10. 左次间前上金枋

施资信善（人名80多个略，笔者注）。谨题。

11. 左次间前下金枋

……（人名100多个略，笔者注）。谨题。

12. 左次间后上金枋

南隆施资术士［王永泰］王□珍，］□士□□海，施资木匠［梁□□、母□□、□母□宗、母□林，］石匠［杨□□］王□，］瓦匠湖广武昌府蒲圻县汪□□、汪□奇、侯□□、汪昌林，合众谨题。

13. 左次间后下金枋

施资信善（人名100多个略，笔者注），施财信女［杨门刘氏、］□□□门杨氏，］谨题。

14. 右次间天头

施资司吏［杨荣、张思恻、张立志、王玉贞、］张思恪、陈汉鼎、张我业、张立朝，］施财府吏［蒲荣、蒲丛佳、姜现策、李珠、王之免、孙秉伦、苟登第、杨简、张良臣］杨显、蒲□佳、高鹏九、胡养聪、梁纯玉、姜现玉、何应美、蒲彩、李作柱、］杨阶、伏登禄、罗特英、范元清、何屏、陈宪章、王文彬、刘铎、罗绥，］州吏［张良□］范焕章］左日孝］左日学，］县吏［贾玉翠、贾玉景、王纯智、］王纯裔、杨之林、王玉应、］杨之翰、王纯元、王纯正，］儒学典吏［蒲兴国］杨令文，］合众谨题。

15. 右次间前上金枋

施资信善乡约［张□□、］杨启贵、］张国思、］［阳尧、］牟启龙，］苍昭民［阳启盛、阳登鳌、阳登策、阳登现、阳登彩、］阳登玄、阳洪宣、阳洪信、阳登龙、阳登凤、］阳洪灿、阳登柱、阳登务、阳登一、张锡、］阳应［□］魁］续、］［申洪仁、孟爵、孟登龙、王光成、王光□、□□□、杨名奇、庹大贵、牟登举、牟登文、杨正荣、庹芝干、谢金美、潘天爵、殷正□、张□仁、孟现鳌、张柱、张文□］马义、孟义、孟金龙、朱应坤、王景龙、薛文奇、杨名林、牟□林、牟登益、牟□奇、□富、杨茂先、谢金碧、□□学、□□□、殷□□、曾登荣、孙□、张彦、］王□、王章、朱应学、王世俊、王光显、王玺、庹大□、张□□，］谨题。

16. 右次间前下金枋

［（人名3行略，笔者注），］谨题。

17. 右次间后下金枋

施财信善［王建吉、乡约蒲元瑞、王君佐……奂金才、鲜成卓、鲜如先、］王文林、李之英、李呈祥……奂有容、鲜要卓、鲜玉先、］王可思、李之才、杨煜……奂有能、鲜步卓、鲜茂卓、］［鲜正先、］鲜仍先、］罗茂功，谨题。

题记5中的"丙子科举人王世甲、王楷"两人，是康熙三十五年（1696年）举人[11]。又题记2"知剑州事张，儒学学正田"，应为康熙四十七年（1708年）至康熙五十五年（1716年）任知州的张铎和康熙四十六年（1707年）至康熙五十年（1711年）任儒学正的田佳穗[12]。由此可以推定现存前殿的建造年代在清康熙四十七年（1708年）至康熙五十年（1711年）之间（图42）。

前殿题记中的捐资者不再局限于周边乡里，而是扩展到临近州县，且有大量的生员，这透露出香

［11］清同治十二年《剑州志》卷九《科名》，第798页。
［12］同上书，卷五《官师》，第777、781页。

沉寺很可能在康熙年间已供奉有文昌神。香沉寺至今仍有文昌神木偶、神舆及部分仪仗，周边还保存有阆中五龙庙文昌阁、剑阁金仙镇文昌宫等古建筑，均说明此地文昌信仰的流行。

（三）左厢房题记

1. 左次间前檐挂枋

　　本宗□□□□……母接宗、母生贵……香火主……杨尔恭、杨永□、杨敬……

2. 明间右缝一穿

　　绵邑弟子李明元，同缘熊氏，｜□兴福，下男李兴盛，｜发心培补｜慈云院痘疹子娘娘□□｜洗焕衣巾，共□钱四｜千一百文，专祈家｜门清泰，绵□□□，嗣｜续联芳，天长地久，弟子｜沾恩无暨□。｜咸丰三年冬月十九日吉旦。

　　题记2说明厢房在清代曾供奉掌管天花的痘疹娘娘。"绵邑"即今绵阳，李姓和熊姓都是绵阳大姓（图43）。

（四）后殿题记

1. 明间右缝五架梁

　　领袖 { 武生何天池 / 国学赵思［恭］义］……}
督功总领 {［前清选拔进士］□陕西……］母毓楠］
母严杨三姓香火……母［择三］熙林］}，［母□仪］
□□□□］母□□］母炳清］……

2. 明间左缝五架梁

人为涂黑，无法辨认。

　　题记1中的母毓楠，在族谱中名秉乾，字毓楠，号健棠[13]，以字号行世，清宣统元年（1909年）拔贡，任陕西直州通判，民国时期曾参与编纂《剑阁县续志》[14]，由此可知后殿为民国时期建造（图44）。

T1　T2　T3　　T5　　T9　T12　T14

图42　前殿部分题记

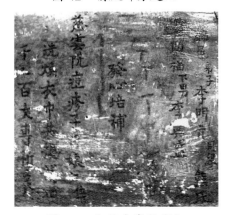

图43　左厢房穿枋题记

［13］《母氏族谱——香沉柏果树支》，1983年母学太抄本，现藏母志大家。

［14］民国《剑阁县续志》卷首《题名》，第864页；卷八《选举》，第932页。

（五）碑刻

碑1位于大殿前檐东侧，圆首，额题"复古补修"，立于光绪十七年（1891年）。当中一列大字"大清光绪十七年三月上浣谷旦合众公立"，右侧刻碑文及首事名录，左侧刻各家捐财物名录（图45）。右侧碑文誊录如下：

粤稽古寺曾以香山为号，宛若桂楼之异香；昙迎亦有云门为名，依然鹫岭之慈云。不」老是寺者，所以栖神灵而卫民生也。观此地寺名香城，院号慈云，历代以来，胜属名」区，创自昔年。云飞画栋，香台之日月常空；霞落雕梁，禅室之风光自得。更造一楼，俨」同白猿卫市，游鱼即化成龙；兼修二庙，恍若青狮护场，猛虎难餐洗马。睹斯美境，是」前人之培植至矣、尽矣。孰料世远年湮，风雨飘零，圣容毁败，庙貌倾圮。所以首事等」不忍坐视其危，特欲振古如斯，会同合众，不吝锱铢，共勤厥成。令功告竣，不敢泯没」人善，爰志捐名于上，以昭千古不朽之意云尔。是为序。母照撰书。

督工首事：〔文生母芳邻、」母恭、〕〔母炜、」母大荣、」母大智、」母元忠、〕〔母文

图44　后殿题记

图45　碑1

治、」母荣川、」严大礼、」母型芳、」［母大秀、」母大华、」母同、」母祥、﹒］［母元泰、」母元宏、」母贞、］［严大顺、」母富春、」住持王老道。］

该碑文在骈句中以道、佛词汇对举，如"桂楼"对"鹫岭"、"香台"对"禅室"、"白猿"对"青狮"等，且住持为道士，显示晚清时期的香沉寺是一座佛道合一的寺庙。这可能是由于科举对家族命运越来越重要，文昌信仰的地位也随之越来越高。

碑左侧名录记载了母姓和外姓各村落所捐树木和钱数，以及个人所捐钱数。其中"五龙庙任姓上下两房共施钱二千文"的五龙庙，即指离此不远的元代建筑阆中五龙庙，该庙为任姓家族香火庙，与香沉寺性质相同。

碑2~4均位于大殿前檐西侧文保碑前，过去曾毁弃用于建设，近年重新发现后搬回香沉寺，风化都比较严重。

碑2较完整，圆首，两面有字，目前能看到的一面额题"复古补修"碑文大多是母姓及其他众姓人名，文末载"□□□、庙子垭言定每年菩萨出巡硬会首……"，落款"大清光绪十七年三月中浣谷旦合□公立"（图46）。

碑3残存上半部，方首，额题"香城寺复古碑记"，碑边缘刻有纹饰。碑文存170余字，载"香城古刹自宋元开基迄今四……"，可能为"迄今四百余年"之类，文末纪年疑遭人为破坏，为"□□贰年"，观察年号字口右下似为斜勾，可能是"成化二年"。文末存题名十余人，以母、赵二姓为主（图47）。

碑4残存上半部，圆首，额题"香城寺□殿兼修会灵庙□"，右半边为碑记，大部分残泐，左半边为"募化领袖""本宗功德主"等功德名录（图48）。会灵庙在香沉寺南边正对的山坡上，据《母氏族谱》记载是清康熙年间母有年修建，又名文昌宫[15]，现存建筑为2003年重建（见图1）。

大殿门前还有香沉镇母氏族委会2017年新立的碑记，记录了当地流传的香沉寺历史沿革，虽然有些内容不一定准确，但在原有众多碑记不存的情况下，仍有一定的参考价值。

（六）匾额楹联

大殿内现存一块匾额，刻有"德著香山"四字，中间刻有一方印，印文已无法辨识（图49）。

香沉寺原有楹联若干，今皆不存，当地《母氏族谱》中抄录有2副，现附录于此[16]。

大佛殿1副，本地生员母耀宗题：

　　方便父，知度母，竖指断臂，遍三千大千，薪新日月，处处结成舍利果。

　　慈悲子，发喜妻，鸡慧鹅眼，尽色界欲界，特地乾坤，家家开放碧昙花。

观音殿1副，本地生员母耀宗题：

　　紫竹林中修就庄严妙相，大慈悲弘誓愿，提醒众生成为执恼。

［15］《母氏族谱——香沉柏果树支》，1983年母学太抄本。

［16］同上。

　　普陀山前现出慈航法驾，拈杨枝洒甘露，济渡群庶共被春融。

另文昌宫（可能即会灵庙）2副，本地增生母择邻题：

第1副　桂香楼上，辛勤阴骘丁宁语。斗牛宫中，午夜文光仔细看。

第2副　欲登贤书，且向吾门求利器。想步天衢，请来我家问前程。

图47　碑3

图46　碑2

图48　碑4

图49　匾额

四　彩　画

大殿部分柱子、梁枋、斗栱等构件保存有彩画。彩画直接绘制在木材表面，目前可辨认墨笔勾线、白色勾线、涂彩 3 种表现方式。其中白色勾线的方式仅见于佛坛周围，即明间中柱至后内柱空间范围内，有可能是沥粉贴金的遗迹。殿内现存彩画可能存在不同时期的遗存，如西侧中柱绘有龟背纹，东侧中柱同样位置则有宋锦纹和箍头为一层，龟背纹为一层，出现两层彩画相叠压的情况（图 50）。其中一些彩画线条比较潦草，几何纹样绘制得并不整齐均一。

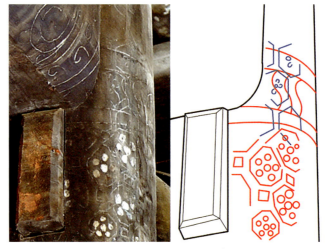

图 50　两层彩画叠压情况

a. 左山后檐柱　　　　b. 右缝后檐柱　　　　c. 右缝中柱　　　　d. 右缝中柱

图 51　柱子彩画

a. 前内柱与中柱间顺栿串

b. 中柱间屋内额

c. 中柱与后内柱间顺栿串

d. 左山前丁栿

e. 左山由额

f. 前檐左次间普拍枋、垫板、阑额

图 52　梁枋彩画

（一）柱子彩画

在檐柱、内柱、中柱都发现有彩画痕迹。檐柱彩画较清晰的有左山后檐柱，柱头在阑额高度内对着栌斗底边绘一片倒置莲瓣，瓣内填龟背纹；阑额以下、顺栿串以上高度内，上下各绘一道箍头，之间绘连环纹；再往下还有其他纹饰，但难以辨认（图51a）。前内柱自屋内额以下部分，绘有花卉图案。后内柱柱头至顺栿串高度，上下各绘一道箍头，之间绘云纹；顺栿串以下绘一段龟背纹；再往下还有其他纹饰，也难以辨认（图51b）。中柱自屋内额以上绘云纹；屋内额至顺栿串之间绘龟背纹或宋锦纹；顺栿串以下绘盘龙（图51c、51d）。

（二）梁枋彩画

梁枋类构件彩画的构图大体可分箍头、藻头、枋心三部分。箍头在构件两端用竖线划分成若干条带，其间绘连珠、扯不断、蕉叶等几何图案；藻头类似于一整两破或双破如意头；枋心绘莲花等花卉或法器图案（图52a）。根据构件的位置及尺寸不同，彩画构图也有所调整，如中柱之间的屋内额，以中心为界分成左右两段，两段各画一组箍头、藻头、枋心（图52b）。中柱与后内柱之间的顺栿串，枋心分为两段，两段之间用宋锦纹隔开（图52c）。前内柱与山柱之间的丁栿，一端有斗栱，丁栿上的蜀柱也不在中间，因此彩画构图也不对称，在有斗栱一端的箍头画锁子纹，内柱一端则画扯不断、蕉叶纹，枋心画莲花，其中一朵恰位于蜀柱的鹰嘴砍杀下方，朝下开放，使彩画构图与建筑结构有机地结合起来（图52d）。山面由额似乎在彩画之上又有一层绘画，为一排伞盖图案，可能是壁画的一部分（图52e）。普拍枋绘莲瓣，与阆中五龙庙文昌阁、永安寺大殿等普拍枋雕刻纹样近似（图52f）。

（三）斗栱彩画

斗栱彩画主要是沿着构件转折处的轮廓勾画，部分栱身可见云纹痕迹（图53a、53b）。

a. 左山后柱头铺作栌斗　　　　　　b. 后内柱间内檐铺作

图53　斗栱彩画

五 结 语

　　剑阁香沉寺是自元代延续至今的母姓家族香火寺，其主要特点是有家族子弟在该寺出家，由其俗家亲属主持捐建殿宇，并由族人世代捐修，为祖先和家族祈福，又可称为功德寺、家庙等。四川省内现存建于14世纪左右的家族香火寺观还有阆中五龙庙任氏家庙、阆中永安寺鲜于氏家庙、南部永安庙杜氏家庙、南部醴峰观何氏家庙、盐亭花林寺李氏家庙、蓬溪金仙寺令狐氏家庙等，其中香沉寺母氏、五龙庙任氏、永安庙杜氏、花林寺李氏等家族在当地繁衍至今。香火寺观的建立，除了为家族祈福外，也有蠲免赋役等现实利益。在元代赋役不断加重的背景下，由家族子弟出家掌控寺观资产，能够为家族抵御天灾人祸等风险增加一重保障。而且，从现存香火寺观的分布密度来看，当时这种寺观遍布乡里，且由通过姻亲关系联结起来的各家族之间互相捐助。基层乡官、里正也由各大家族任职，形成一种以宗族为单元，局限于小地域内的稳固而又封闭的地方基层社会结构，香火寺观是其中重要的一环。清代的香沉寺成为母、严、杨三姓共同的香火庙，并且更加世俗化了。由于科举成败已成为决定家族命运的重要因素，香沉寺随着流行趋势供奉起文昌神，举办文昌巡游，成为一座佛道合一的庙宇，信众范围拓展到临近州县。清末民国时期也随着庙产兴学的潮流开办学校并影响至今。剑阁香沉寺的历史反映了四川元代以来的本土宗教发展和信仰流变的过程。

　　香沉寺大殿是四川目前明确的元代建筑中唯一使用分心式厅堂构架的，中柱承至平梁下的特点与《营造法式》"厅堂间缝梁柱图样"中的分心式构架相同。大殿主要形制特征有：带前廊，前廊地面低于殿身台明；阑额直截出头；前檐至山面前进用普拍枋，至角相交出头；普拍枋上用六铺作单杪双下昂斗栱，不用令栱和耍头，扶壁栱为重栱加2道素枋，第二跳上用六边形交互斗，昂嘴侧面上下刻缝；山面中后进及后檐不用普拍枋，铺作减两跳，补间铺作施于蜀柱上；额串、梁栿肩部及柱头等处多做钟形砍杀，蜀柱底部多做鹰嘴砍杀等，符合四川地区元代中晚期的建筑形制特点。除部分明显的后期改造外，现存主体结构为元代原构。

　　此次调查判明了香沉寺大殿的年代上限为元泰定三年（1326年），推测其下限不晚于阆中五龙庙文昌阁，即在1326～1343年之间，是一处珍贵的元代木构建筑实例。但因其缺失构件较多，一些情况尚不明了。山花梁架、前檐斗栱的原状有待调查。建筑绘画可能是元明时期的珍贵遗存，尚待记录与分析。

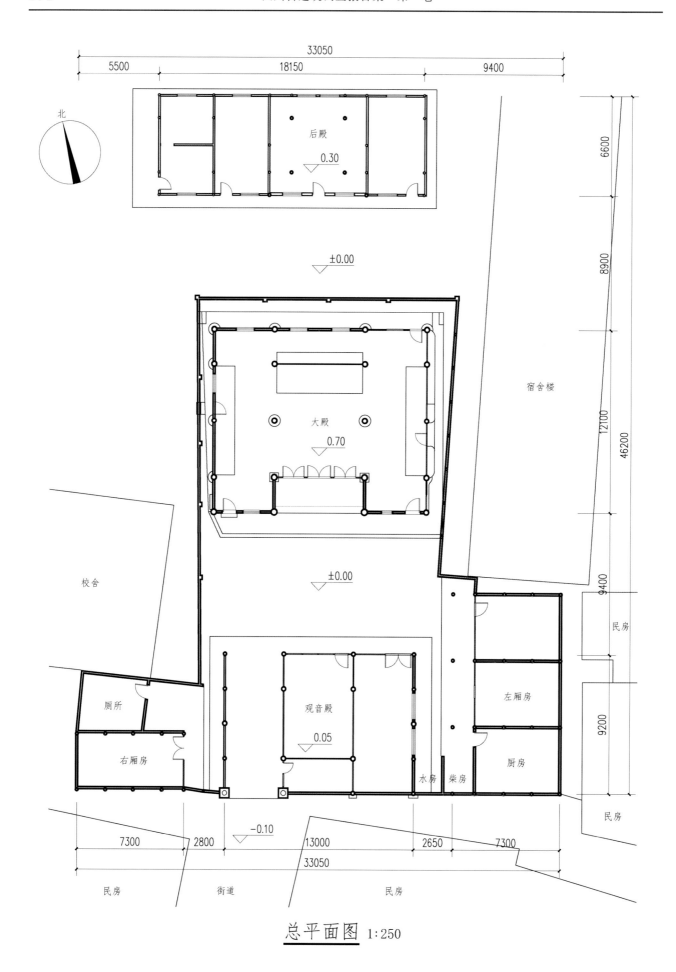

33050
5500　　18150　　9400

北

后殿
▽0.30

±0.00

6600

8900

12100

46200

宿舍楼

大殿
▽0.70

±0.00

校舍

9400

民房

9200

厕所

左厢房

右厢房

观音殿
▽0.05

厨房

水房　柴房

民房

−0.10
7300　2800　13000　2650　7300

33050

民房　　街道　　民房

总平面图 1:250

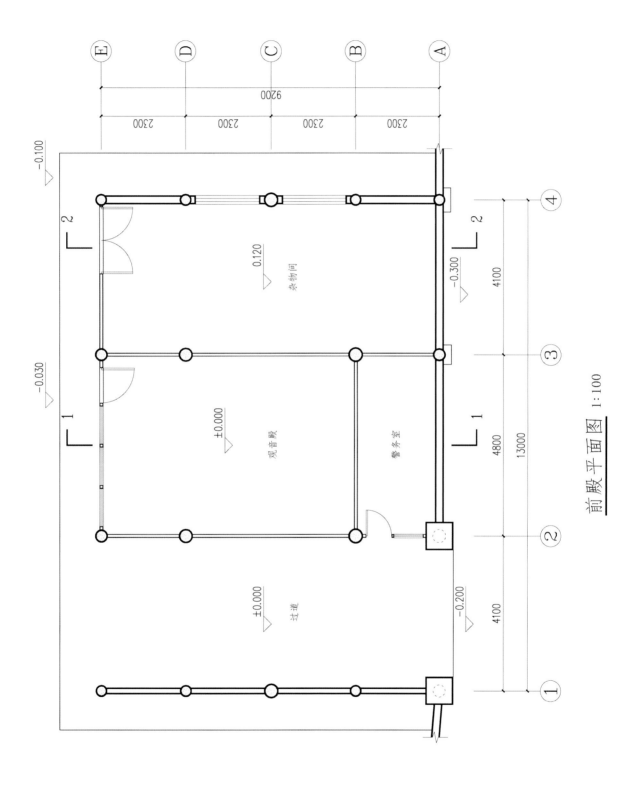

前殿平面图 1:100

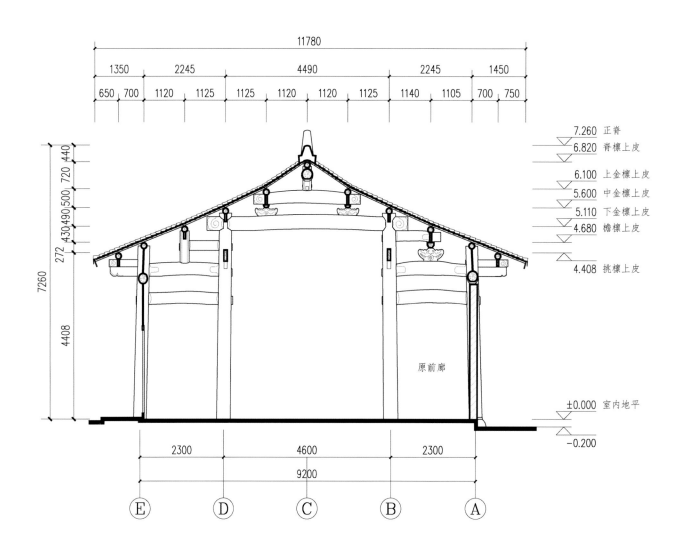

前殿1-1剖面图 1:100

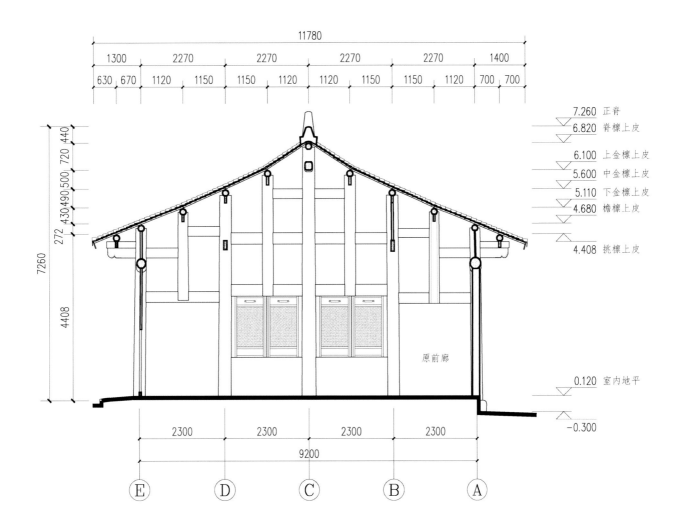

前殿2-2剖面图 1:100

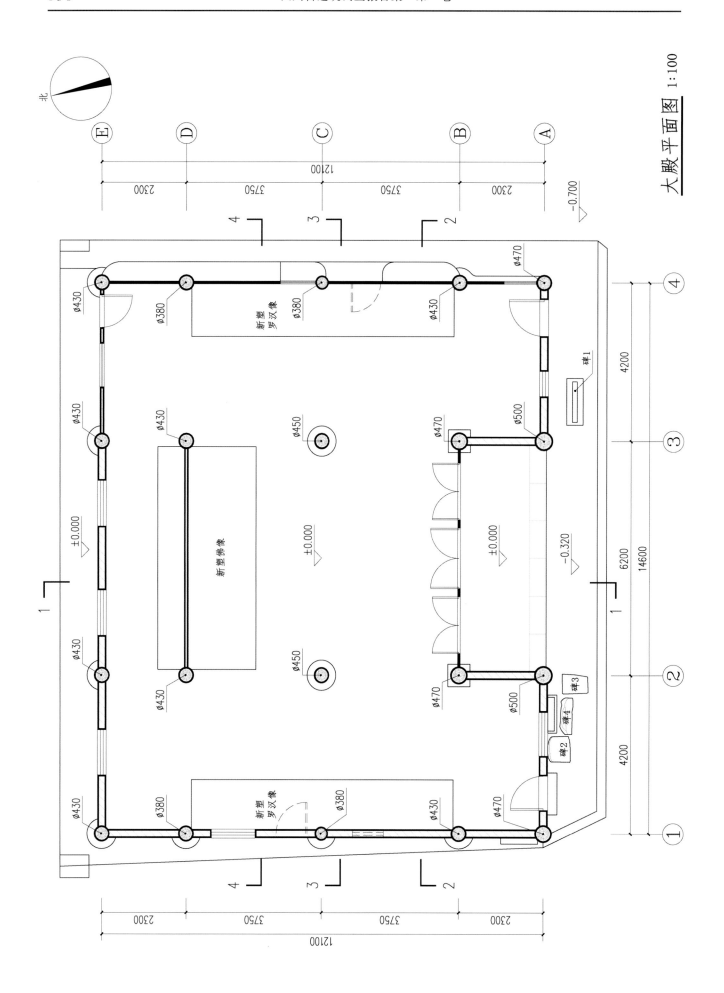

大殿平面图 1:100

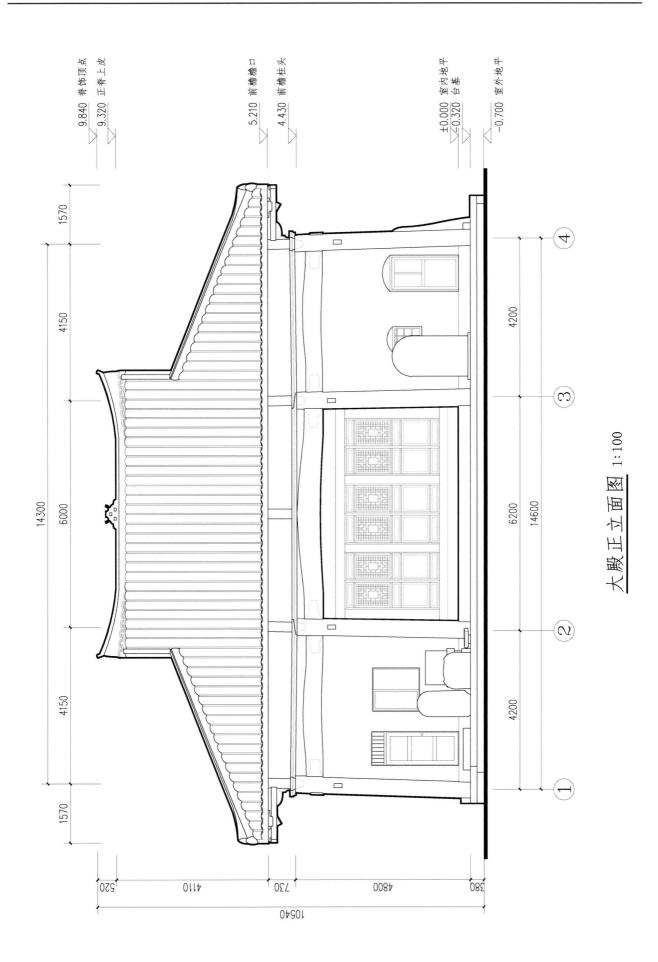

9.840 脊饰顶点
9.320 正脊上皮

5.210 前檐檐口
4.430 前檐檐头

±0.000 室内地平
-0.320 台基
-0.700 室外地平

1570
4150
14300
6000
4150
1570

4200
6200
14600
4200

520
520
4110
730
4800
380
380
10540

大殿正立面图 1:100

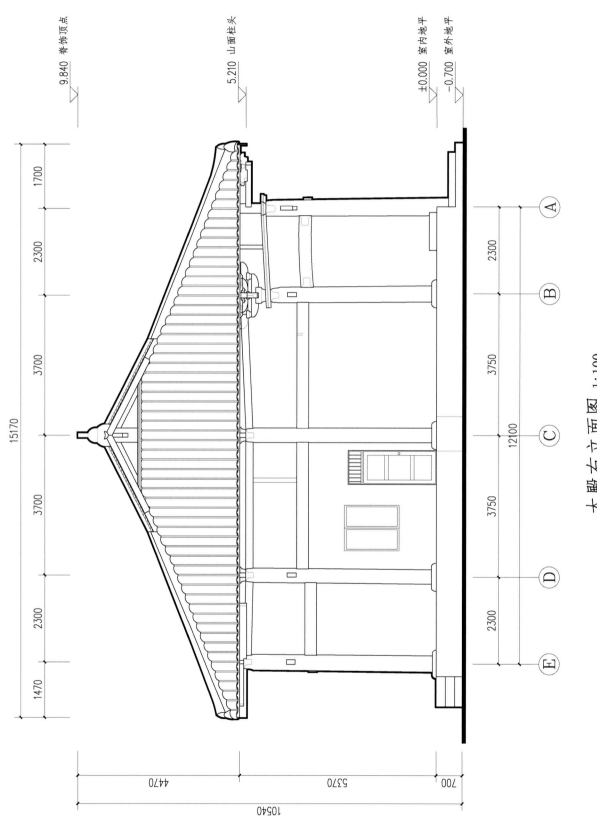

大殿右立面图 1:100

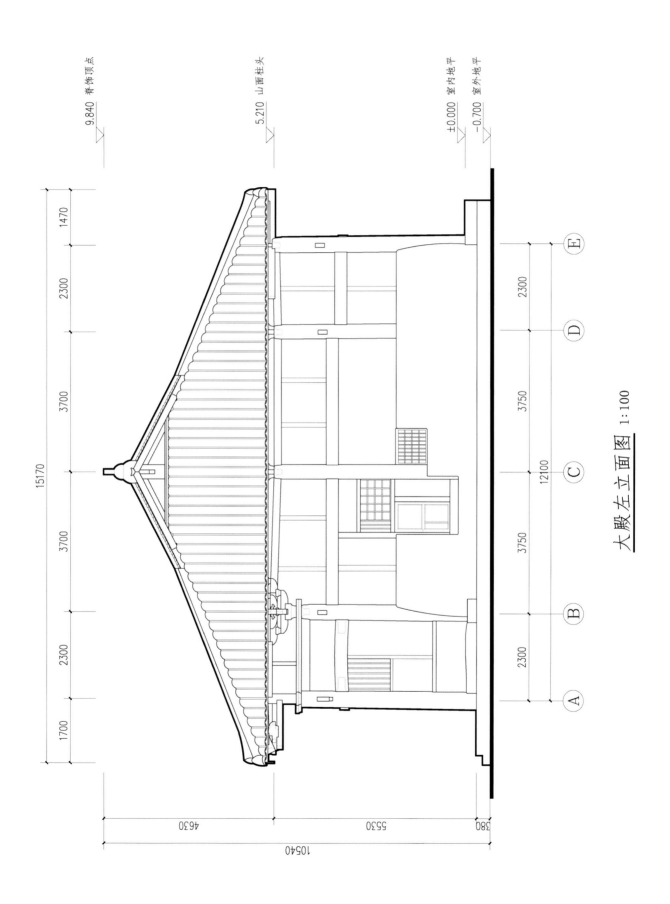

大殿左立面图 1:100

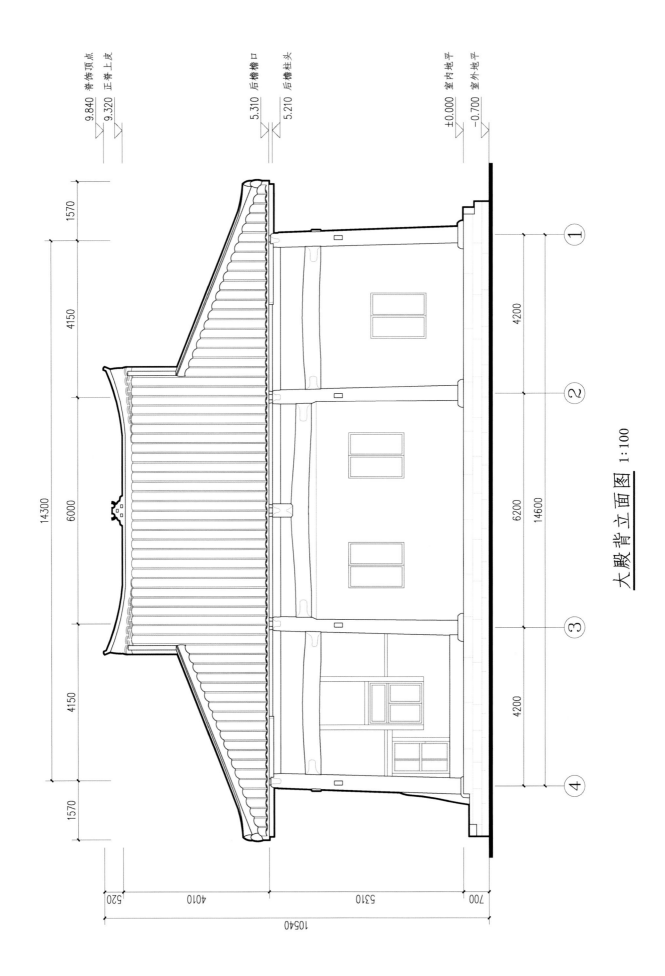

9.840 脊饰顶点
9.320 正脊上皮

5.310 后檐檐口
5.210 后檐柱头

±0.000 室内地平
-0.700 室外地平

大殿背立面图 1:100

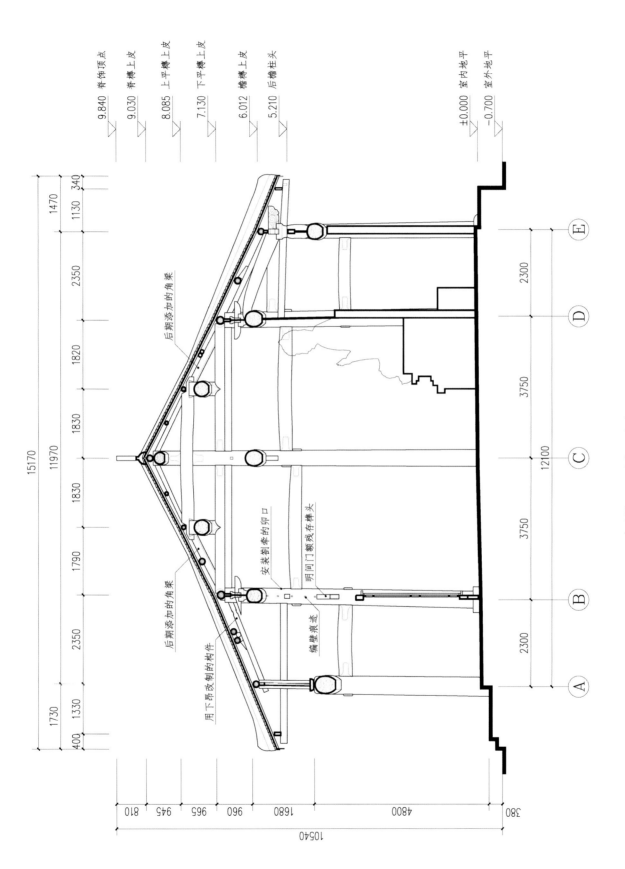

大殿1—1剖面图 1:100

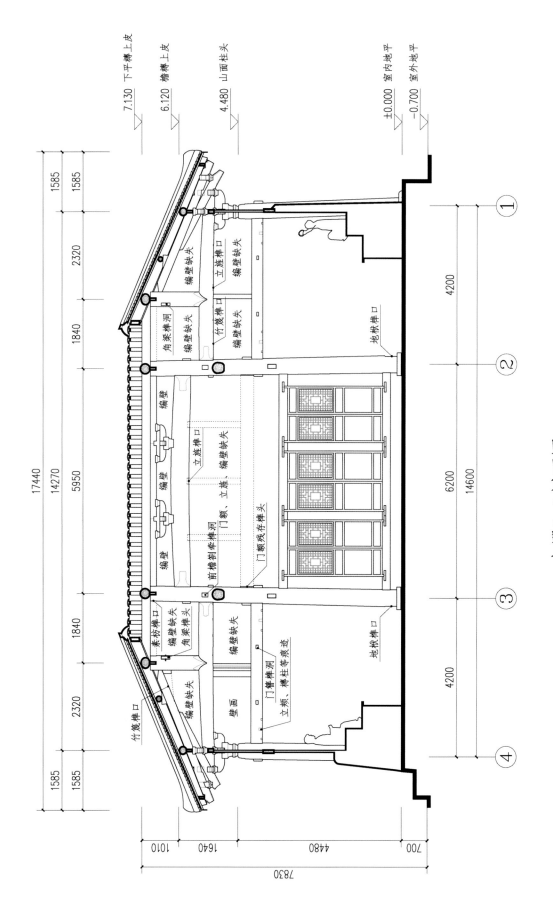

大殿2-2剖面图 1:100

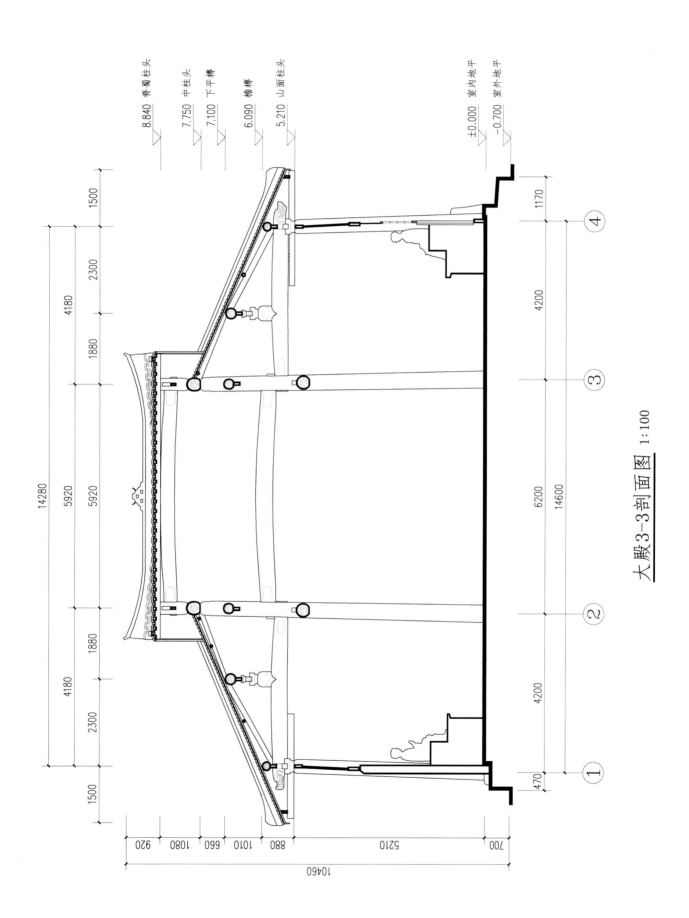

大殿3-3剖面图 1:100

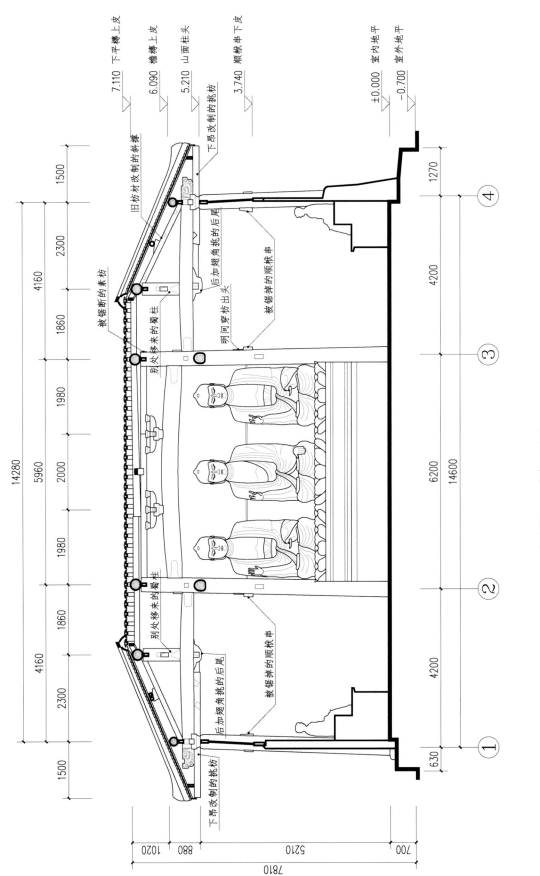

7.110 下平槫上皮
6.090 檐槫上皮
5.210 山面柱头
3.740 顺栿串下皮
±0.000 室内地平
−0.700 室外地平

旧枋材改制的斜撑
下昂改制的挑枋
被锯断的素枋
别处移来的蜀柱
后加翘角挑的后尾
明间穿枋出头
被锯掉的顺栿串
被锯掉的顺栿串
别处移来的蜀柱
后加翘角挑的后尾
下昂改制的挑枋

1500　2300　4160　1860　1980　2000　1980　1860　4160　2300　1500
　　　　　　5960
　　　　　14280

1270　4200　6200　4200　630
　　　　　14600

700　5210　880　1020
　　　7810

大殿 4-4 剖面图 1:100

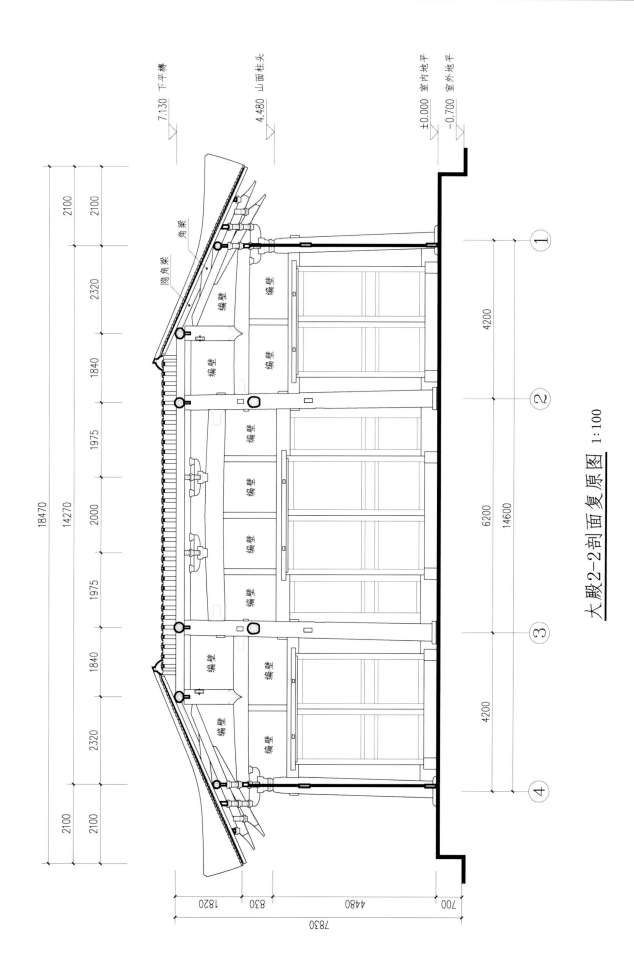

大殿2-2剖面复原图 1:100

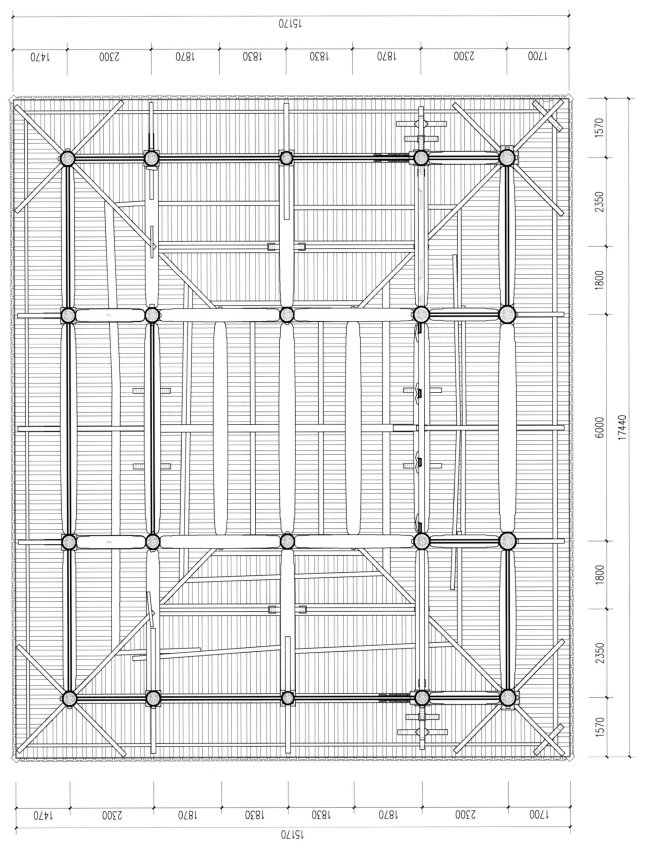

大殿梁架仰视图 1:100

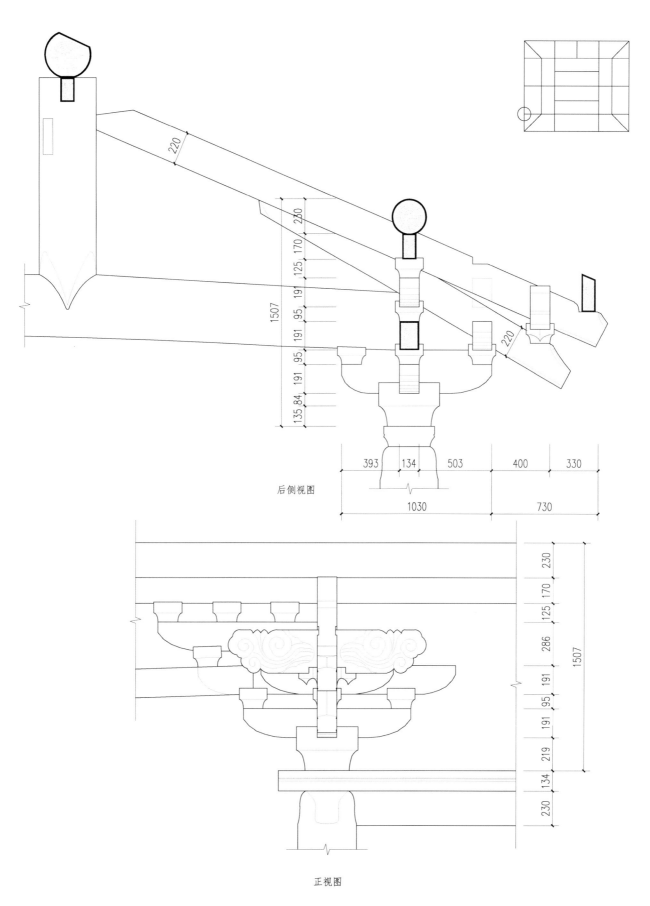

后侧视图

正视图

大殿右山前柱头铺作 1:25

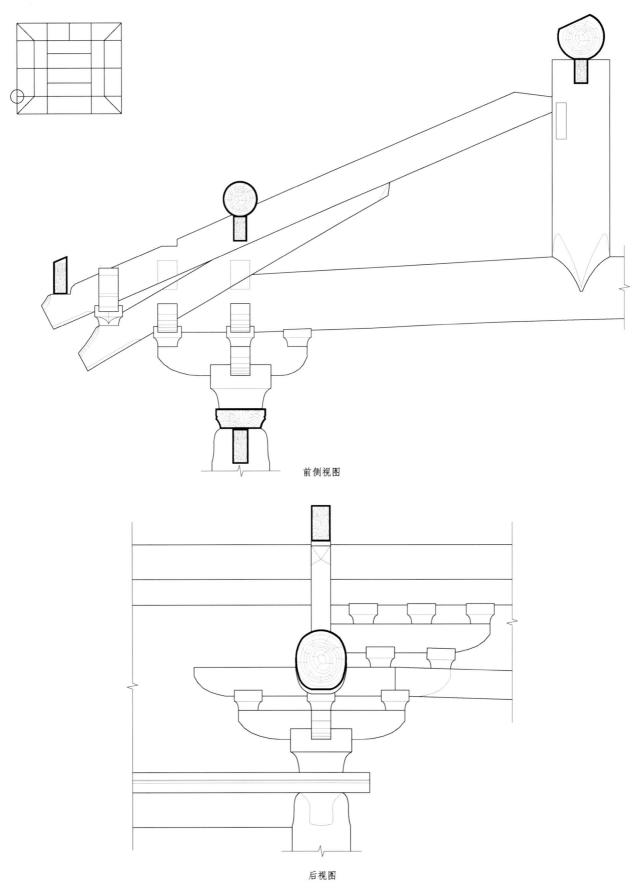

前侧视图

后视图

大殿右山前柱头铺作 1:25

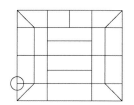

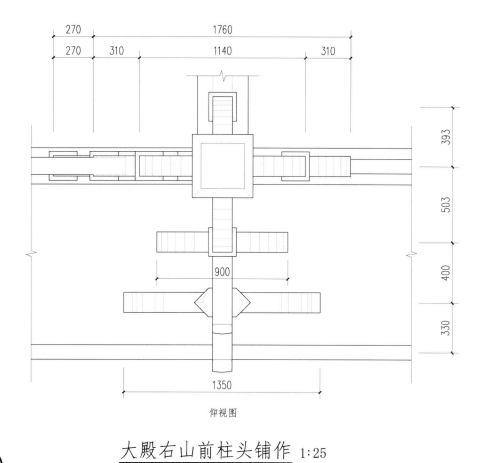

仰视图

大殿右山前柱头铺作 1:25

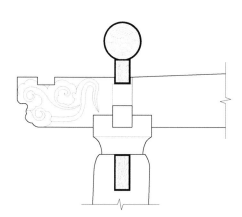

大殿右山中柱头铺作 1:25

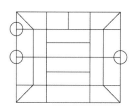

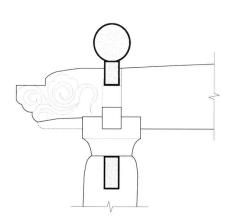

大殿右山后柱头铺作 1:25　　　大殿左山中柱头铺作 1:25

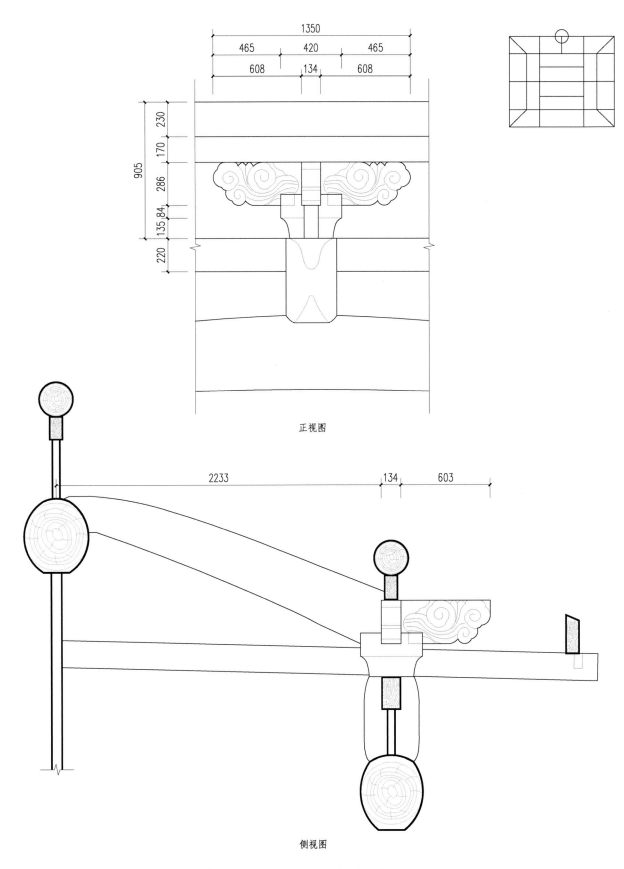

正视图

侧视图

大殿后檐明间补间铺作 1:25

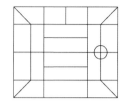

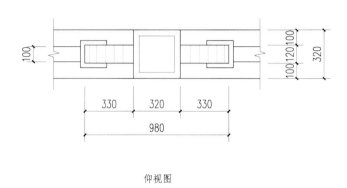

仰视图

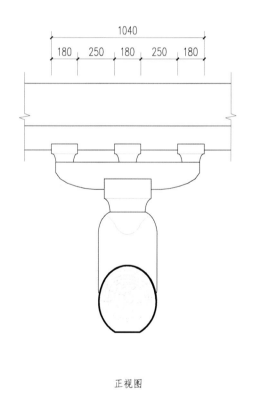

正视图

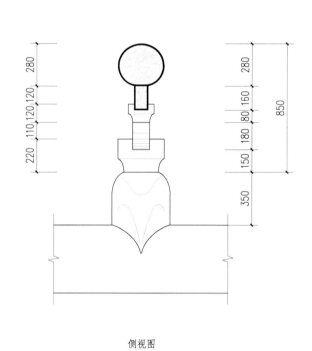

侧视图

大殿左山丁栿上斗栱 1:25

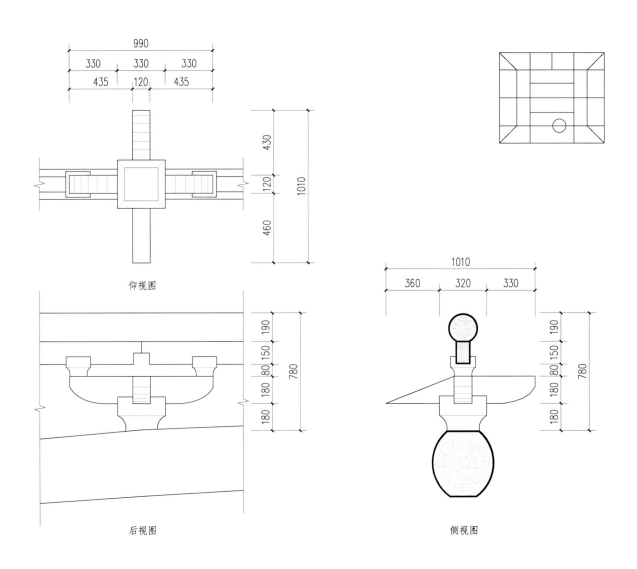

仰视图

后视图

侧视图

大殿前屋内额上斗栱 1:25

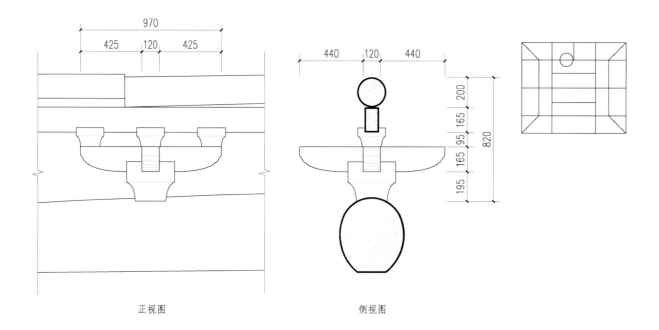

正视图　　　　　　　侧视图

大殿后屋内额上斗栱 1:25

浏览全景照片
请扫描以上二维码

昭化文庙位于广元市昭化区昭化镇昭化古城内西北隅，现仅大成殿为文物建筑，先以"昭化考棚"之名公布为四川省文物保护单位，公布年代为清代，后又以"昭化文庙"之名公布为广元市文物保护单位，公布年代为明代。成都文物考古研究院于2008年大成殿落架修缮期间，及修缮后的2011年、2018年3次实地调查，记录了昭化文庙修缮中和修缮后的状况，并对修缮后的大成殿进行了数字化测绘。根据大成殿的结构形制并结合文献记载，判断其为清代重建建筑。

一　文庙、考棚辨

昭化文庙现仅大成殿为文物建筑，其余建筑均为2008年新建。文庙东侧有考棚建筑群，第一进院落基本是在历史建筑基础上维修的，第二进院落内的至公堂则为2008年新建（图1）。2007年，文庙以"昭化考棚"之名公布为四川省第七批省级文物保护单位，公布年代为清代，其保护范围围绕"昭化初级中学礼堂"划定[1]，这个"礼堂"便是文庙大成殿。之所以将文庙称为考棚，推测是因为昭化初级中学校址占据了原昭化文庙和考棚两个建筑群的用地，而校门入口位于原考棚大门处，所以才会将文物定名为考棚，但实际保护对象却是文庙大成殿。后来可能是认识到这样欠妥，广元市于2013

图 1　昭化文庙与考棚卫星影像图

---

[1] 川府函〔2014〕199号《四川省人民政府关于公布四川省全国重点文物保护单位和省级文物保护单位保护范围的通知》。

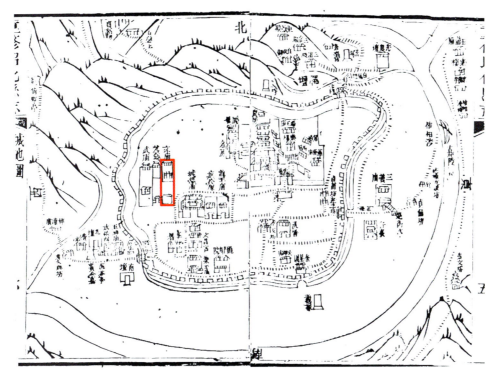

图 2　清道光二十五年《重修昭化县志》城池图中的文庙

年将大成殿重新以"昭化文庙"之名公布为第四批市级文物保护单位，公布年代为明代。昭化文庙与考棚的关系可以从昭化城的历史街道格局以及文庙周边的主要建置来判断。

对照清道光二十五年刊《重修昭化县志》中的城图[2]，现在的昭化古城基本保持了清代以来的街道格局，文庙前的东西向街道为学街，学街北侧自东向西依次有文庙、梵天院、武庙三处公共建筑（图 2）。图中未绘出考棚建筑群，是因为考棚的创建时间比城图绘制时间要晚。据道光《重修昭化县志》记载，道光十九年（1839 年）署县毛士骥利用城南龙门书院建筑添置桌凳临时设置了考棚[3]。龙门书院后于光绪三十四年（1908 年）改为高等小学堂，民国改称高级小学校。另外，现存一方《昭化考棚记》石碑，1949 年后曾保存在费祎墓，"文革"时被村民搬回家砌厕所[4]，现已重新立于文庙东侧的考棚前（图 3、4）。此碑记载了清同治年间创设考棚的经过，但对道光时的考棚只字未提，只说以前是借用学宫或县署考试。同治二年（1863 年）曾寅光任知县，在任前两年都是借地考试，之后才开始创建考棚，"乐楼讲堂，坐士之庑，息吏之房皆备"，至下任知县邬承枫在任时完工。之后在敖立榜任知县期间，时间不晚于同治十三年（1874 年），考棚得以扩建，

[2] 清道光二十五年《重修昭化县志》卷首《城池图》，同治三年增补本，收入《中国地方志集成·四川府县志辑》第 19 册，巴蜀书社，1992，第 605 页。

[3] 同上书，卷二十五《学校志三》，第 691 页。

[4] 青兴海：《这个宝贝茅坑，昭化文物碑石砌的》，《华西都市报》2006 年 5 月 12 日第 13c 版。

图 3　昭化考棚大门及碑

在正堂两侧增加了侧室，又修建了厨房厕所等设施，使考棚除考试外还能兼有接待官员的驿馆功能。另据1994年《广元县志》记载，民国三十年（1941年）以考棚为校舍建昭化县立初级中学校，1985年改初中为职业中学[5]。该学校后于2002年又改为昭化初级中学，2007年迁离旧址。可见昭化初级中学的前身就是清同治年间所建考棚，而2002年的卫星照片显示该学校位置就在文庙及文庙东侧建筑群一带，说明清同治年间考棚即位于此。另外卫星照片显示当时的文庙大殿平面呈纵长方形，是因为后部经加建改造成了学校礼堂。

[5]广元市地方志编纂委员会：《广元县志》，四川辞书出版社，1994，第678、682页。

图 4　《昭化考棚记》碑

二 历史沿革

关于文庙的修建历史，现存记载可分为总志和县志两套系统。其中以县志系统对明代后期至清代的历史记载较翔实，而且有街巷、学校、职官等各卷内容相互佐证，可靠性应当较高。

县志系统以乾隆、道光两版《昭化县志》为代表，其源头可能是康熙《新纂昭化县志》。该系统记载文庙位于城西北隅，为宋代旧址，明洪武年间县令郝信甫重建（洪武八年至二十二年在任），隆庆五年（1571年）县令李仲宝改建于北门外倚城高阜处。清初仅存大殿三间，顺治十年（1653年），诸生张岱将其撤归城内旧基，独力捐修。康熙三十一年（1692年）知县孔毓德慨文庙废坠，修大殿及戟门、棂星门。雍正七年（1729年）就任的知县孟照，曾捐俸修文庙，县民作诗颂之"贤侯首在敷文教，鹤俸捐修夫子堂。泮水一池清似鉴，但留明德是馨香"。乾隆十九年（1754年），知县吴邦煜将文庙改迁至北关外白凤桥北，由邑绅王克隆、杜克正等组织实施[6]。乾隆五十年（1785年）复修。嘉庆二十一年（1816年），知县曾逢吉仍移建文庙于城内西北隅，北关外旧址改为仓圣宫。道光十五年（1835年），署县夏文臻修照墙一座，邑绅马玉瓖劝捐以成[7]。

总志系统以天顺《大明一统志》为源头，嘉靖《四川总志》、雍正《四川通志》、嘉庆《四川通志》、道光《保宁府志》沿用、续补。其中《大明一统志》记载最详，称文庙建于北宋庆历年间（1041~1048年），位于县治西，明永乐十七年（1419年）重建[8]，与县志载洪武年间重建不同。清代志书略有增补，称仅存大成殿三间，乾隆十九年（1754年）迁建至北门外，未提及县志系统记载的隆庆、顺治、康熙、嘉庆、道光等数次迁建、增修[9]。

由文献记载可知，昭化文庙历史上经历了多次迁建，最后一次迁至今址是在清嘉庆二十一年（1816年），那么在多次迁建中，大成殿是否保存了早期的面貌，现状的形制特征是什么时期形成的呢？

首先，明隆庆五年（1571年）改建到北门外的大殿是留存到了清初的，与现在一样是面阔三间。顺治十年（1653年）时川北初定，蜀中凋残，张岱以个人独立捐资迁建，恐怕无力做什么大的改动，应该是将明代大殿原样迁移、补修。康熙三十一年（1692年），三藩之乱已定，各项事业都在恢复，这次重修新建了戟门、棂星门，很可能是一次全面修建。雍正年间的维修只在知县事迹中提及，而未出现在文庙沿革中，可能工程不大。乾隆十九年（1754年）的迁建开工于八月二十七日，竣工于九月十九日，只用了不到1个月的时间，应该只是原件拆卸组装而已。乾隆五十年（1785年）的维修，县志中一笔带过，可能维修规模不大。嘉庆二十一年（1816年）的迁建，则是形成现状最直接的一次工程。这样仅从文献看，现存大成殿可能性较大的建造年代为明隆庆五年（1571年）、清康熙三十一年（1692年）、清嘉庆二十一年（1816年）。

---

[6] 清乾隆五十年《昭化县志》卷一"街巷"条、卷四"县令"条，国家图书馆藏刻本。

[7] 清道光二十五年《重修昭化县志》卷二十三《学校志》，第679页；卷三十《职官志》，第712页。

[8] （明）李贤等撰《大明一统志》卷六十八，三秦出版社，1990，第1058、1059页。

[9] 清道光元年《保宁府志》卷二十四《学校志》，道光二十三年补刻本，收入《中国地方志集成·四川府县志辑》第56册，巴蜀书社，1992，第146页。

三　结构形制

大成殿坐北朝南略偏东，为方三间的单檐九檩歇山建筑。2008年大成殿经历了大规模修缮，拆除了殿后加建的礼堂，恢复了原有格局(图5)。大成殿平面近似正方形，面阔略大于进深，通面阔11.15、通进深10.55米。角间面阔进深相等，为2.65米，中进进深约为前后进的2倍，为5.25米，明间面阔则略大于次间面阔的2倍，为5.85米。檐柱一周12根，直径37厘米，殿内金柱4根，直径40厘米，柱础均为素面覆盆式。各柱几乎无侧脚，仅前后檐柱从正立面上看略向明间

图5　2008年修缮中的大成殿

图6　昭化文庙大成殿外观

图 7　前檐柱头科外拽

图 8　山面柱头科外拽

图 9　山面平身科外拽

图 10　右后角科外拽

倾斜，侧脚值约为柱高的 1%。

　　檐柱柱头施大额枋一道，额枋肩部截直。柱上施平板枋及斗栱一周共 30 攒，其中后檐柱头科和平身科在大成殿改为礼堂时拆毁，现存为修缮中所补配。平身科布置为前后檐明间 3 攒、次间 1 攒、山面中进 2 攒、前后进各 1 攒（图 6）。柱头科与平身科形制一致，均为五踩重昂，包括里外拽瓜栱在内的所有栱、昂用材均为足材。斗口尺寸宽 90、足材高 190 毫米，柱头科用材不加宽。栱端卷杀不分瓣。昂头仅前檐柱头科头昂雕龙头，上未安置十八斗，其余昂头皆雕象头，高 250 毫米，修缮前大多已残缺，仅后檐角科中有 4 件保存完整。头昂、二昂外跳出跳长度不等，第一跳自大斗中线至头昂十八斗位置中线长 470 毫米，第二跳自头昂十八斗位置中线至二昂十八斗位置中线长 170 毫米。正心栱根据攒当大小，长度各不相同，正心瓜栱刻出栱眼，呈 S 形曲线，为四川地区清代做法，前檐正心万栱两端雕作龙头形，山面和后檐正心万栱则无雕饰也未刻出栱眼。外拽瓜栱的位置比较特殊，没有安在头昂上，高度也没有与二昂位于同一层，而是安在二昂与蚂蚱头之间，基本均分第二跳出跳长度，且用材略薄，宽仅 70 毫米，栱眼刻法与正心瓜栱相同。里拽瓜栱位于头昂里跳十八斗上方，高度与外拽瓜栱齐平。柱头科二昂上层为梁，梁头雕卷云形，相应平身科二昂上层为蚂蚱头，两端雕卷云形，但与梁头卷云有所不同，蚂蚱头高 220 毫米，大于足材高。二昂头上不用厢栱，上承挑檐枋及挑檐檩，里拽瓜栱上亦承枋、檩，但此檩并不承椽。梁、蚂蚱头上层为桁椀，上承正心檩。角科只有前檐正面带外拽瓜栱，一端抵至角昂，一端作栱头。大成殿四周斗栱出跳数相同，但在雕刻装饰上前檐斗栱更为繁复。斗栱中的外拽瓜栱和蚂蚱头与其他构件用材不一致，位置也不符合一般斗栱的构造规律，结合栱端卷杀、栱眼等加工细节，表明斗栱的时代偏晚（图 7~10）。

　　檐柱与金柱间有随梁拉结，柱头科上双步梁后尾入金柱，梁上立瓜柱，瓜柱脚做钟形砍杀，瓜柱与金柱间以步枋拉结。金柱头上施五架梁与随梁，两者上下紧贴，端头均做箍头榫，完全卡入柱头的一字口内，山面椽尾即搭于五架梁上。三架梁端与瓜柱交接也采用箍头榫完全卡入一字口的方式。各柱头直接承檩，檩下施挂枋。三架梁上立脊瓜柱和角背，瓜柱间施粗大的正梁，上承脊檩。梁枋构件肩部的做法，凡是用箍头榫的构件，如五架梁、三架梁、正梁等，肩部稍微包住柱身再做斜杀；而用直榫的构件，如随梁、双步梁等，则肩部直截，但新换的构件也有将箍头榫肩部做成直截式的（图 11~14）。

图 11　左缝屋架

图 12　五架梁与金柱节点

图 13　三架梁节点

图 14　梢间梁架结构

图 15　翼角结构

　　椽子为矩形断面，修缮后旧椽子主要用于脑椽及前檐和山面的花架椽，后檐花架椽及全部檐椽、飞椽为新换。翼角部分的构件大都是新换的，原状如何有待考证。现状为角梁上安大刀木，大刀木与挑檐檩之间不用虾须，翼角椽放射状排布，并用大、小连檐，飞椽，瓦口等，如同北方官式做法（图 15）。椽上望板、素筒瓦屋面、脊饰，都是 2008 年修缮时新做的。门窗、墙体、塑像等也是此时所配。

　　除去现代修缮添加、改动的部分，大成殿主体大木结构基本保持了原构特征。斗栱用材不统一，且其中的里外拽瓜栱构造逻辑不清晰，栱端、昂嘴多用繁复的雕饰，栱眼呈 S 形曲线，这些特点显示出斗栱年代应晚于明代。而至清代中晚期，四川建筑已基本不用斗栱，或只用形式简单、用料细小的装饰性斗栱，因此推断昭化文庙斗栱为清早期构件。箍头榫完全卡入柱头的梁柱交接方式，不同于官式建筑的抬梁式做法，属于四川地区清代的抬担式做法。综上，梁架和斗栱的特征显示出昭化文庙大成殿为清代早期建筑，结合文献记载，最有可能的修建年代是清康熙三十一年（1692 年）。

四　修建历史

根据文献梳理和实物遗存的形制分析，昭化文庙自宋代建于城内西北，明初原址重建，明隆庆五年（1571年）迁至城北门外，清顺治十年（1653年）迁回城内旧址。现存的大成殿推测是清康熙三十一年（1692年）在城内西北原有基址上重建的，主持修建者是孔子后裔、知县孔毓德，同时还新建了戟门和棂星门，奠定了清代昭化文庙的基本布局。至乾隆十九年（1754年），文庙又被迁至城北门外，自八月二十七日开工，当年九月十九日竣工，只用了不到一个月，应该只是原样拆卸组装。嘉庆二十一年（1816年）再次移回城内西北旧址，民国时改为学校，历经改造、修复，保存至今。

康熙三十一年（1692年）的重建是在康熙十九年（1680年）平定三藩之乱后，整个四川局势大体稳定，社会经济开始恢复发展的背景下进行的。昭化县是秦蜀交通线上的战略要地，明末清初经历了多次战争，先后被李自成、张献忠攻破，清顺治三年（1646年）纳入清朝版图，已是满目疮痍。康熙十一年（1672年）户部郎中王士禛赴四川典试经过昭化，看到的仍是"自宁羌至此（昭化），荒残凋瘵之状不忍睹"[10]。尚未恢复元气的昭化于康熙十三年（1674年）又逢吴三桂叛乱，被叛将吴之茂等占据。康熙十九年（1680年），清军反攻，王进宝部收复昭化，局势才终于安定下来，昭化重新进入恢复建设时期。此后，昭化县陆续完成了一批重大工程，如康熙二十一年（1682年）增修武庙，二十三年（1684年）重建县署、重修城隍庙，三十九年（1700年）建典史署，雍正年间建城郊各坛等。文庙作为中国古代地方城市中宣示国家正统意识形态的重要建置，在这次建设大潮中得到重建是势所必然的。

附：清同治十三年（1874年）《昭化考棚记》碑录文[11]。

昭化考棚记

昭化依山阻水以为城，山瀑江涨往往为地方忧。前之人虽有兴作，率就荡析，故其地鲜台榭池馆之胜。而土瘠民约，差繁徭重，亦不遑为缁黄饰坐禅谈元之居。若夫校艺会文，选俊升秀，惟县试为先。朝廷钜典莫大于是，人材正途莫外于是。凡有人民社稷者，莫不择其地以集之，闳其宇以庇之，严其防以慎之。未有不为之所而能安多士、庆得人者。

---

[10]（清）王士禛：《蜀道驿程记》卷上，康熙三十年刻本，国家图书馆藏。

[11]碑刻录文中，"□"表缺一字，"……"表无法判断字数的缺字，"｜"表换行，一行内又分多行的，多行内容外加"［］"，各行用"｜"隔开，如果多行的各行内又分多行，则用"｜｜"套"［］"的方式表示。

询之昭人，乃云前此县试或假学宫或集县署，昔固未有考棚也，其有考棚则始创建于甲子以后。前任此者皆未久于其职，送往迎来，几不能暖席黔突。或不遇考试而去，或过其时而急不能为。昭之人亦未有以是为请者。癸亥冬，曾公旸谷真除是邑，越甲乙岁，两司科岁考皆假地以藏事。昭之绅粮乃请于公，愿按亩捐资以集费，自备资斧以从事。合邑鼓舞，莫不欣然。于是其材不赋而美，其匠不发而多，其资不赢而足。积屋之区凡几，而乐楼、讲堂、坐士之庑、息吏之房皆备；积物之数凡几，而几案、床榻、鼓金、签牌皆具。其饰丹臒粉垩楹联堂额，靡不悉举。既而曾公调任亦去，复得邬公慎斋继董其事，然后告成。于是应试者乃无风雨暴露之虞，转徙迁就之烦。至今颂曾邬二公之烈轶于前人，而绅等亦得借此以告无忝于多士。

予欣然曰：此举诚为善矣，此功良不朽矣。然以予观之，其正堂断而弗连，其侧室缺而未备，若稍为添置，更当改观。佥曰善。因复加修葺，遂有宾客之位，偃息之居，藩涸厨灶亦随时以增。窗户洞启，台阶轩然，两试之外兼足驻露车之节，息星使之辕。君子至斯得毋叹前之美而彰者，亦后之盛而传耶？兹予将行，请为文以志贞珉，予维创始之艰与踵成之易，致不伴矣。有举无废，仍望诸君敢以不文而没始事。顾予犹愿后之君子，不特于考棚一区时加呵护，举凡公廨祠观，前人所创建足增地方光者，莫不踵而成之，以期有基于无坏。予他日幸而重来，见夫楼阁参差，金碧焕然，藉得袭其余荫，与此邦父老游咏憩息于其间，酒后兴至，发为诗歌，以识前人之徽猷，不亦美哉！故于其行，应诸君之请，刻词于石，而立诸斯堂，以俟其监修。诸君子例得备书，复将捐输姓氏开列于后，以劝来者。时同治十三年岁次甲戌季夏之月，楚北敖立榜慈生甫记。

｜钦加同知衔特授保宁府昭化县正堂加五级纪录十次记大功三次曾寅光；｜钦加同知衔署保宁府昭化县事即补县正堂加五级纪录十次邬承枫；｜钦赐花翎同知衔特授保宁府昭化县正堂加五级覃恩加一级议叙加二级纪录十二次记大功五次敖立榜；｜钦赐花翎补同知署理保宁府昭化县事新都县正堂加五级覃恩加一级纪录十次焦毓璋；｜［署理］特授］保宁府昭化县儒学训导加三级纪录十次［陈文炳］劝捐黄兆奎］赵恬熙］；｜钦赐花翎尽先都司特授川北广元营昭化汛把总王启春；｜［署理］特授］保宁府昭化县典史加三级纪录五次［李景沆］谭道纯］｜仝建。总理首事：［候铨训导曹升之、尽先训导谷庆云、尽先州判王明通、廪生姜锡玙］花翎都司谷凌云、廪生李英、武生王兆祥、武生欧隆阼。］

大清同治十三年仲秋月中浣吉立，文生吴联奎书。

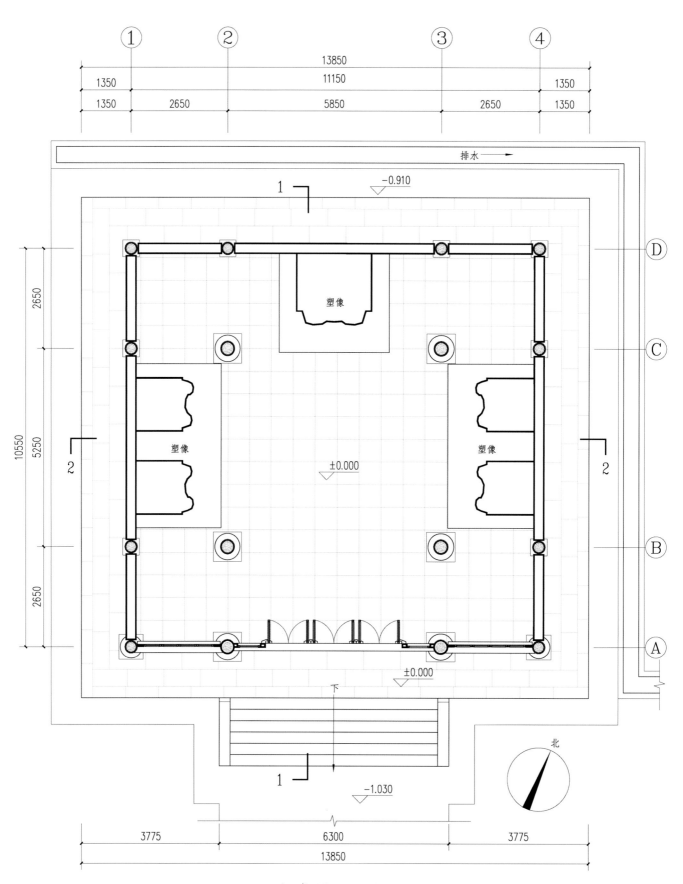

大成殿平面图 1:100

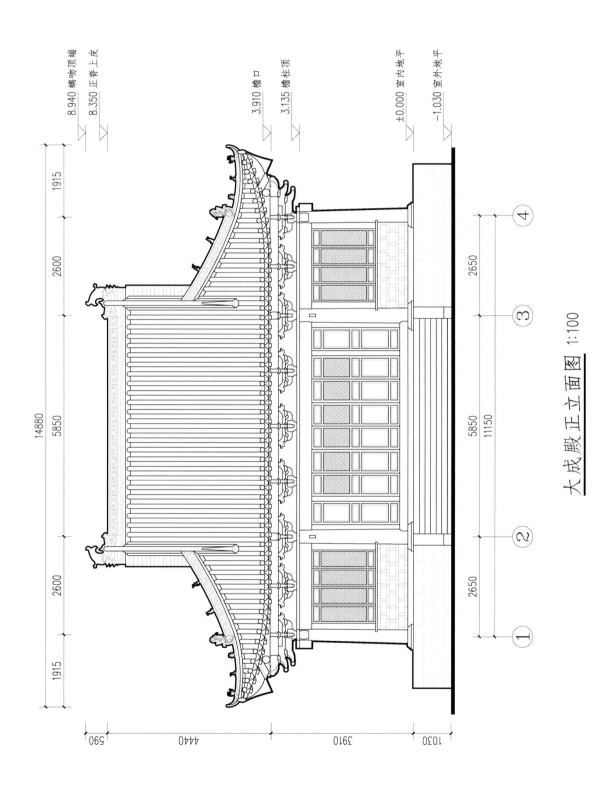

8.940 螭吻顶端
8.350 正脊上皮

3.910 檐口
3.135 檐柱顶

±0.000 室内地平
-1.030 室外地平

1915
2600
14880
5850
2600
1915

590
4440
3910
1030

2650　5850　2650
　　　11150

① ② ③ ④

大成殿正立面图 1:100

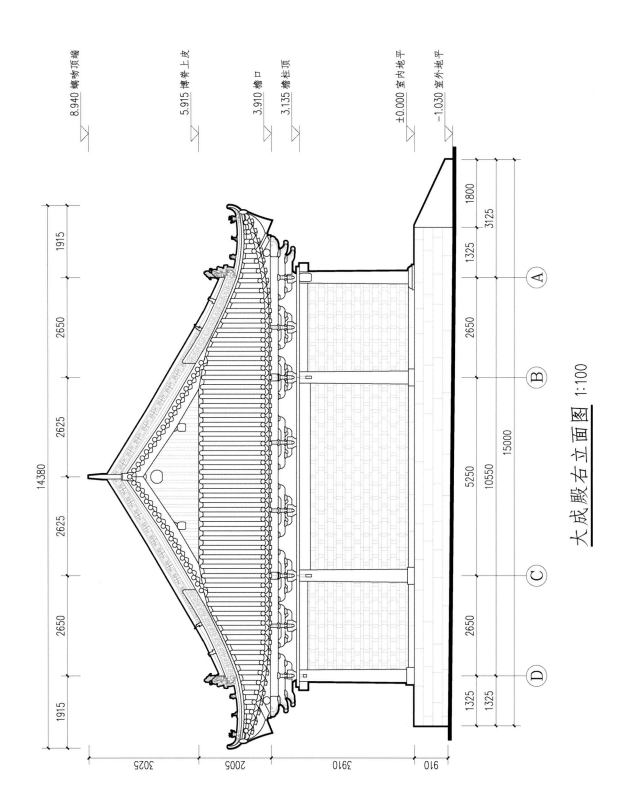

大成殿右立面图 1:100

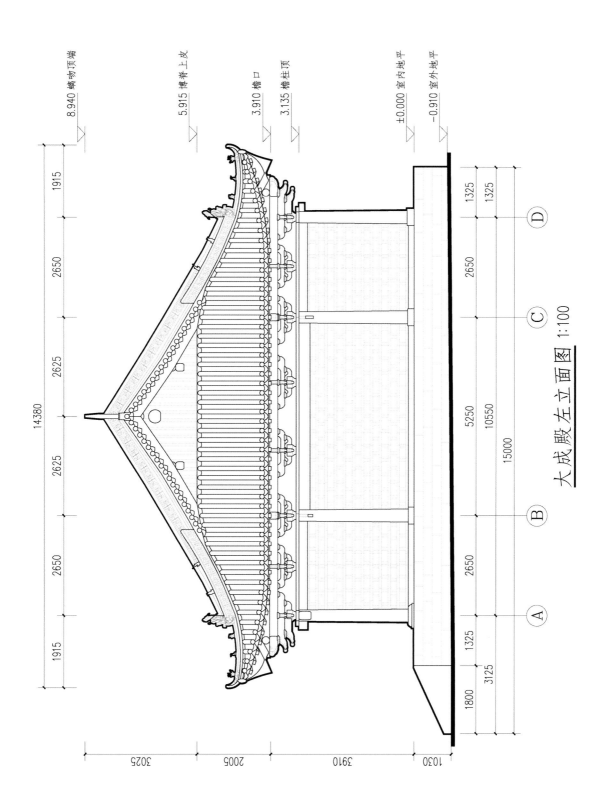

大成殿左立面图 1:100

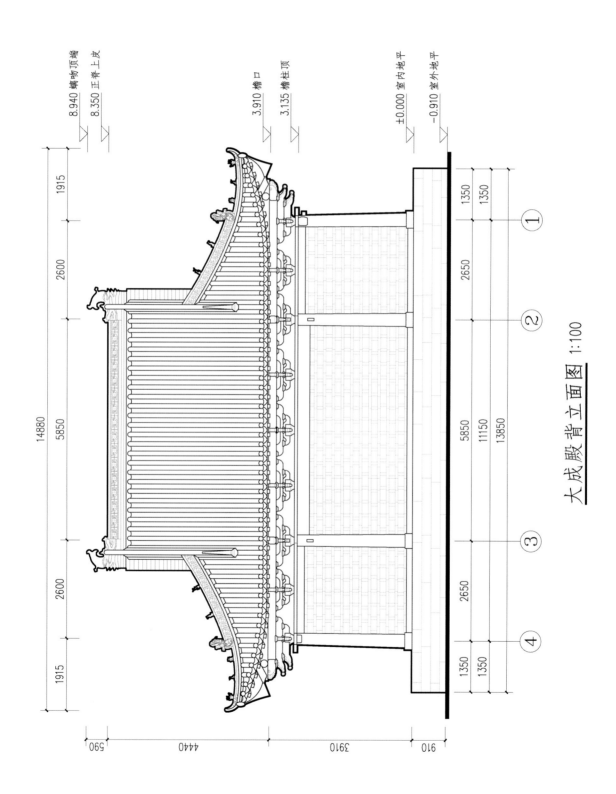

8.940 螭吻顶端
8.350 正脊上皮

3.910 檐口
3.135 檐柱顶

±0.000 室内地平
−0.910 室外地平

大成殿背立面图 1:100

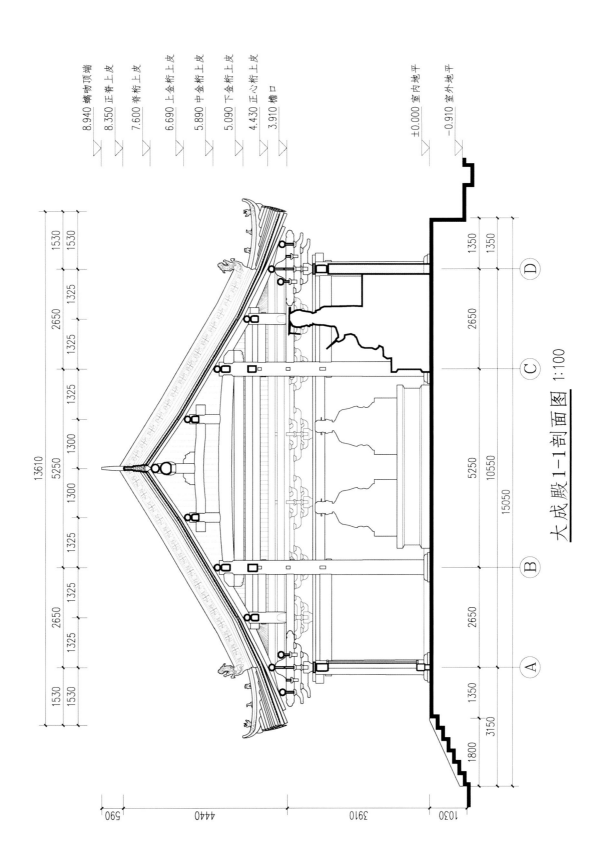

大成殿 1—1 剖面图 1:100

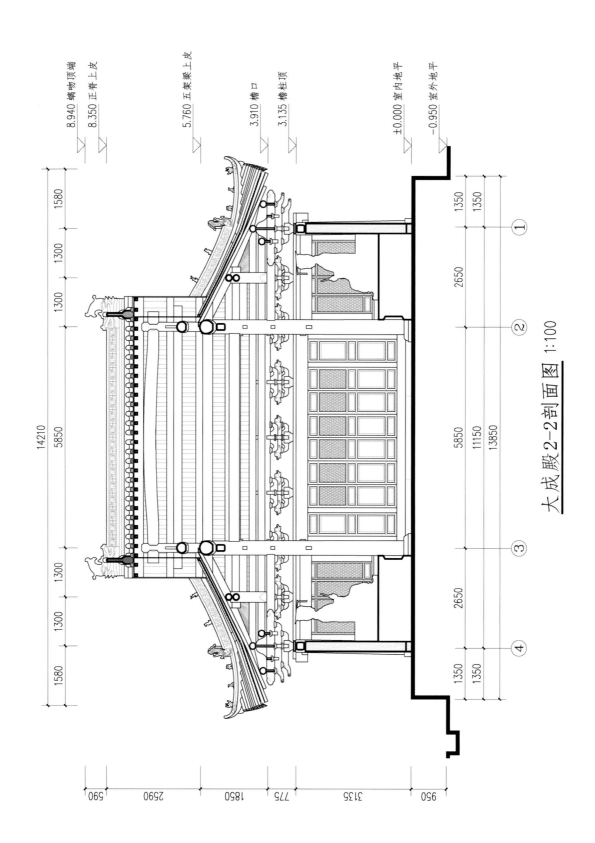

大成殿2-2剖面图 1:100

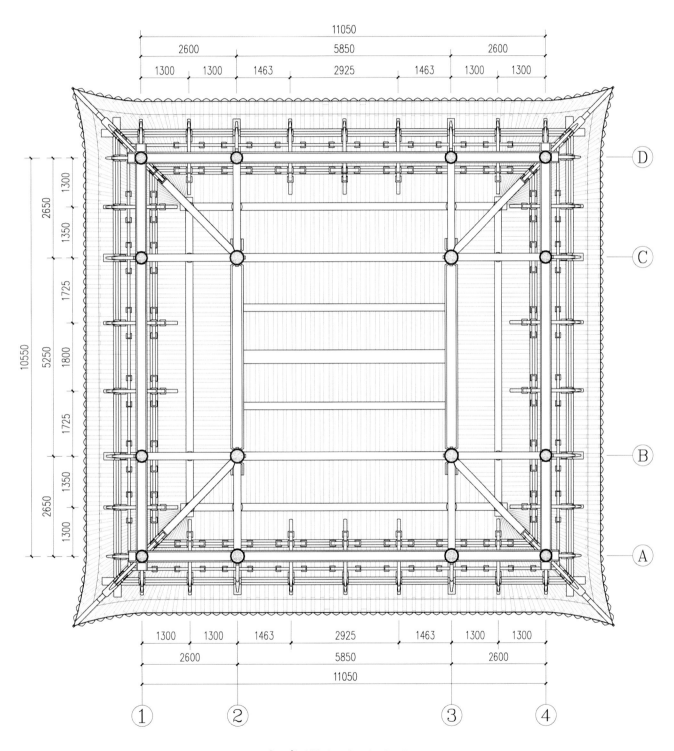

大成殿梁架仰视图 1:100

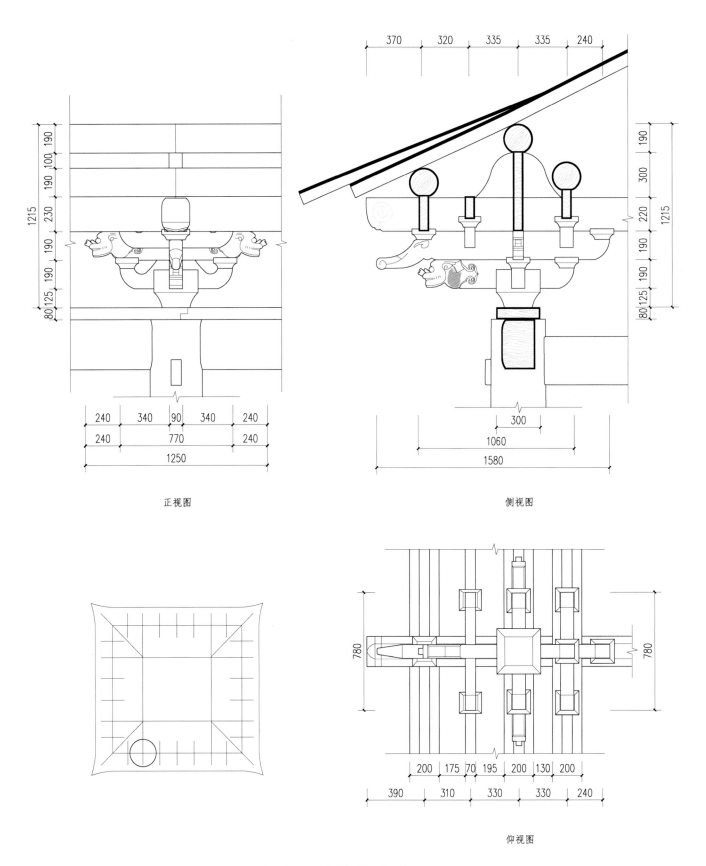

正视图

侧视图

仰视图

大成殿前檐柱头科 1:25

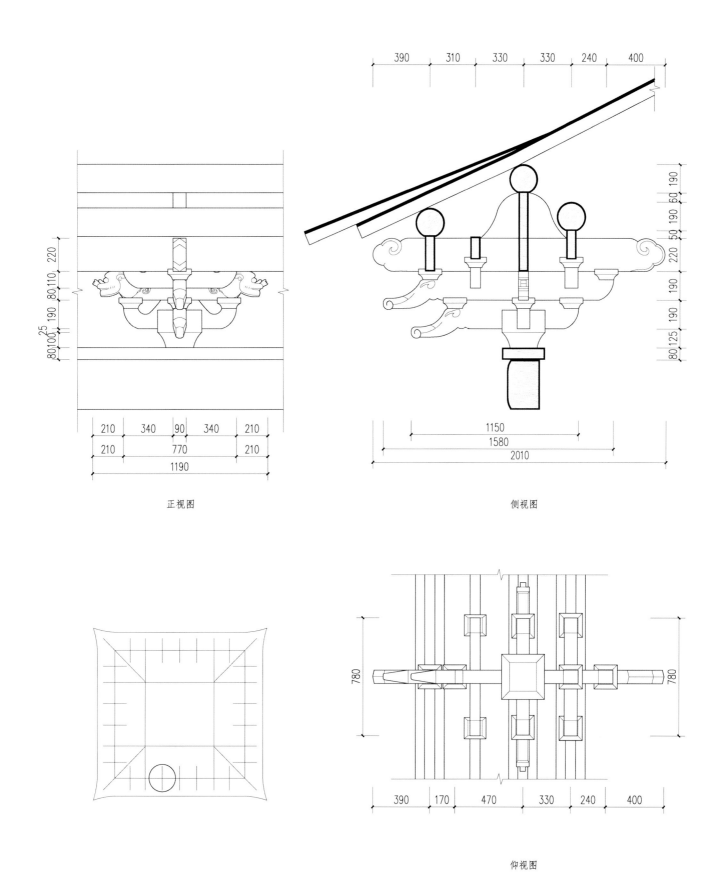

正视图

侧视图

仰视图

大成殿前檐平身科 1:25

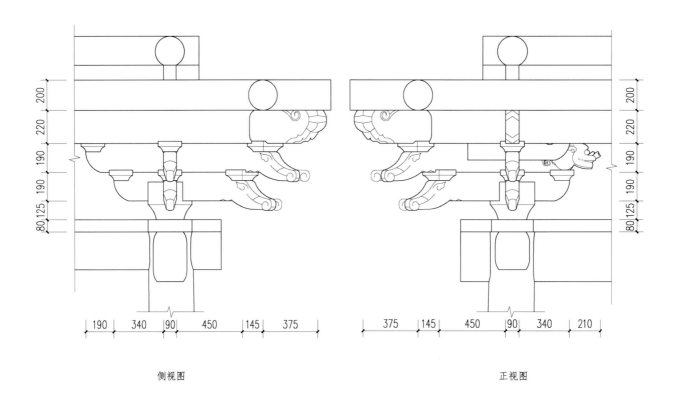

侧视图　　　　　　　　　　　　　　　正视图

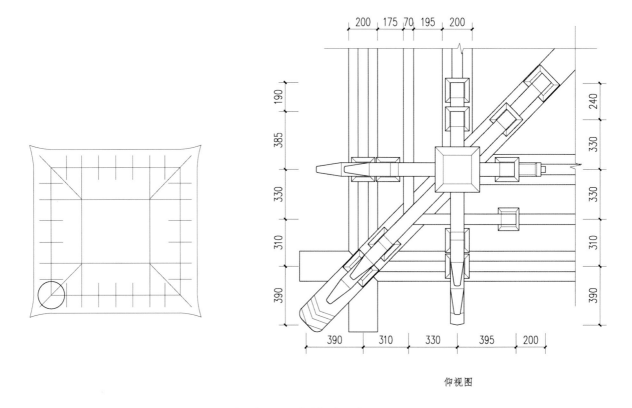

仰视图

大成殿前檐角科 1:25

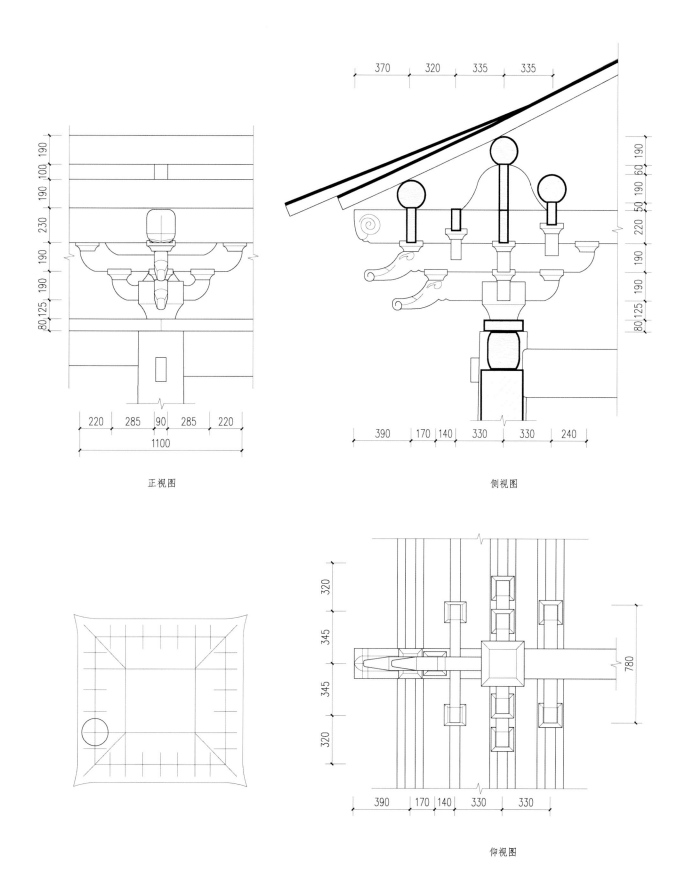

正视图

侧视图

仰视图

大成殿山面前柱头科 1:25

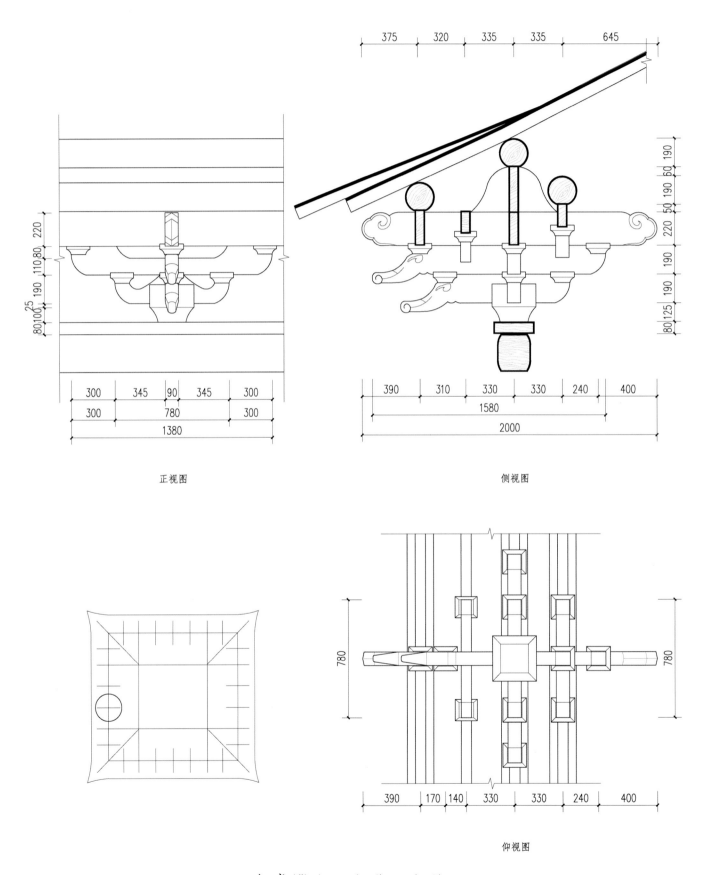

正视图

侧视图

仰视图

大成殿山面中进平身科 1:25

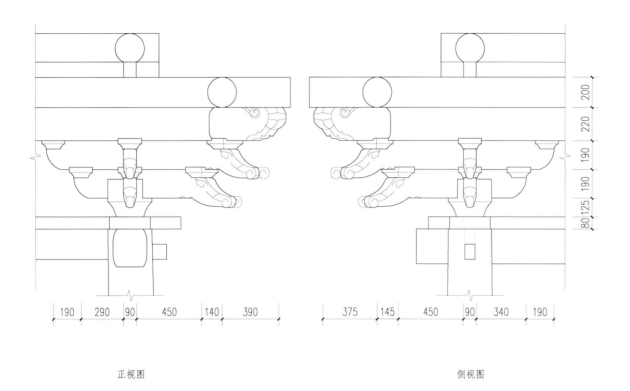

正视图

侧视图

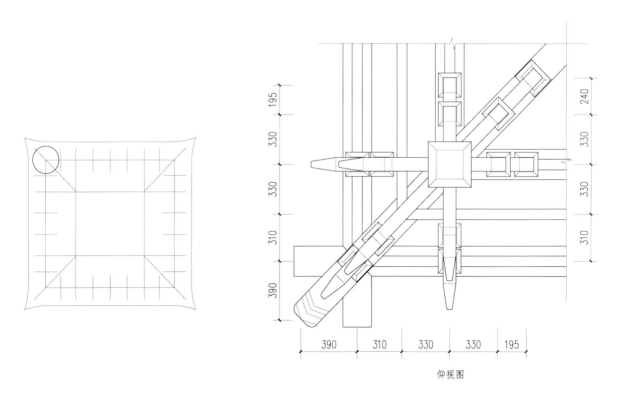

仰视图

大成殿后檐角科 1:25

浏览全景照片

请扫描以上二维码

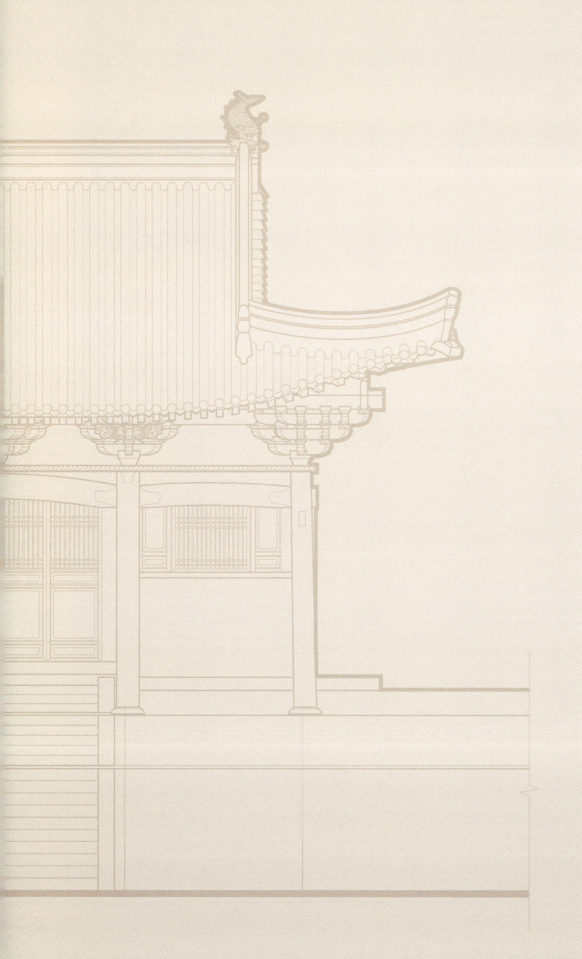

五龙庙位于四川省阆中市西北 40 公里的木兰镇白虎村[1]，现仅存文昌阁一座单体建筑。文昌阁虽被称作阁，却是单层的单檐歇山小殿，是第五批全国重点文物保护单位，公布时代为元代。成都文物考古研究院于 2014 年 11 月、2016 年 12 月、2018 年 7 月、2020 年 8 月四次前往调查，通过三维激光扫描、红外摄影等手段记录了文物现状信息，又参考陕西省古建所 2004~2006 年编制的《五龙庙文昌阁文物保护规划》、北京大学考古文博学院文物建筑专业研究生王书林 2009 年拍摄的照片、成都市宏泰建筑有限公司 2011 年编制的《五龙庙文昌阁保护维修工程施工组织设计》等资料中反映的建筑不同时期的历史状态，形成了如下调查报告。

一　历史沿革

五龙庙地处今阆中市与剑阁县交界处的川北丘陵地带，远离地方行政中心与交通干道。该地唐宋时期属普成县，元至元二十年（1283 年）废普成县，改为普成乡并入普安县，属剑州。其时保宁府（1276 年阆州升为保宁府）下领阆中、苍溪、南部三县，与剑州同属四川行省广元路，阆中县与剑州之间的驿道途经思依，距五龙庙不远。明洪武六年（1373 年）废普安县，并入剑州，剑州又划入保宁府。清代，五龙庙所在地随思依场从剑州划入南部县，改属安仁乡乐垭场（今桥楼乡），1953 年又随思依区（包括思依、木兰、城隍、枣碧、河楼、桥楼、新岭 7 乡）划归阆中县[2]。

五龙庙创建时间和原始布局均不可考，文献中仅见于清同治八年《南部县舆地图考》[3]，作为南部县一侧与剑州分界的标志。殿内梁架上原有大量题记，但在 2011 年的修缮中对构件进行了打磨，大部分题记可能因此被破坏，残存文字中未发现纪年。现殿前廊内存残碑 1 方，上有当地任姓先祖"敬舍地基，于大元至正三年（1343 年）修立"等文字，是以往研究中判断文昌阁为元构的重要依据。笔者据此碑记其他内容，考证出五龙庙应是当地任姓家族的家庙，推测立碑年代约在明万历年间，当时因殿宇"损坏不堪"而进行了"重新翻盖"（详见下文）。

五龙庙文昌阁与相距 6 公里的剑阁香沉寺大殿在历史沿革上存在一定关联。两处建筑的题记中存在相同的施主姓名组合，可推测二者修建年代接近。香沉寺大殿另有题记证明其建于元代，且不早于泰定三年（1326 年），这为五龙庙文昌阁建于元代提供了佐证。

五龙庙文昌阁曾于 1965 年、1989 年两次由当地村民自发维修，1991 年被公布为四川省文物保护单位，2001 年被公布为全国重点文物保护单位。2006~2009 年之间又经过整修，重砌了整个庙宇的台基。2008 年"5·12"汶川大地震后，于 2011 年实施了五龙庙文昌阁灾后抢救维修工程，修缮了文昌阁建筑本体。2014~2016 年之间，在庙宇周围新砌了围墙。

---

[1] 白虎村原属河楼乡，2019 年河楼乡撤销后并入木兰镇。

[2] 四川省南部县志编纂委员会编纂《南部县志》，四川人民出版社，1994，第 48 页。

[3] 清同治八年《南部县舆地图考》"乐垭场图考"，国家图书馆藏刻本，第 80 页。

二　结构形制

（一）总体布局

五龙庙正西 1.8 公里为海拔 730 米的老龙山顶峰，老龙山向东延伸出一条支脉，五龙庙所在的白虎村就坐落于支脉南麓的缓坡上。这条支脉三面环水，北有松树河，南有桥楼河，两条河向东交汇成白溪河，最后蜿蜒数十公里在阆中城外汇入嘉陵江。支脉有一高起的小丘，当地称为"老龙头"或"龙脑山"，海拔约 525 米，山顶下就是坐北朝南的五龙庙。据村民说因为老龙山分出五条支脉，所以也叫"五龙山"，五龙庙也因此得名。

五龙庙前现在有自东向西的入村公路通过，紧临路南侧有残存的石照壁，再往南的荒地里留有两个石质底座，推测是桅杆的底座，说明过去此处曾有通往五龙庙的道路。石照壁到文昌阁之间，据村民说以前还有三层魁星楼作山门，魁星楼后檐又做二层倒座戏台，与戏台相连往北有一层的东西厢房（图 1、2）。另据庙内石碑记载，元代的任姓先祖任受逊"葬于五龙山左边"，现在五龙庙西侧仍有一片墓地，部分墓葬可追溯到清代。

图 1　五龙庙周边环境

图 2　五龙庙航拍图（由南向北摄）

a. 五龙庙文昌阁（2004~2006 年《五龙庙文昌阁文物保护规划》）

b. 五龙庙文昌阁（2014 年）

图 3　五龙庙文昌阁修缮前后

　　五龙庙地形整体北高南低，新建围墙范围内呈现南、北两级平台，应是 2006 年之后整修的样貌。南侧平台比庙前公路高出约 2 米，平坦开阔，推测为原来戏台及厢房所在院落的位置，平台南沿正中设石阶及入口，东侧下台阶有一座两开间穿斗式瓦房作为管理用房，房前随院墙开偏门。北侧高台分为两层，在 2004 年以前由不规则石块砌筑，现状已改为规整的条石砌筑，下层高 1.82 米，设台阶 10 步，上层后退 2.24、高 0.8 米，设台阶 5 步，文昌阁便位于北侧高台的顶上（图 3）。

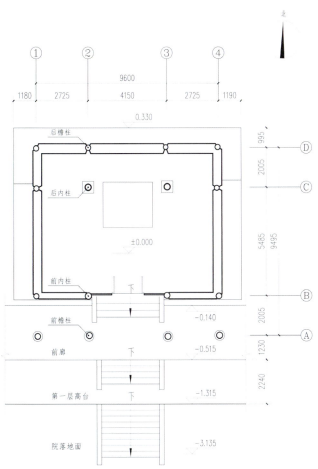

a. 文昌阁（2009年王书林摄）

b. 文昌阁（2018年）

图 4　文昌阁平面图　　　　　　　图 5　文昌阁修缮前后的台基

（二）平面形制

文昌阁面阔三间，进深三间六椽，前后劄牵四椽栿用四柱。柱底平面通面阔9.600，明间面阔4.150，两次间面阔2.725米；通进深9.495，中进深5.485，前后进深2.005米，整体平面接近正方形。柱头平面通面阔9.320，明间面阔4.010，两次间面阔2.655米；通进深9.335，中进深5.325，前后进深分别为1.995、2.015米。各椽架平长自前往后依次为1.995、1.310、1.330、1.360、1.325、2.015米。

文昌阁前进为三面开敞的前廊，前排内柱间安隔扇门，左右砌槛墙安窗，另三面为土坯墙，后内柱前设神坛，塑文昌像。前檐柱柱础直接落于高台顶面，其他柱子则立于另起的台基上，形成地平较低的前廊与地平较高的室内两种空间，这一特点在川北地区的阆中永安寺大殿、梓潼七曲山大庙家庆堂等建筑中也有体现（图4）。

现状地面在2004~2011年的几次修缮中频繁改动。前廊沉降的基础经过顶升调平，露出了前檐柱础。建筑台基也经过重砌，将两山面台基下层向外拓宽，几乎占满了整个平台，台基上层及前廊地面原为石板铺地，改为方形青砖铺地，台基后增设了排水明沟（图5）。

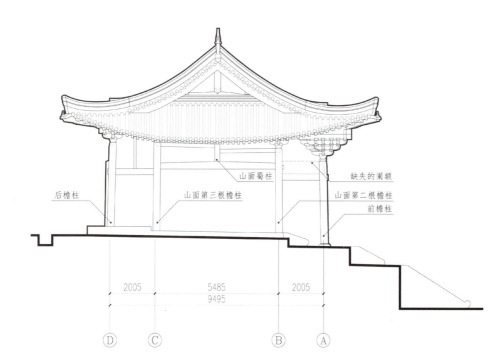

山面蜀柱

缺失的阑额

后檐柱

山面第三根檐柱

山面第二根檐柱
前檐柱

2005　　5485　　2005
9495

Ⓓ　Ⓒ　　　Ⓑ　Ⓐ

图6　右山立面图

（三）柱与柱础

文昌阁有4根内柱和12根檐柱，从现状看，内柱与前檐柱直径最大，在0.33~0.35米之间，其余各柱略小，通常不超过0.31米。柱子上下直径相同，没有明显收分，有的底部略小，推测是局部糟朽造成的。各柱皆有侧脚，内柱柱头内偏0.070~0.165米，檐柱柱头内偏0.055~0.175米。檐柱高度因斗栱高度不同而从前往后逐渐升高，以前廊地面为基准，四根前檐柱柱头标高约3.63米，为前檐斗栱高度的3倍，山面第二根檐柱柱头标高约4.15米，山面第三根及后檐檐柱柱头标高约4.4米（图6）。

外檐柱柱头会在没有与阑额相接的方向做钟形砍杀，如明间前檐柱为前后两面砍杀，前檐角柱为前侧和外侧两面砍杀，山面第二根檐柱为前、左、右三面砍杀等，但与额串肩部的钟形砍杀相比，砍杀较浅，砍杀面积略小。只有左前角柱和左后角柱无柱头卷杀，可能是明清时期更换的柱子（图7）。

前檐的4个柱础应为原初构件，为带盆唇的覆盆式柱础，2011年修缮时从地下抬升至地面。这次修缮还取消了前内柱轴线的四个柱础，将柱子直接立于阶条石上，后内柱两个柱础也被更换，其余各柱部分被外墙包裹，从外露部分判断为方形柱础（图8）。

图7　左山前檐柱柱头砍杀

图8　前檐柱柱础

（四）阑额、普拍枋

仅前檐柱柱头上施普拍枋，在扁长方形截面的木料两侧刻仰莲瓣，使截面略呈倒梯形。三开间共使用两根普拍枋，在明间正中搭掌相接，两端至角柱出头，端头直截无雕刻。前檐柱间施月梁形阑额，截面为圆形，中部略拱起，三间的阑额高度大致相等，入柱位置前后均做钟形砍杀，两端至角柱直截出头。阑额与普拍枋之间由垫板填充。前檐每根柱子在紧贴阑额下的位置都有榫口被填补的痕迹，推测阑额下曾有绰幕枋支撑（图9、10）。

山面和后檐的柱子间施阑额与由额，不用普拍枋，柱头直接承斗栱。前檐角柱与山面檐柱间残存有榫口被填补的痕迹，可证明原有阑额，现在缺失，右山后次间阑额亦缺失。现存的山面及后檐阑额截面大部分接近单材，仅后檐明间为圆形截面。由额的截面尺寸普遍较阑额更大，各间的由额位置上下相错，三面都是明间高于次间，后檐又整体高于两山。山面明间由额上设蜀柱，蜀柱顶承补间铺作。由于前后檐柱不等高，阑额在蜀柱处被打断，南侧阑额略低于北侧阑额。自山面第二根檐柱往后，以由额为界，下为土坯墙，上为竹编泥墙（图11）。

（五）梁架

文昌阁为六架椽屋前后劄牵通檐用四柱的歇山厅堂，四周檐柱皆施斗栱。前檐劄牵压在柱头铺作第三跳华栱上，梁头与第二跳上横栱承的罗汉枋相交，劄牵下无顺栿串。后檐劄牵自栌斗伸出，梁头作华栱承撩檐枋，劄牵下用矩形截面的顺栿串。内柱上不用斗栱，柱头直接承四椽栿，梁头下半部做箍头榫，扣入柱头，入柱肩部做钟形砍杀，砍杀面积较小如外檐柱，梁头上半部开槽施素枋，上承下平槫。四椽栿上设蜀柱承平梁，

图9 前檐阑额和普拍枋（2009年王书林摄）

图10 前檐普拍枋背面相接位置

图11 山面和后檐的阑额与由额

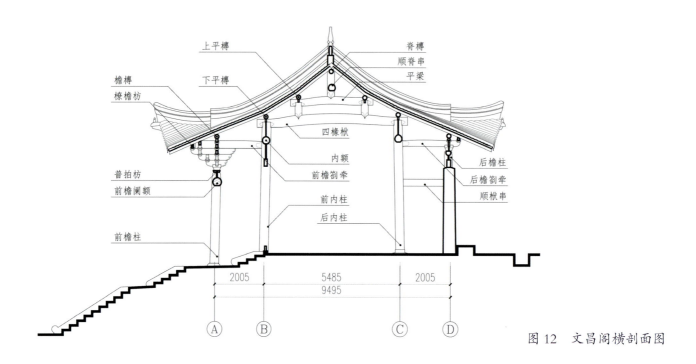

图 12　文昌阁横剖面图

平梁前端梁头节点与四椽栿相同，梁头上半部施素枋，上承上平槫，但后端将素枋降至蜀柱顶，且后上平槫及素枋木色较新，应为现代更换。平梁上设脊蜀柱，柱顶承脊槫，柱中施顺脊串，两侧不用叉手（图 12）。

　　左右内柱之间施月梁形内额，前内额下施门额，后内额下留有两个安装立旌的榫口。2009 年时后内额下曾有扇面墙，但 2004 年时没有，原状如何未知。内柱上端由内额与四椽栿形成一圈拉结构件，与外柱由阑额、由额和普拍枋形成的一圈拉结构件共同构成"回"字形框架。前后两内额的中心皆立蜀柱，明间补间铺作挑斡的后尾插入其中，挑斡之上为大叉手承下平槫。大叉手位于前后下平槫之间，由明间正中的前后两根斜梁组成，斜梁上端在顺脊串上相交并卡住脊槫，斜梁中部支撑上平槫（图 13、14）。现状各平槫均由左右两段组成，接缝处正在大叉手位置，这可能是大叉手存在的原因。

图 13　文昌阁室内梁架

图 14　内额、蜀柱与大叉手交接关系

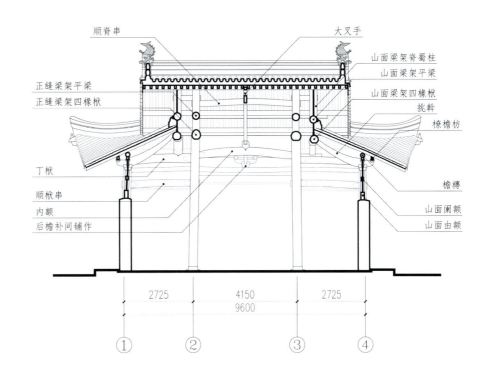

正缝梁架平梁
正缝梁架四椽栿

丁栿
顺栿串
内额
后檐补间铺作

顺脊串
大叉手

山面梁架脊蜀柱
山面梁架平梁
山面梁架四椽栿
挑斡
橑檐枋

檐槫
山面阑额
山面由额

2725　　4150　　2725
9600

①　②　③　④

图 15　文昌阁纵剖面图

文昌阁歇山山面厦一椽，山面檐柱与内柱间施丁栿承山面梁架。其中，前丁栿压在山面柱头铺作华栱上，梁头抵至橑檐枋后，梁尾插入内柱，丁栿下施矩形截面的顺栿串；后丁栿自栌斗伸出，梁头作华栱承橑檐枋，梁尾亦插入内柱，丁栿下施圆形截面的顺栿串。山面梁架与正缝梁架形制几乎完全相同，只是䯿头栿上增设缴背承山面檐椽，梁栿与蜀柱之间设编壁山花。山花梁架与正缝梁架轴线距离仅 0.675 米，二者之间的顺脊串截面为方形，位置较明间顺脊串高。山花外出际约 1.4 米，现状有搏风版但无悬鱼（图 15、16）。

文昌阁采用平置角梁且无子角梁，角梁两侧在橑檐枋及槫上设置生头木，角梁后尾插入丁栿上的蜀柱，榫头出头用木栓固定，角梁前端伸出橑檐枋，伸出部分向上折起，底面刻有两道蝉肚，使端头截面逐渐缩小。自转角铺作里跳至下平槫，角梁背上另施隐角梁，由隐角梁承翼角椽（图 17）。

文昌阁四面均用橑檐枋承椽，前檐至山面前进的橑檐枋位于斗栱第三跳跳头上，前檐与山面橑檐枋在第三跳角华栱卜相交并直截出头，山面橑檐枋朝后的出头做三面斜杀。山面中、后进至后檐橑檐枋位于斗栱第一跳跳头上，山面与后檐橑檐枋在角华栱上相交并直截出头。因山面至后檐斗栱只出一跳，故檐椽悬挑距离更长，为了支撑翼角椽，在橑檐枋至角梁之间增加了虾须，2011 年修缮前，左后角山面虾须曾写有"重修于公元一九六五年"的题记（图 18、19）。

图 16　右山山面梁架

a. 右后角梁前部

b. 右后角梁后尾

图 17　文昌阁角梁

图 18　前檐椽檐枋

图 19　左山面与后檐椽檐枋

　　椽子在 2011 年修缮中已全部更换。修缮前，可以根据木色判别椽子新旧，新椽主要分布于左前翼角（19 根），右前翼角的前檐（6 根），后檐（檐椽大部分、脊步和金步椽），左山面后半。椽子的截面，山面全部为圆形，前、后檐则为方形和矩形，不用飞椽。翼角从下平槫开始放射布椽。椽上铺望板，修缮前仅两山面存部分旧望板。2011 年修缮后椽子全部改为方形截面，翼角放射布椽的起点改为从角柱附近开始，并重新钉望板（图 20、21）。

　　文昌阁大木结构中大部分构件保持了一致的营造特征，如各处圆形断面的额、串、梁栿等构件肩部都做钟形砍杀，四椽栿、平梁、丁栿及内额上的蜀柱均为鹰嘴蜀柱等。这表明文昌阁的大木构件基本为同一时期的原构（图 22、23）。

　　后期改动中最显著的一处是左山后丁栿上蜀柱缺失。目前在丁栿上设垫块承挑枋，改由挑枋后端支撑角梁，挑枋前端则从后檐柱头铺作旁挑出，并在阑额上另设短柱支撑。此角梁截面也明显比其他角梁大，呈抹角方形，尾部无榫头，而是被锯平，似乎是用别的构件改制的。这几个构件及左前角、左后角两根没有柱头砍杀的角柱，从木色来看年代较久，可能是古代某次维修改换的。此外还有一些构件木色很新，应是现代维修更换的，其中，在 2011 年修缮前已经更换的构件主要有：左

图20　修缮前左后翼角（2009年王书林摄）

图21　修缮前左前翼角（2009年王书林摄）

图22　梁栿肩部做钟形砍杀

图23　蜀柱底部作鹰嘴状

图24　左后丁栿上垫块、挑枋及角梁

图25　左山补间铺作后部橑檐枋

前角梁、左后转角铺作、左后角虾须2根、右后角后檐虾须1根、左山明间补间铺作至转角铺作橑檐枋2根，后檐明间与左次间橑檐枋2根、后上平槫及素枋，及少量散斗补配、斗栱拼补、铁箍加固等。其中部分橑檐枋残留有榫口，是用其他旧构件改制的（图24、25）。

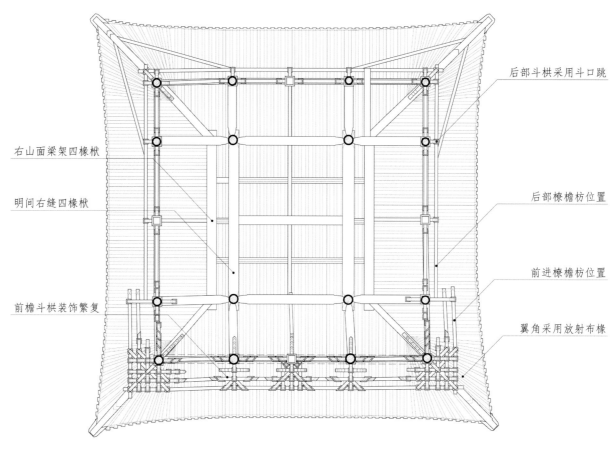

图 26　斗栱及梁架仰视图

图中标注文字：

后部斗栱采用斗口跳

右山面梁架四椽栿

明间右缝四椽栿

后部橑檐枋位置

前进橑檐枋位置

前檐斗栱装饰繁复

翼角采用放射布椽

（六）斗栱

　　五龙庙文昌阁外檐设柱头铺作 8 朵,转角铺作 4 朵,四面明间各设补间铺作 1 朵,次间不设补间铺作,外檐斗栱共 7 种 16 朵。斗栱布置前繁后简,前檐为不用令栱的三杪六铺作,山面前柱头铺作减为不用令栱的四铺作,再往后又减为斗口跳。除前檐设普拍枋外,其余柱头铺作直接安于柱头上,山面补间铺作安于由额上的方形蜀柱上,后檐补间铺作安于阑额上。斗栱均不用下昂,但在前檐采用了多种斜栱、横栱抹斜及带雕饰的翼形栱相组合的形式,使建筑正面的视觉效果繁复华丽（图 26）。斗栱用材厚 110、单材广 165、栔高 65 毫米,约合《营造法式》中的七等材,栱端皆作四瓣卷杀。

1. 前檐柱头铺作

　　前檐柱头铺作为六铺作三杪。华栱足材,外跳单栱计心。第一跳跳头承翼形栱,正面雕龙头吐卷云图案。第二跳跳头施交互斗,承瓜子栱并向左右 45° 出斜栱,瓜子栱两端抹斜,斜栱端头抹斜与橑檐枋平行。瓜子栱上承替木,栱头上散斗和替木也随栱抹斜,替木两端作两瓣,上承罗汉枋承椽。第三跳华栱与左右斜栱共同支撑最外侧橑檐枋,栱头上的散斗在右缝柱头铺作为 3 个独立的散斗,左右散斗随斜栱抹斜,在左缝柱头铺作则改为 1 个连续的长散斗。对照斜栱间宽度,该长散斗较必要尺寸稍短,且安装方向前后倒置,推测原为其他建筑的构件。长散斗底面露出 2 个方形榫眼,应该是用于固定栱头上木销的。柱头铺作里跳为 3 层实拍栱,每层栱端头均刻作两瓣,三层相叠如蝉肚,第三跳华栱上承劄牵。扶壁栱为

图 27 前檐右缝柱头铺作

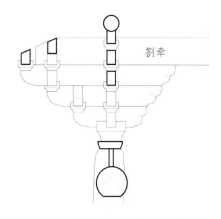

图 28 前檐柱头铺作与劄牵的关系

图 29 前檐明间补间铺作

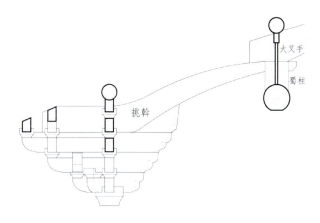

图 30 前檐补间铺作与挑斡的关系

泥道重栱加三道素枋，重栱均为单材栱，两端抹斜，素枋之间均匀排布多个散斗，第一、二层素枋端头分别入第三跳华栱和劄牵侧面子荫，第三层素枋则部分高于劄牵，以燕尾榫续接，素枋上承槫。四川现存元代建筑的前檐斗栱多为五铺作双杪或六铺作单杪双下昂，只有五龙庙文昌阁采用了六铺作三杪，出跳数多以及没有下昂降低高度，使得相近举折下最上层华栱上皮与槫下皮间距离增至两材一栔，超过其他实例的一材。因此文昌阁无法采用梁栿出头作华栱承檐的做法，而是将梁栿直接压在最上层华栱之上，但劄牵梁头仍向前伸出与罗汉枋相交，以加强与斗栱的联系，这是其与众不同之处（图 27、28）。

2. 前檐补间铺作

前檐补间铺作为六铺作三杪，外跳正中出三跳足材华栱，其余斜栱和横栱均为单材。第一跳华栱跳头承翼形栱与左右 45° 斜栱，翼形栱雕饰同柱头铺作，又自栌斗两侧出 45° 小栱头，斜栱后尾向内延伸压在小栱头上，抵至扶壁栱。第二跳华栱与斜栱上承相当于慢栱长度的不抹斜横栱，横栱上承替木及罗汉枋，替木两端抹斜作两瓣。第二跳斜栱跳头上又分别出单材华栱与斜栱，二者后尾抵至扶壁栱。第三跳华栱加上两侧的单材华栱与斜栱，共 5 个栱头承橑檐枋。补间铺作里跳为三层实拍栱，与柱头铺作一样每层栱端刻作两瓣，其上又承挑斡，挑斡前端与罗汉枋相交，尾端穿过内额上蜀柱柱头，出头三面斜杀。挑斡与华栱的夹角之间安韡楔，韡楔后端四面斜杀。扶壁栱也为抹斜重栱加三道素枋（图 29、30）。

a. 铺作外侧

b. 铺作内侧

图31　前檐右转角铺作

图32　右山前柱头铺作

3. 前檐转角铺作

前檐转角铺作为六铺作三杪，自栌斗向正面、侧面及45°方向各出三跳华栱，其中三跳角华栱为足材，其余均为单材。正面和侧面的各跳华栱，分别与泥道栱、泥道慢栱、素枋出跳相列。正面第一跳华栱上承重栱，重栱与侧面出跳华栱相列，其中慢栱之上仅右前转角铺作正面尚存短枋，端头刻作麻叶云，其余慢栱上已无任何构件。正面第二跳华栱上承单栱，也与侧面出跳华栱相列，其上施散斗承替木及罗汉枋，散斗位于该横栱外端栱头及与第一跳斜华栱上正向华栱相交处。替木外端抹斜并刻作两瓣，内端抵至角华栱，仅左前转角铺作山面替木内端亦作抹斜。此外，正面和侧面第一、二跳华栱头上，在与角华栱垂直的方向上施斜栱。斜栱与角华栱之上均用鬼斗，即斗底沿45°方向，而斗平转为正向。第三跳华栱与斜栱栱头上直接承橑檐枋。转角铺作里跳共五层实拍栱，下四层为足材，栱头刻作两瓣，第五层高度略低，端头三面斜杀，其上承角梁，左前转角铺作此处上方斜杀很小，应为后期更换（见图21）。转角铺作扶壁栱正面为抹斜重栱加三道素枋，山面为四重栱加一道素枋，其中下三层栱抹斜，且抹斜面朝内（图31）。

4. 山面前柱头铺作

山面前柱头铺作为四铺作单杪不用令栱，栌斗底面较前檐铺作抬高两材两栔。泥道栱用重栱加素枋，此素枋与前檐转角铺作相连，其上承槫。华栱为足材，出一跳的距离与前檐三跳相等，上承橑檐枋，里跳出跳也更长，约合前檐两跳。华栱上压丁栿，栿头伸出至橑檐枋，并与转角铺作第二跳上的罗汉枋相交，前进橑檐枋和罗汉枋至此截止，后端出头三面斜杀。在罗汉枋内，丁栿上还承建筑后部的橑檐枋，该橑檐枋位于山面斗栱第一跳华栱跳头，前端至此，端头直截（图32）。

图 33　右山后柱头铺作

图 34　右山补间铺作

图 35　后檐左缝柱头铺作

图 36　后檐补间铺作

5. 山面后柱头铺作、后檐柱头铺作

二者均为斗口跳，栌斗底面较前檐铺作抬高三材三栔。丁栿或劄牵的梁头从栌斗口伸出，作足材华栱承橑檐枋。由于仅出一跳，橑檐枋内移，出檐距离增加。扶壁栱为单栱素枋（图33、34）。

6. 山面补间铺作、后檐补间铺作

与后檐柱头铺作相同为斗口跳，扶壁栱亦为单栱素枋。华栱里跳为挑幹，后檐挑幹尾端入蜀柱，出头三面斜杀，山面挑幹后尾抵于闑头栿下（图35、36）。

图 37　右后转角铺作

7. 后檐转角铺作

后檐转角铺作为斗口跳，栌斗上单材华栱与泥道栱出跳相列。角华栱为足材，跳头施鬼斗，橑檐枋在鬼斗上相交直截出头。里跳两层实拍栱，下层高一足材，栱头刻作两瓣，上层高至正心槫上皮，端头三面斜杀，其上承角梁。右后角转角铺作后侧泥道栱被编壁遮挡，散斗缺失（图37）。

（七）屋面

五龙庙文昌阁为单檐歇山顶，历史上经历过多次维修。2011年修缮前，屋面为望板上坐灰铺筒瓦，正脊和博脊采用烧制脊，垂脊和戗脊为两侧包瓦片，前檐勾头瓦保留了多种规格和纹样，山面和后檐则统一为兽面纹，可能是较晚的一次维修中更换的新瓦。2011年修缮中，在望板上增设改性卷材防水层，铺10×10×0.7毫米热镀锌钢丝网，用30毫米厚硬灰泥打底，50毫米厚泼灰草泥瓦板瓦，麻刀灰裹垄竹柴垄筒瓦[4]，补配了螭吻，并将前檐勾头也统一为兽面纹。

（八）装修、附属文物、壁画

文昌阁门窗位于前内柱缝，明间内额下设门额，次间丁栿下较门额略低处设顺栿串固定窗。现状明间为四扇六抹隔扇门，次间槛墙上为格子窗，都是2011年修缮时新设计的，但修缮前的门窗、地栿也是现代制作，极为简陋。门额上留有两个安装门簪的榫洞，说明原有鸡栖木及版门。

文昌阁前檐柱柱脚留有地栿榫口，明间阑额下及各檐柱外侧也留有一些榫口，说明文昌阁前廊曾经被纳入室内，并在建筑周围加建有其他结构，可能是比较晚近的改动。

建筑四面在由额、门额以上都做竹编泥墙，两山面中进阑额与由额之间的编壁内侧还残存有壁画。其中，右山墙以蜀柱为界分为前后两幅，靠后的壁画保存最好，内容为宗教题材，构图上分为两部分，左侧画面中有3人带头光，身后簇拥着若干人物，前面有人向他们行礼；右侧画面中有1人带头光，头上有伞盖，身边也簇拥着若干人物，面前也有一人在行礼（图38），靠前的壁画则保存较差，除少许树枝外，仅在左端能依稀辨认出1人背对着站立。左山墙在后山柱与蜀柱之间用立旌将编壁隔为左右两块，壁画数量因此增加，但实际面积和位置仍与右山墙相当。其中立旌右边的壁画构图较完整，画中左上有一殿宇，内设几案、屏风，正中坐一人，与之相对殿前立有一人，似

图38　室内右山壁画局部　　　　　　　　图39　室内左山壁画局部

[4] 成都市宏泰建筑有限责任公司：《五龙庙文昌阁保护维修工程施工组织设计》，2010，第7页。

图40 "五龙庙"匾额

图41 室内保存石质底座

图42 五龙庙以南照壁

图43 五龙庙以南幡杆底座

乎正向殿中人言事（图39），其余壁画则仅能隐约看出绘画痕迹，内容已难辨认。

文昌阁前檐明间阑额正面钉匾托，悬匾额，正面阴刻"五龙庙"3个大字，背面3道穿带，穿带上钉铁环，用铁丝绑在扶壁栱素枋上（图40）。殿内现保存有1件石雕底座，平面呈圆形，下半部直径较大，底端雕8个如意形龟脚，上半部直径缩小，周围满雕花草图案，顶面凿一圆形浅坑，中央凿圆形榫眼（图41）。四川庙宇中常见带有这种底座的石香炉、石灯，现存较完整的多刻有铭文，大多为明代制作。

五龙庙前正对山门，在现有道路对面有照壁，为红砂石砌筑，现存部分无雕刻（图42）。庙前更远的荒地里还有2件石质底座，东侧的底座保存较完整，为正方形底座上部砍作八边形，顶端再加工出一层圆形。底座外观接近柱础，且顶面中间凿榫眼，可能用于固定幡杆（图43）。西侧底座为圆形石墩，中间榫眼较东侧底座更大，据村民回忆曾被人加工为水缸，后又被移回原位，所以外形发生了改变。

三　碑刻题记

（一）碑刻

五龙庙现存 2 方碑刻，1 方为古代残碑，1 方为现代碑刻。

残碑在 2011 年修缮前位于前廊东山面，现位于前廊西次间，碑首及右上角残损，碑身受后期破坏有 4 个穿孔，表面风化较严重。右侧碑文记载了任姓家族的早期世系及葬地，称五龙庙为元至正三年（1343 年）修立，后来由任尚贤等重修。碑左侧开列有捐资人及工匠等人的名录，左上角似乎是官府勘察五龙庙土地的公文，明确了土地的四至边界，其中有"勘合清丈军民田土""照亩摊……"等字样，"军民田土"是明代常用说法，"勘合清丈""照亩摊……"很可能是指明代万历年间施行"一条鞭法"时在全国范围丈量土地"照亩摊派"，由此可推测此碑大约立于明万历年间（图 44）。

现代碑刻立于 1993 年，位于前廊东次间，圆首，中间纵书一列大字"任姓宗族万古永垂"，右侧为碑序，追述了五龙庙的历史，记载了 1989 年任姓长、二两房合力重修的情况，左侧刻有任姓族谱及保护五龙庙的禁令等。立此碑时，古碑字迹可能保存尚好，所以碑文中保留的出自古碑的内容也有一定的参考价值（图 45）。

图 44　古代残碑

图 45　1993 年碑

1. 古代残碑录文

碑右部文字，记维修缘起。

……□□埏，生任受逊，葬于五龙山左边。生男任富，幼故，夫唐氏。生大祖任志和，李氏，葬于本宅后，男任子才、任子进，敬舍木直。二祖任志贤，杜」……惠、任子□，敬舍地基，于大元至正三年修立。」……殿宇，风雨□□，损坏不堪。蒙降五显华光，灵童到殿。督同任尚□等，舍财易买颜色、油、铁、木直，请匠烧砖海马同□瓦灰，复古通脊，重新翻盖」……德主任尚贤等□。

……乡九甲，杜□□宜弟□□。

……官今见任太俊恭□□□文阑图下甲首术碑□记。

碑中部上方文字，记人名。

……任尚贤、苟氏，男任谟、王氏，□□、王氏，任诏、王氏，孙男任荣山、华山。」……氏……孝，刘进仓、□氏，男任金、任□□。」……氏……任惟贤。」……氏……母氏……孙男任……元。」……任氏，王桂长、郑氏。」……王□□、□氏，王……」……何正非。」……何氏……王诏。」……王……」……何□金……」……王氏……

碑中部下方文字，记资助人名。

本家助缘：任尚先、任伯□、任恺、任春元、任文魁、任春□、任文元、任文贤、任朝现、任尚□、」任正山、任添表、任□、任伯通、任希贵、任继贤、任尚交、任朝立、任伏銮、任尚□。

本乡助缘：刘本仁、□政贤、王宗□、杜太贤、王□、杜应诗、杨延锐、苟江山、王美、胡文碧、何□、」陈应□、王宗贵、王朝元、王朝学、苟东山、王宝、刘□、王明喜、王时、王贵、王□□、王□□，」王贤、王锦华、□□、王尧、王尚明、王□□、王泰□、王泰仁、王□、王尚用、王□、王□……

剑州助缘：母应□、母尚文、母尚元、何□贤、母□□，正□□文……

又本家□□：任喜才、任朝用、任金銮、任朝元、任元□、任尚元、任旦贤、任……」任文、任伯贤、任锦茂、任尚表、任太贤、任应禄……

碑左部上方文字，记寺产范围。

……九甲内奉。

……布政使司案验奉。

……户部勘合清丈军民田土，巡行众府州县，文□照畝摊」……五龙山向西南边地土半分，东抵□□应□，南抵六甲，」西抵……北抵□□梁……

……上□庚道……任尚……竖立。

碑左部下方文字，记工匠姓名。

　　本家石匠：｜任茂乡，男任选、存柱。

　　本家木匠：｜任邦銮，姪任朝魁……

　　剑州阴阳：李诏先……瓦匠……铁匠苟……

　　……任□堂……任尚贤……

　　……一年……

2. 1993 年碑

　　尝闻天生万物，惟人最灵。当知木本水源，须慎重而追远。祖先有无量之功德，后辈无继承之能才，｜诚可惜乎！若我五龙庙，乃历史悠久古老文物之宝库，始建于大元至正三年岁次癸未，至今已有｜八百多年也。发源于剑门山脉，位居于龙脑山下，故曰"五龙"。帝制时期，香火兴旺，碑石林立，匾字繁｜多。前有厢房、书室，亦有戏台奎楼。殿内神像，两廊画壁，姿态如生。地形险要，古柏苍松，风景如画。住｜有僧尼主持，暮鼓晨钟，春秋庙会，闹热非常。在清末民期，卖尽禅业，风水一度砍伐，仅存大殿歪斜，｜经久失修，风雨漂淋，漏溢不堪。目睹断垣残壁，杂草丛生，堆放柴草，畜粪狼藉，鸟无枝栖，疾目伤心。｜蒙我族中父老，长二两房，共同商议，众志成城，自愿投砖献瓦，捐款出力，在八九年春集资维修。重｜新翻盖染刷，新装匾门，而获得焕然一新。近年绿化山岭，碧绿成荫，河香公路横绕庙前如带，来往｜车辆川流不息。小小之村庄，土质肥沃，地属丘陵，以九梁十三窝的土地可称人杰地灵。年少水旱｜之忧，家裕谷满仓盈。大治之年，百废皆兴，丰衣足食，欣欣向荣。今又倡议磨碑刻铭，增添族谱，促进｜常伦，前赴后继，一脉先灵。上表祖先之德，下衍后人之荣。愿我长、二两房合族人等，精诚团结，自爱｜自尊，千古常昭，一体施行。但陈词简陋，惜乎笔楮难书，庸才碌碌，浅序耳云。任恒山书。

　　任姓宗族万古永垂

　　历代始祖任居全，葬于石龟垭；生远祖任受逊，葬于五龙庙坟塆；复祖任仕昌，葬于思依场二教堂左边山下。我｜老祖任光辉、姜氏葬于小窝头，生二男，长子任钟富，次子任钟贵，分为长、二两房。

　　任姓族谱

　　长房：希子良兴国，玉泽步朝庭，继富宜伟业，世代正乾坤。

　　二房：希先文得金，登绍宗光鸣，承华益俊杰，绪统吉祥祯。

　　从立碑之日起，庙内不准堆放柴草，凡属绿化地段，严禁砍伐树木柴草，违者必究。｜各派以中为准，不准不孝父母，偷盗赌博，乱伦奸污，道德败坏。不准同姓为婚，乱宗乱族。

　　公元一九九三年二月二十四日立。工师任朝代。

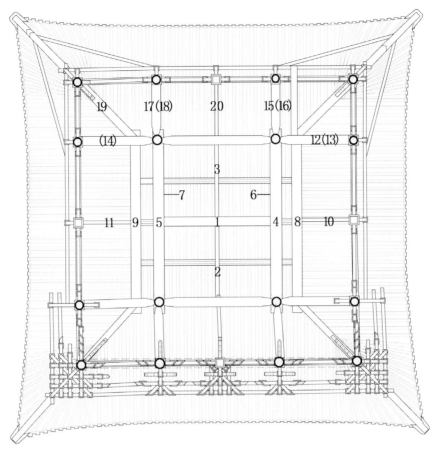

图 46　题记分布示意图

（二）题记

　　文昌阁内目前发现 20 个构件上留有墨书题记，但因后期修缮时破坏，大部分已很难辨认，通过红外摄影尚能识别少量残存题记，多为捐资信众的祈愿（图 46~48）。这些题记与相距仅 6 公里的剑阁香沉寺大殿题记相对照，可发现有大量信众、僧人名字存在相同组合，说明两处建筑修建年代接近。如五龙庙题记有"思都乡信士……何道隆、道成、道昌……"，香沉寺题记有"龙爪站提领何善质，次男何善从，孙男何道成、何道昌、何道隆、何道明"；五龙庙有"剑州思都乡信士母大用……母大和、母大富、母大恍、母大中……母大全、母大成……母思明、思正、思义"，香沉寺有"俗亲母大用、母大富、母大中、母大全、母大和、母大悦；俗弟母思义、母思明、母思显、母思聪、母思宽、母思可、母思亨、母思恭、母思德、母思正、母思仁、母思诚、母思美、母思通"等。这些信众主要来自本乡、思都乡、金仙等地，对照香沉寺题记可知五龙庙所在的本乡为普成乡，香沉寺所在地为思都乡，金仙为金仙里，可能就是现在的剑阁县金仙镇。题记中的寺院道观有慈云院、龙台院等，其中慈云院就是现在的香沉寺。据庙内碑刻记载，五龙庙是任姓家族兴建，按理说题记中应有大量任姓家族人名，并占据殿内显著位置，但现存题记众多人名里只出现了一个任姓，有可能题记 4 中的主盟者会有许多任姓人名，或者在前廊的阑额、剳牵等处也有，但因长期暴露在室外环境，已不可见。题记中仅存的

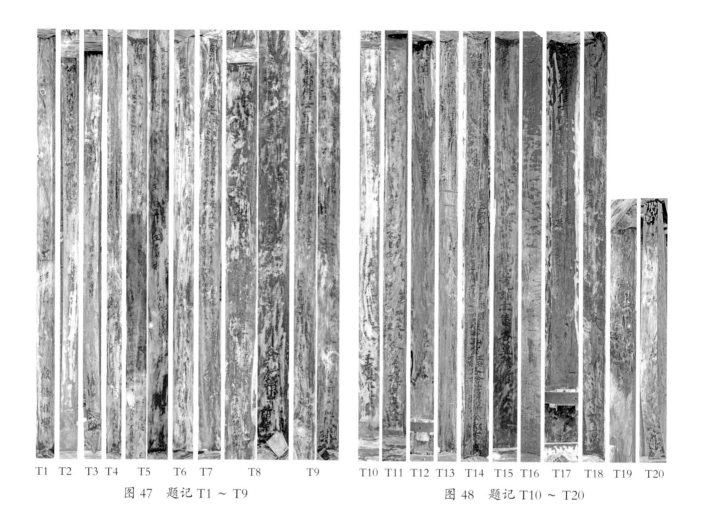

T1　T2　T3　T4　　T5　　T6　T7　　　T8　　　　T9

图 47　题记 T1 ～ T9

T10　T11　T12　T13　　T14　　T15　T16　　T17　　T18　T19　　T20

图 48　题记 T10 ～ T20

任姓人物"任志广"，很可能与碑刻中的"大祖任志和""二祖任志贤"同辈。

1. 顺脊串

　　□□□□□□，□□□安，五谷登□，□□岁稔，谨题。

2. 前大叉手

　　当方绳墨提□王文忠、何道□、□应□……何道□、何道□……□智□、何道□、刘□□、李德□、□炎保□冀……辰月新……贾……

3. 后大叉手

　　当……客……允龙，禅林……安……

4. 明间左缝四椽栿

　　当方主盟……杨……杨……

5. 明间右缝四椽栿

　　当乡信士贾□□、王志□、贾□□、□□□、□□□、□□□、王□源、□□□、□□□、□□□、□□□、□□□、王大亨、杜惠□、□□□、杜惠安、杜惠□、王

□□、王惠昌、王子文、贾□□、□□□、□□□、王□□、王□兴、□□□、王焕炳；杜绍□、王志惠、王绍祖、王□□、□德□、王文贾、王□□、王□美、□□□、□□□、□□□、王文保、□□□、王□□、王文明、王文□、王□□、□□□、贾震□、贾震元、贾震□、贾震平、□□□、□永□、□□□、王焕能、王□成、王思聪、杜□□，各舍钱□祈……

6. 明间左缝平梁

剑阳信士杨……李……天福、天□、天□……玲、李□□；陈□兴、□□□、母思忠、何文□、何文□……□子文、子□、子仁、李仁美、仁□、李天□、天□、赵□□各舍……

7. 明间右缝平梁

剑州思都乡信士母大用、何善荣、母大和、母大富、母大恍、母大中、罗有英、杨再昌、王文胜、文贵、文忠、王再传、王□；母大全、母大成、苟德隆、苟德茂、苟德□、苟德新、苟德用、罗有雄、母思明、思正、思义、思□、思□，各舍资财……

8. 左山面梁架四椽栿

……官□□□，□□□□□，□□金仙信士蒲忠正、冯炳聪、冯炳□、□□□、王有德、母忠□、母世荣、冯□安、姜震祥、何□□、□□□、蒲□能、□□□、□□安、杨德□、杨□□、□□□、蒲忠孝、蒲忠德、冯炳文、冯炳德、王有才、梁思□、母忠显、母世禄、□世□、姜□信、□有□、何□□、□务仁、陈文秀、杨□忠、杨德成、杨□□、何颜□，各舍钱粮，□□□所事者。

9. 右山面梁架四椽栿

当乡信士里正王文通、王文忠、杨源进、王□有、王□□、蒲志忠、白希颜、□□□，社长□□□、□□□□、罗昌福、何才进，助缘信士□□□、严应□、蒲志荣、勾德□、蒲工华、李□贵、李□□、冯□□、严有德、苟□□、□□□、苟□□、□□□、□□□、□□□、□□□、□□□、□缘、程有文、张□□、李□□、□□□、严应乙、蒲志□、伏□惠、李天□、胡□仁、杜德□、严有□、□应□、蒲桂荣、蒲桂清、□□□、□□□、蒲桂□、□□成、罗□□、□□□、□□□，各□□□祈□□咸臻。

10. 左山面明间补间铺作挑斡

……医□□官王道枢、杨绍坤……钱粮祈……子孙荣贵。

11. 右山面明间补间铺作挑斡

……观道士：……□德□、贾大山……胡□□、陈□□、□□□各冀道德兴隆。

12. 左山面后丁栿

……□院住持妙胜，小师庆希，将池云……

13. 左山面后丁栿下顺栿串

金仙信士何□行、涂永惠、涂□□……何颜□、涂□□、涂有□、涂有□……

14. 右山面后丁栿下顺栿串

金仙施主赵震兴、□□□、□□□、蒲□□、□□□、徐景□，云□信士罗□□、王显□、罗□□、□□□、□□□、□□□、李绍祖、李□□、勾巨□、□□□、张益新、王应□、王应凤、李绍坤，安井井官王安、何闰，各舍钱粮祈公私吉庆。

15. 明间左缝后劄牵

思都乡……明义、从正、明闻、从顺，慈云院讲主明照，龙台院讲主法珍，各冀修行有庆。

16. 明间左缝后劄牵下顺栿串

□□信士前龙爪站……遂心。

17. 明间右缝后劄牵

思都乡信士李□□、天□、天□、罗绍□、何□□、□□□、□□□、何道隆、道成、道昌、张□□、冯□□、张□兴、□□□，……祈……

18. 明间右缝后劄牵下顺栿串

……赵子美、赵桂、邓文秀、任志广、蒲桂德、□□□、雍汝材；……丹进、王义……杨天保、雍汝桂，各舍资财□□□如意。

19. 右后角梁

昭……何……德用、李……

20. 后檐明间补间铺作挑斡

……者

四　结　语

本报告对五龙庙现存碑刻进行了重新释读，推测立碑时间为明万历年间，碑文追述了任姓祖先的世系，记载了元至正三年（1343 年）修立五龙庙，明代由任尚贤重新翻盖的历史。还在殿内新发现了大量墨书题记，题记中出现的许多人名、地名都能与剑阁香沉寺大殿的题记对应，推测两处建筑年代接近。香沉寺大殿明确为不早于泰定三年（1326 年）的元代建筑，为五龙庙文昌阁建于元代提供了更加有力的佐证，因此可以认定碑刻记载的元至正三年修建是可靠的。

五龙庙文昌阁表现出四川元代建筑的许多共有形制特点，例如：仅前檐采用普拍枋；前檐采用月梁形阑额及绰幕枋，阑额直截出头；橑檐枋断面呈竖长方形，上部斜削直接承椽，前进橑檐枋后端出头做斜杀；梁头与柱头做钟形砍杀等。

五龙庙文昌阁平面接近正方形，明间中进显著扩大，是四川元明两代方三间歇山殿宇的主要平面形式。前进作开敞前廊，也广泛见于元代至明初建筑中，之后至明末四川殿宇则大多采用不带前廊的形式。文昌阁四角间正面宽度大于侧面，平面呈长方形，因此不得不在丁栿上立蜀柱承山面梁架，前廊地面也较室内低，这些特点均与当地元代遗构永安寺大殿和香沉寺大殿相同，体现出这些建筑中共有的地域特征。

五龙庙文昌阁内部梁架简洁，明间正中有大叉手一组，由前后各一段斜梁组成，是这一特殊做法的典型案例。前檐斗栱较大，为六铺作三杪，采用斜栱和抹斜横栱，外观较为繁复，同时期其他建筑不用昂的则多为五铺作。这不仅使斗栱前后檐差异特别显著，而且与梁栿的交接关系也变为梁栿叠压在斗栱之上，与四川其他元代建筑采用梁栿绞入斗栱不同。

通过此次调查，从碑记、题记和建筑形制上，五龙庙文昌阁的元代纪年建筑身份得以确认。除了屋面和装修有过更换，建筑的木结构部分仍基本保持了元代原貌，是一处非常珍贵的元代木构建筑实例。建筑的平面、梁架和构件细节，其中所蕴含的设计构思和营造背景，也值得学界继续深入探讨和研究。

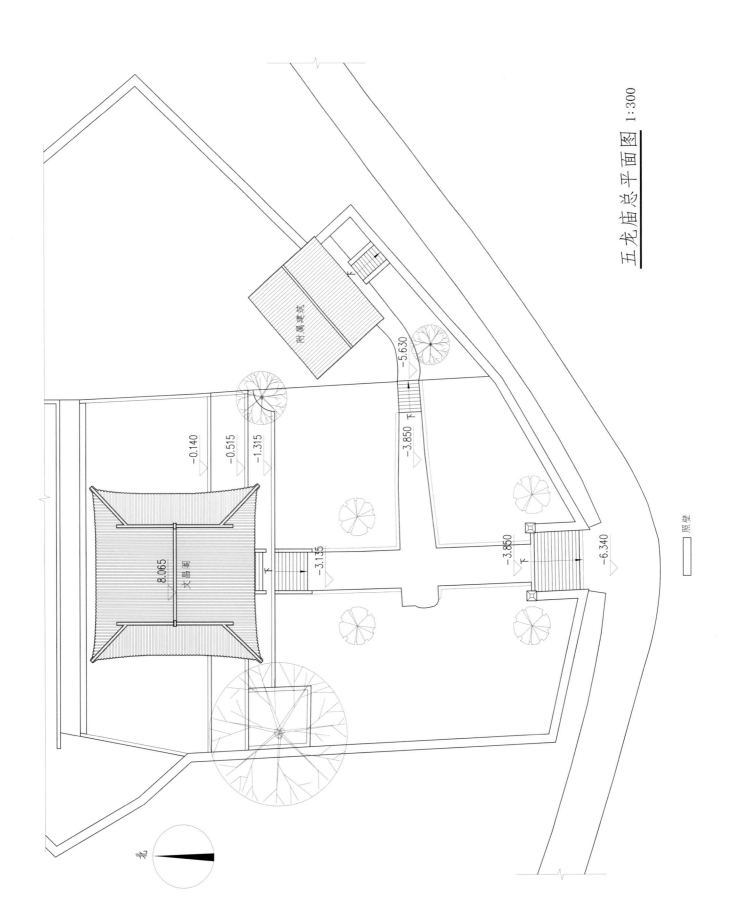

五龙庙总平面图 1：300

北

8.065

文昌阁

-0.140
-0.515
-1.315

-3.135

-3.850

-5.630

-3.850

-6.340

附属建筑

照壁

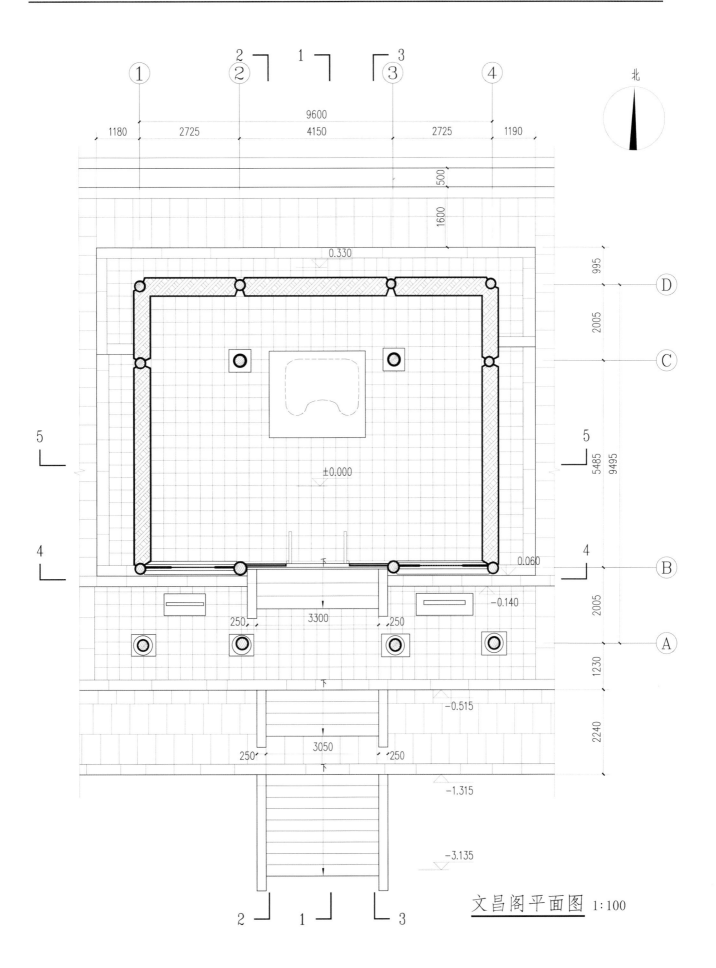

文昌阁平面图 1:100

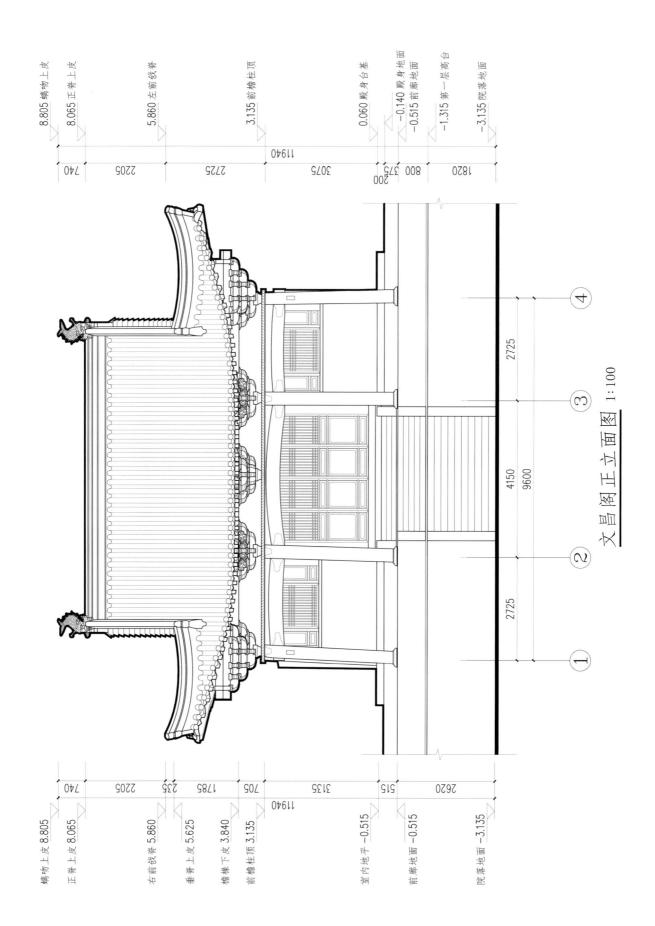

文昌阁正立面图 1:100

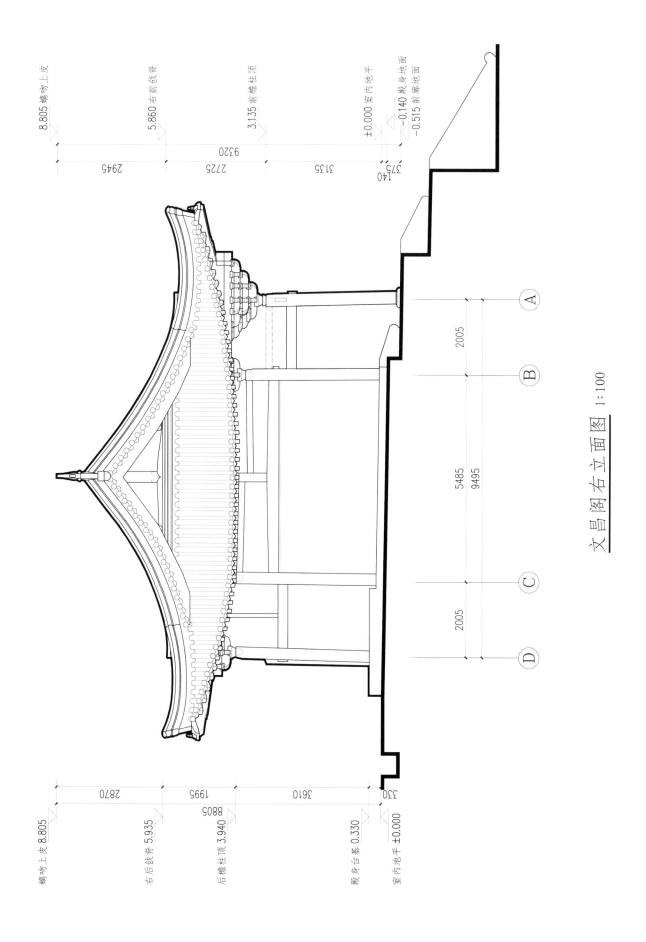

文昌阁右立面图 1:100

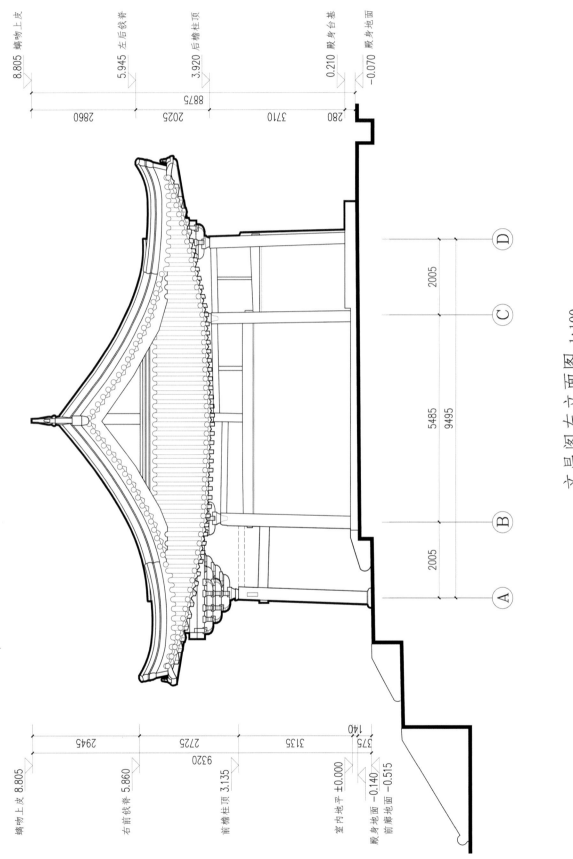

文昌阁左立面图 1:100

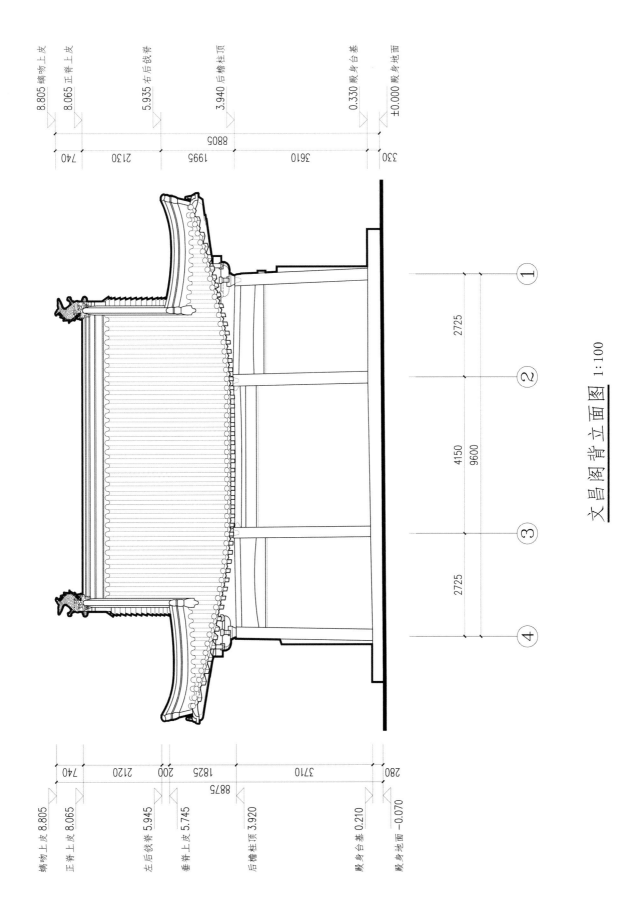

文昌阁背立面图 1:100

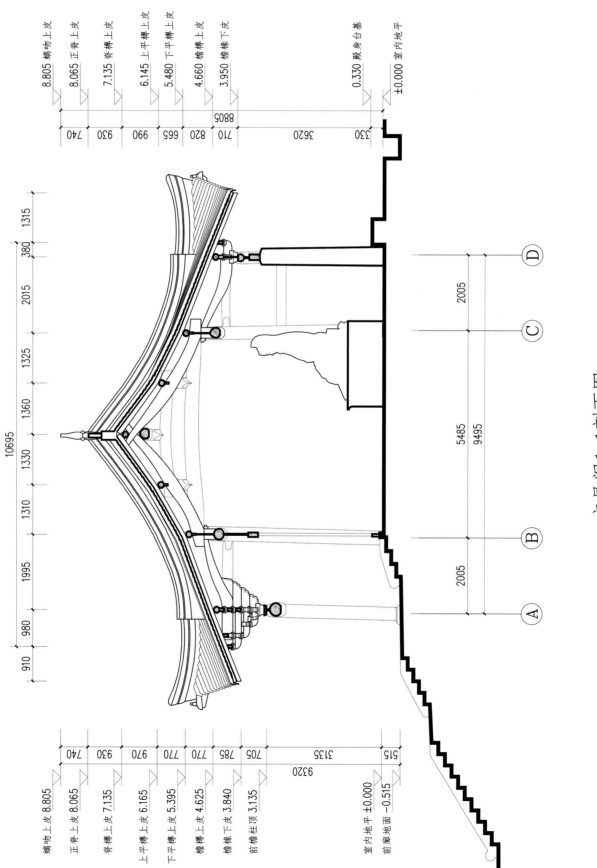

文昌阁1-1剖面图　1:100

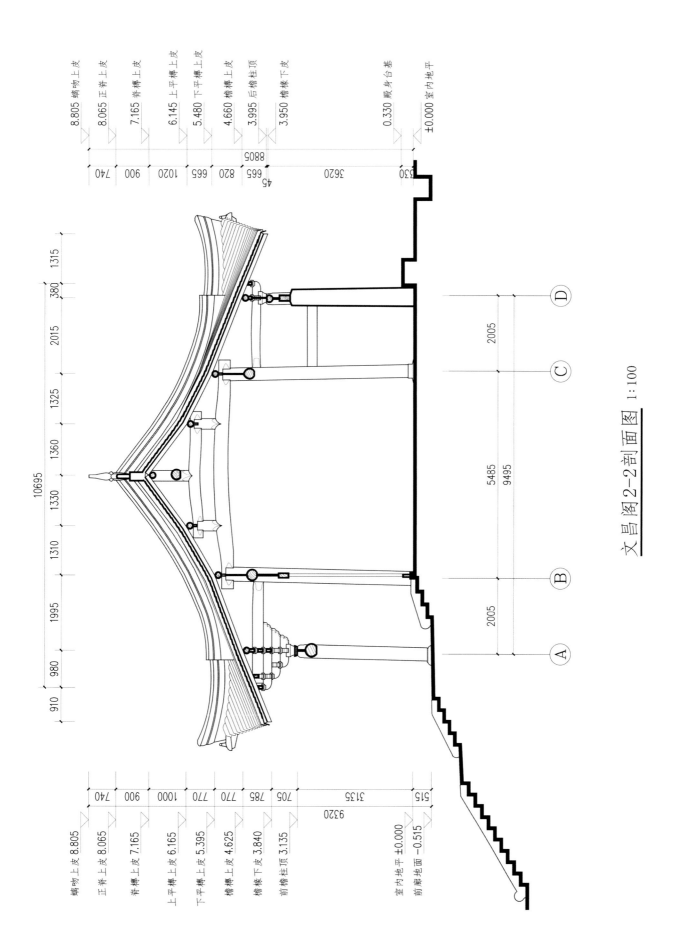

8.805 螭吻上皮
8.065 正脊上皮
7.165 脊槫上皮
6.145 上平槫上皮
5.480 下平槫上皮
4.660 檐槫上皮
3.995 后檐柱顶
3.950 檐椽下皮
0.330 殿身台基
±0.000 室内地平

8805
740 900 1020 665 820 665 3620 330
45

10695
910 980 1995 1310 1360 1325 2015 380 1315

D
2005
C
5485
9495
B
2005
A

螭吻上皮 8.805
正脊上皮 8.065
脊槫上皮 7.165
上平槫上皮 6.165
下平槫上皮 5.395
檐槫上皮 4.625
檐椽下皮 3.840
前檐柱顶 3.135

室内地平 ±0.000
前廊地面 −0.515

9320
740 900 1000 770 770 785 705 3135 515

文昌阁2-2剖面图 1:100

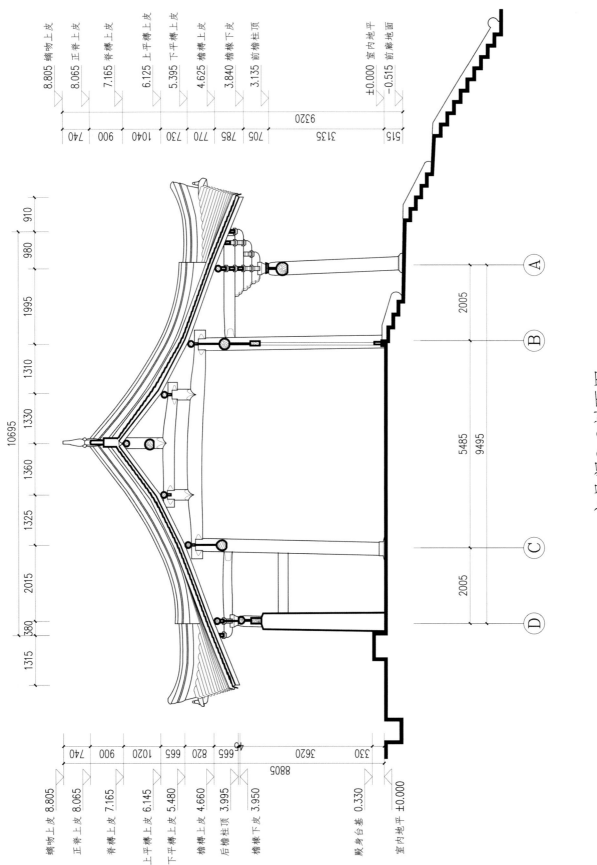

文昌阁 3—3 剖面图 1:100

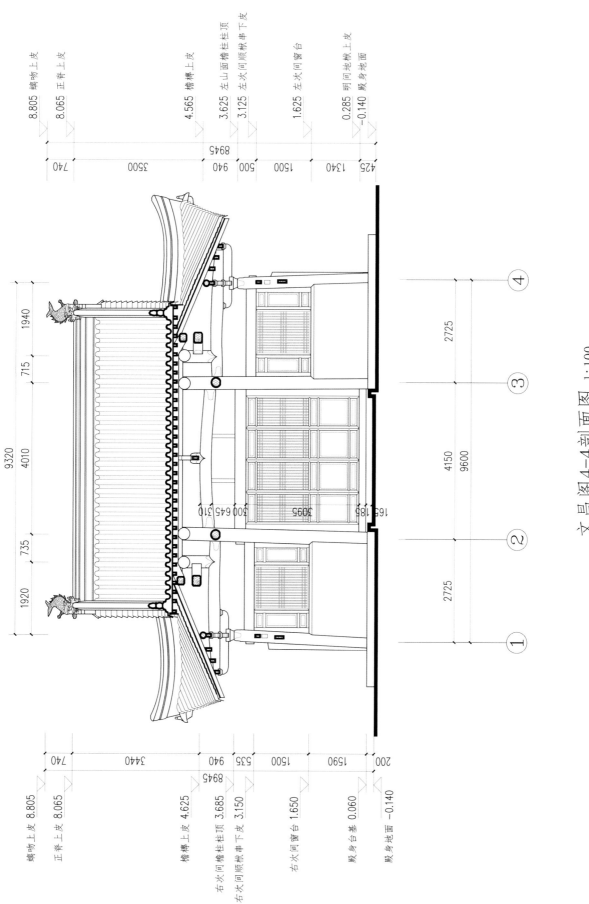

文昌阁4-4剖面图 1:100

8.805 螭吻上皮
8.065 正脊上皮
4.565 檐槫上皮
3.625 左山面檐柱柱顶
3.125 左次间顺栿串下皮
1.625 左次间窗台
0.285 明间地栿上皮
-0.140 殿身地面

8945
740 3500 940 500 1500 1340
940 500 1340
425

1940 715
9320 4010
735
1920

2725 4150 2725
9600
① ② ③ ④

500 645 310
2095
165 185

740 3440 940 535 1500 1590 200
8945

螭吻上皮 8.805
正脊上皮 8.065
檐槫上皮 4.625
右次间檐柱柱顶 3.685
右次间顺栿串下皮 3.150
右次间窗台 1.650
殿身台基 0.060
殿身地面 -0.140

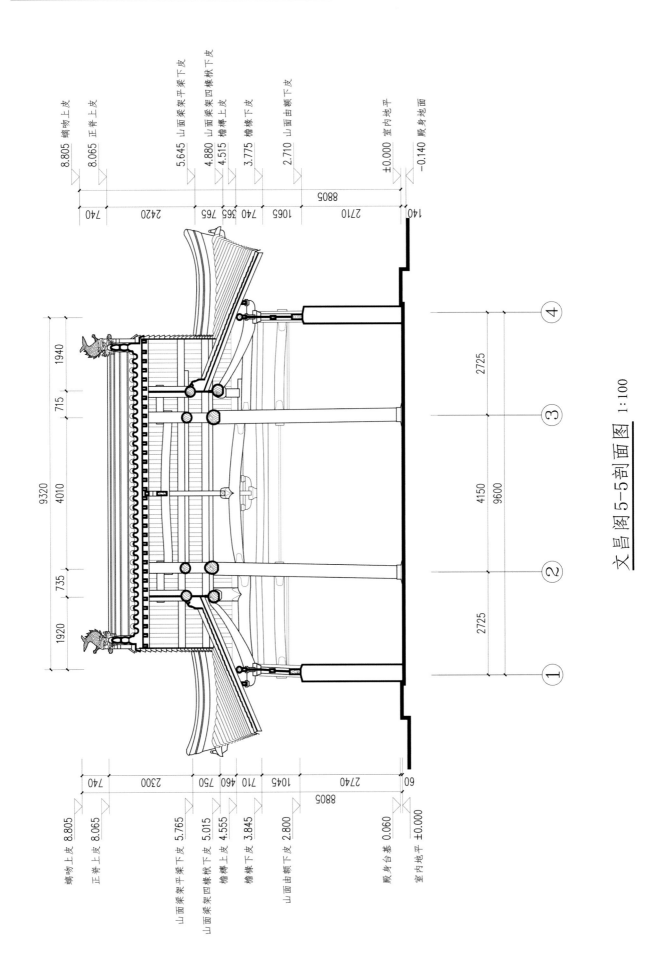

文昌阁5—5剖面图 1:100

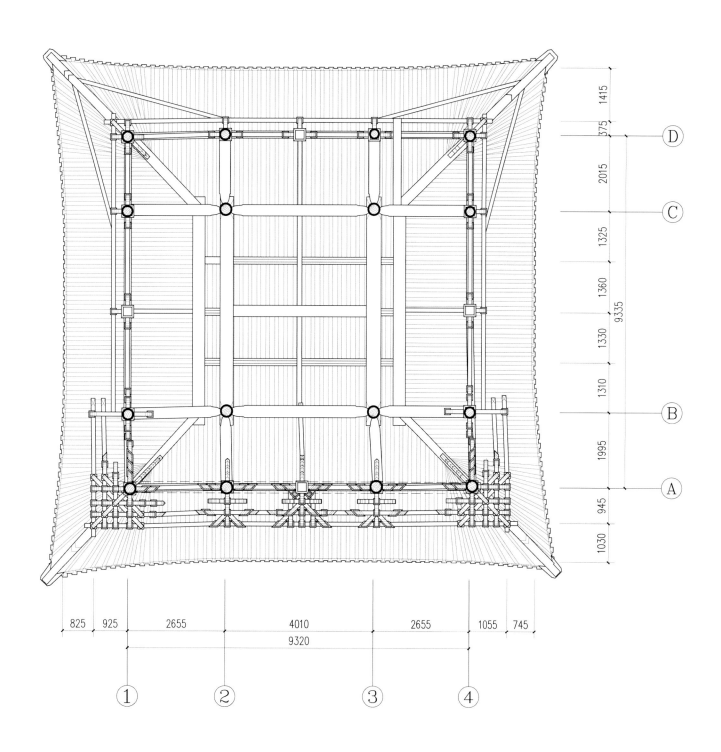

文昌阁梁架仰视图 1:100

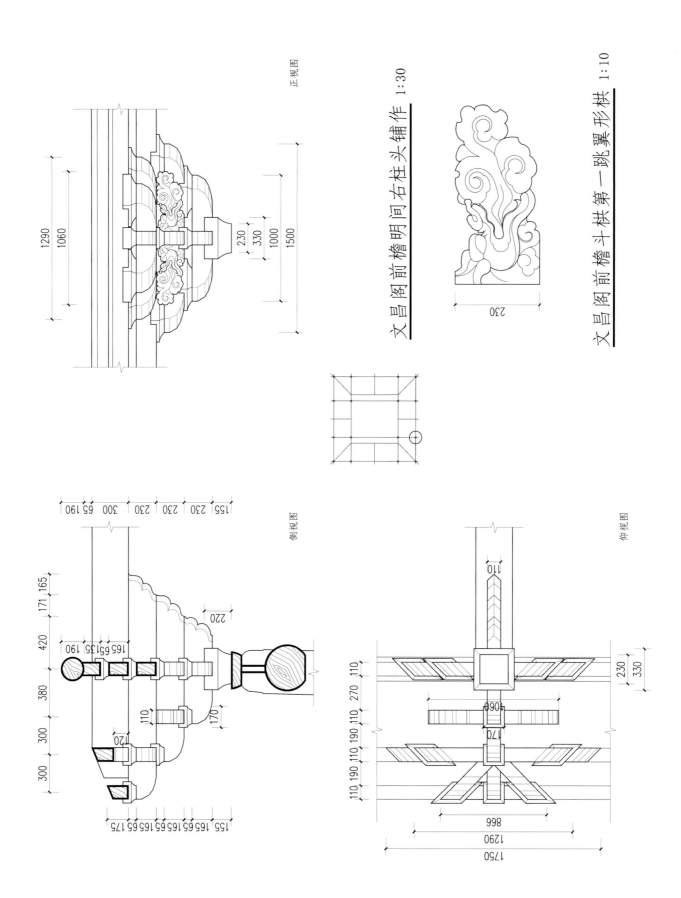

正视图

侧视图

仰视图

文昌阁前檐明间右柱头铺作 1:30

文昌阁前檐斗拱第一跳翼形拱 1:10

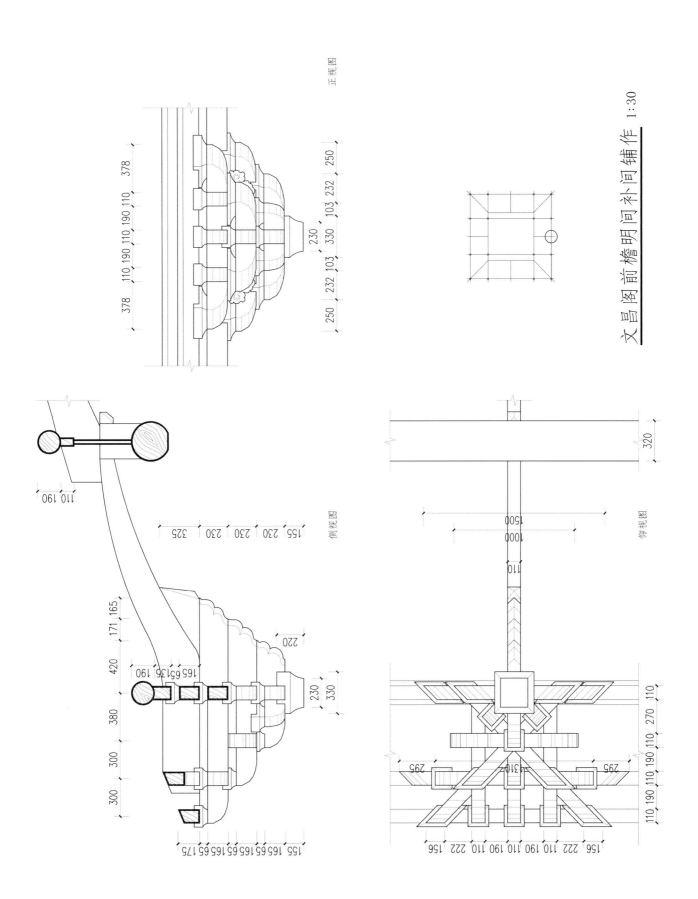

正视图

侧视图

仰视图

文昌阁前檐明间补间铺作 1:30

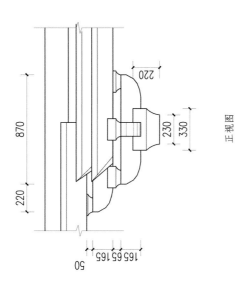

正视图

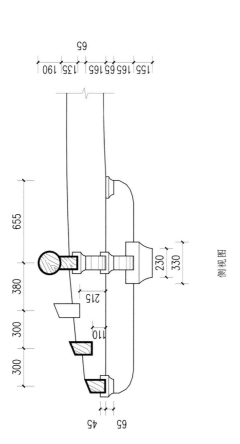

侧视图

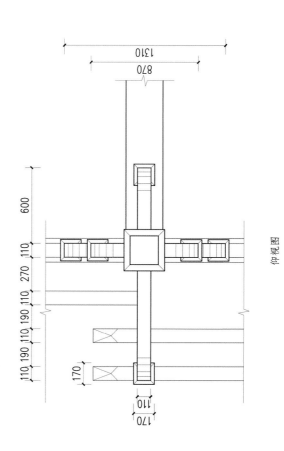

仰视图

文昌阁右山前柱头铺作 1:30

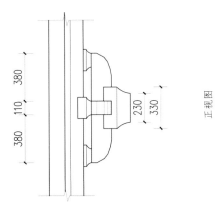

正视图

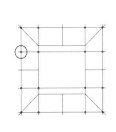

文昌阁后檐明间左柱头铺作 1:30

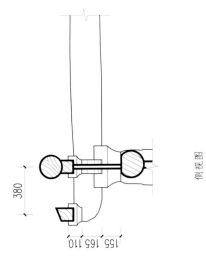

侧视图

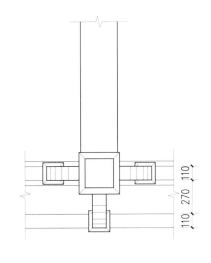

仰视图

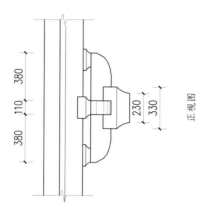

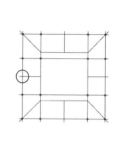

正视图

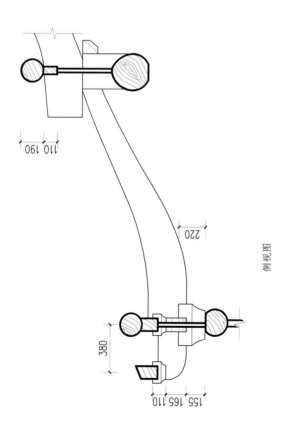

仰视图

侧视图

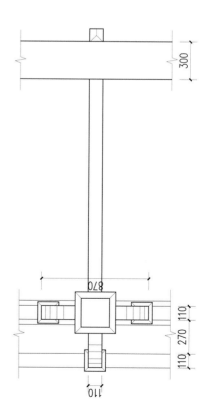

仰视图

文昌阁后檐明间补间铺作 1:30

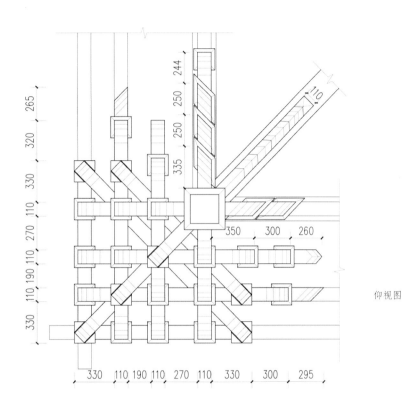

仰视图

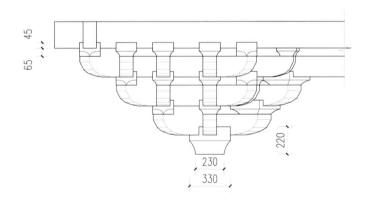

正视图

文昌阁前檐右转角铺作 1:30

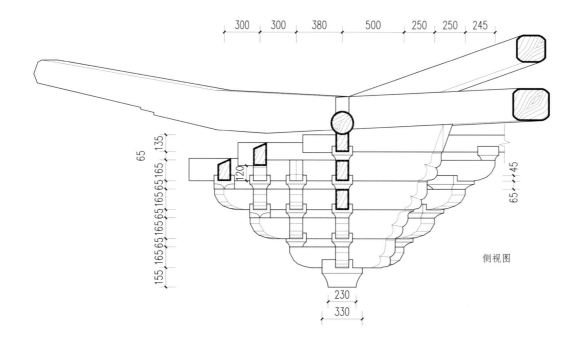

侧视图

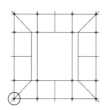

文昌阁前檐右转角铺作 1:30

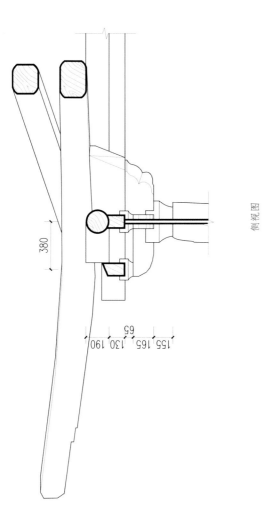

380

155 165 65 130 190

侧视图

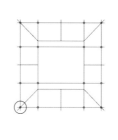

文昌阁后檐右转角铺作 1:30

155 165 65 190

220

380

380

230

330

380

正视图

65 45

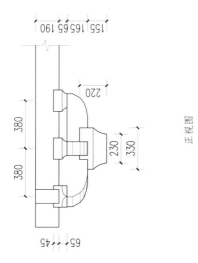

110

380

110

380

380 110 380

仰视图

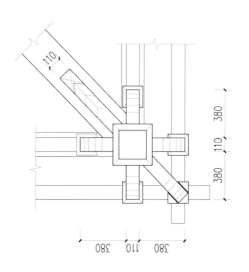

浏览全景照片
请扫描以上二维码

阆中张桓侯祠

张桓侯祠又称"（汉）桓侯祠"，俗称"张飞庙""张飞墓"，位于四川省阆中市保宁街道内，是阆中城内最负盛名的古迹之一，张飞墓冢相传始建于三国时期，从文献记载来看，至迟五代时期已明确在张飞冢前建有祠堂。现存桓侯祠建筑组群为明清时期重建，由山门、敌万楼、左右牌坊、东西厢房、大殿、后殿、墓亭、墓冢组成，1996 年被公布为第四批全国重点文物保护单位，公布名称为"张桓侯祠"，公布时代为明、清。成都文物考古研究院于 2018 年 7 月、2019 年 9 月对张桓侯祠内的山门和敌万楼进行了调查和数字化测绘，现将主要调查成果整理如下。

一　历史沿革及祠庙布局

（一）历史沿革

阆中市地处四川盆地北缘,旧有的市中心原称城厢区、保宁镇(现称保宁街道),位于蟠龙山西南麓、嘉陵江东北岸的半圆形平原上。保宁镇即今日人们所熟知的阆中古城，早在秦汉时期古人便在这里筑城,明清时期的保宁府府治也设于此。古城内东西贯通的主干道称东、西街,桓侯祠位于西街中段北侧,故西街在民国时期也称桓侯祠街（图1）。

桓侯即三国时期蜀汉名将张飞,建安十九年(214 年),刘备攻取四川,令张飞为巴西太守,镇守阆中。章武元年（221 年），刘备称帝，升张飞为车骑将军，领司隶校尉，封西乡侯。同年，张飞被属下张达、

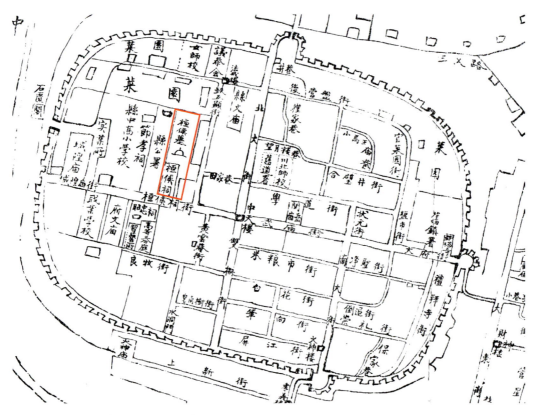

图 1　张桓侯祠位置示意图（底图为民国《阆中县志》卷五《城市志》治城图）

范强所害，追谥为桓侯。张飞遇害后，人们敬其忠勇，为他筑冢建祠。五代阆州刺史崔善[1]《新建巴西郡守张侯祠庙记》载："自侯之死，迄今五百余年。土宇几更，墓田如故。仰侯之忠者望风而兴思，知侯之功者勒铭以纪事，独庙祀既燹，人心怅隤，善承乏是邦，星霜渐越，仰怀之念，恒用惕然。于是拓墓前之故基，筑残缺之墉牖，命诸有司，鸠诸匠石，为之重饬祠宇，绘饰范仪。"[2]由此可知，张飞墓前原有祠庙建筑，在五代时已焚毁无存，崔善对破败的桓侯祠进行了一次大规模的整饬和新建。天汉元年（917年），前蜀朝廷封张飞为灵应王[3]，张飞与同时受封的邓艾、张仪都是取蜀后不得善终的将领，此次加封还带有早期祭祀厉鬼的意味。

北宋《太平寰宇记》载"张飞塚，在刺史大厅东二十步，高一丈九尺"[4]，曾巩《阆州张侯庙记》载"州之东有张侯之冢，至今千有余年，而庙祀不废"，都与现在的位置一致。曾巩记中还记载了嘉祐年间（1056~1063年）的一次大修："嘉祐中，比数岁连熟，阆人以谓张侯之赐也，乃相与率钱治其庙舍，大而新之。"[5]宋元时期，张飞已转变成护佑一方的善神，宋代朝廷赐阆中张飞庙"雄威庙"额，于嘉定五年（1212年）加封张飞为"忠显英烈王"，十七年（1224年）加封"灵惠"二字[6]，后又加封"助顺"二字[7]。元至元六年（1340年），加封张飞为"武义忠显英烈灵惠助顺王"[8]。

元末，阆中被明玉珍部下吴友仁占据，范士范《雄威庙记》载，此时桓侯庙建筑被涂泥改为仓库。明洪武四年（1371年），明军攻破阆中，曹国公李文忠下令恢复桓侯庙，由当地千户、知府等主持重修，"丹漆黝垩，焕然一新"，洪武十二年（1379年），又"于庙后墓前鼎建寝室，上建层楼，以祀侯之考妣暨侯家室，……命名曰家庆楼"[9]。明代称桓侯祠为"雄威庙"，俗称"土主庙"[10]。明永乐年（1403~1424年）间，邑人造张飞铁像，原在墓亭内，可惜"文革"中被毁。成化年间保宁府知府李直作《灵异碑记》，

[1] 崔善，五代前蜀武成年（908~910年）间阆州刺史，有惠政，人建政德碑于官署东。参见民国《阆中县志》卷二十四《官师志》，收入《中国地方志集成·四川府县志辑》第5册，巴蜀出版社，1992，第31页。政德碑在卷九《古迹志》中列入"存其名而没其迹者"，说明当时已不存。

[2] 明嘉靖二十二年《保宁府志》卷十四，国家图书馆藏刻本，第1页。

[3] （宋）张唐英撰，冉旭点校《蜀梼杌》卷上，《五代史书汇编》丙编，杭州出版社，2004，第6077页。

[4] （宋）乐史撰，王文楚等点校《太平寰宇记》卷八十六《阆州》，中华书局，2007，第1715页。

[5] （宋）曾巩撰，陈杏珍、晁继周点校《曾巩集》，中华书局，1984，第296~298页。

[6] （清）徐松辑《宋会要辑稿》礼二十一，中华书局，1957，第874页。

[7] （明）鲁庄：《桓侯行祠记》"因金人猖獗，遣魏了翁持诏封公为忠显英烈灵惠助顺王，临墓祀之"，可知时间可能是魏了翁在中央任职的端平年（1234~1236年）间，明嘉靖二十二年《保宁府志》卷十四。

[8] （明）宋濂等撰《元史》卷四十，中华书局，1976，第858页。

[9] （明）范士范：《雄威庙记》，明嘉靖二十二年《保宁府志》卷十四。

[10] 明嘉靖二十二年《保宁府志》卷四，第1页。

原碑现存敌万楼旁。弘治年间，"典膳黎童捐资筑墙四十七丈，重修祠宇，立碑石"[11]。弘治八年（1495 年），朝廷命于阆中建寿王府[12]。作为明代藩王属官的典膳，黎童可能是为此来阆中公干，顺便捐修，祠内现存弘治九年（1496 年）张飞墓碑可能即此次重修所立。嘉靖《四川总志》首次出现了敌万楼的记载，但此楼位于庙后[13]，可能即明初所建家庆楼。万历四十八年（1620 年）至天启二年（1622 年），保宁府知府周道直等主持重修桓侯祠："左右二绰楔[14]，耸起巍峨，彩饰炳焕。正殿最上镇以金顶，左右画宇雕梁。旧易而新，陋易而华，质易而藻。"[15]此次重修由政府专门进行筹划和管理，重修的庙宇比以前更加华丽，是由保宁府官员发起并组织的一次大型营建活动。

明末崇祯十三年（1640 年）二月，张献忠率军由陕西平利入川，攻保宁未克。在阆中的清代文献中，均相传当时的阆中城有桓侯显灵，故而幸免沦陷[16]，显灵一事虽是民间附会之词，但也从侧面反映出了张献忠初次攻阆中未克这一史实。在明末清初的更迭中，相比川内其他一些地区，阆中经历的战争破坏总体较少，故清初曾一度作为四川的省会十余年。顺治五年（1648 年），清政府正式设立四川行省，李国英任四川巡抚，驻守阆中，顺治六年（1649 年），李国英为桓侯祠敬献"虎臣良牧"匾额，至今仍存。

清雍正十三年（1735 年），果亲王题写"刚强直理"匾额，至今仍悬挂在祠内大殿前檐明间。乾隆三十三年（1768 年），署任保宁知府宋思仁[17]自捐俸禄约集文武官吏及县人集资培修，知县陈奉兹有记[18]。嘉庆二十年（1815 年），桓侯祠经"四川总督常明奏请刊入祀典"，从此列入官方春秋祀典[19]。光绪八年（1882 年），乡绅张顺、黎有度等向官员士民募得银 3 千余两、钱 80 余万，修缮墓园和祠内各建筑，添建花园，"壮一郡之观瞻，作玩游之胜地"。园内的墓亭、厢房等建筑也均是清代所建[20]。

---

[11]（明）刘大谟、杨慎等纂修《四川总志》卷六，收入《北京图书馆古籍珍本丛刊》第 42 册，据嘉靖刊本影印，书目文献出版社，1996，第 128 页。

[12]《明孝宗实录》卷 106，台湾"中央研究院"历史语言研究所校印，1962，影印本，第 1946 页。

[13]（明）刘大谟、杨慎等纂修《四川总志》卷六，第 126 页。

[14]"绰楔"指建筑群大门外左右两侧的牌坊。

[15]（明）徐绍吉：《重修桓侯祠记》，清道光元年《保宁府志》卷五十六《艺文》，道光二十三年补刻本，收入《中国地方志集成·四川府县志辑》第 56 册，巴蜀书社，1992。

[16]（清）彭遵泗编述《蜀碧》卷二"初献攻城，夜出巡垒，见一黑大人踞城上，手持蛇矛，足浸江中，惊怖失声，如是者三夜，献询知为侯神，望空遥祭而去，一城获全。保宁数被兵，而城中不至澌尽者，侯之庇也"，中华书局，1985，第 27 页；吴省钦：《桓侯庙记》、陈奉兹：《张桓侯庙记》，清道光元年《保宁府志》卷五十六。

[17]宋思仁，苏州长洲人，《保宁府志》失载，事见清道光四年《苏州府志》卷八十七，国家图书馆藏刻本，第 16 ~ 18 页。

[18]（清）陈奉兹：《张桓侯庙记》，清道光元年《保宁府志》卷五十六《艺文》。

[19]清咸丰元年《阆中县志》卷二《祠庙》，国家图书馆藏刻本，第 15 ~ 17 页。

[20]详见大殿前廊左侧的光绪九年修缮记事碑。

20 世纪 60 年代，桓侯祠的部分文物在"文革"中遭到破坏，山门前的铁狮一对被毁，墓前的张飞铁像也被毁。八十年代，省、地、县拨款对桓侯祠进行维修，修缮后的桓侯祠作为阆中的一处游览胜地对外开放。1996 年，桓侯祠被公布为第四批全国重点文物保护单位。

（二）祠庙布局

张桓侯祠位于今天阆中古城内的西街北侧，占地约 6000 平方米，总建筑面积 2700 平方米。建筑群整体坐北朝南，中轴线上由南向北依次为山门、敌万楼、大殿、后殿、墓亭和桓侯墓。山门与大殿之间的院落中央为敌万楼，院落左右两侧有东、西厢房，在东、西厢房与敌万楼之间各有一座木牌坊。大殿面阔五间，单檐歇山顶，与后殿之间有廊相连，呈工字殿布局，左右为围墙，形成两个小天井院。后殿面阔三间，单檐悬山顶，和墓亭之间也有廊相连，左右有道路通向两侧花园。墓亭紧贴于桓侯墓封土前，重檐歇山顶，一层内在墓前开券洞供张飞像。墓的封土呈椭圆形，南北径 38、东西径 22、高 7 米，外围包砌石墙。在中轴线左右两侧，均有清代及近现代修建的花园，近年还在桓侯墓东侧新建一片办公、展示区域（图 2）。

祠内所有古建筑中，山门和敌万楼（包括两侧木牌坊）带有斗栱，在地方文物资料中认为这两座建筑建于明代。其余大殿、后殿、墓亭厢房等建筑均不带斗栱，是比较典型的四川清代建筑。因此本次调查着重于时代较早的山门和敌万楼，试从文献和实物中寻找其断代依据。

图 2　张桓侯祠组群航拍图

二　山　门

　　山门即张桓侯祠的正门，位于中轴建筑群的最南端，据1993年《阆中县志》记载，山门为明代后期重建，但一直缺乏直接的文献依据，此次调查中也未在山门构件上发现任何纪年题记，本节拟对山门的结构和形制等进行概述，以备日后深入研究。

　　山门面阔五间，进深五檩用三柱，中间三间为单檐悬山顶，分心立中柱；两尽间各为耳房，也是单檐悬山顶，但屋面更低，不用斗栱，平面地盘也是分心立中柱（图3）。耳房两侧有一对砖砌八字影壁。整个山门通面阔20.50、通进深6.10、明间面阔5.90、次间面阔4.10、耳房面阔3.20、

a. 山门正面

b. 山门背面

图3　张桓侯祠山门外观

图4　山门入口和栅栏

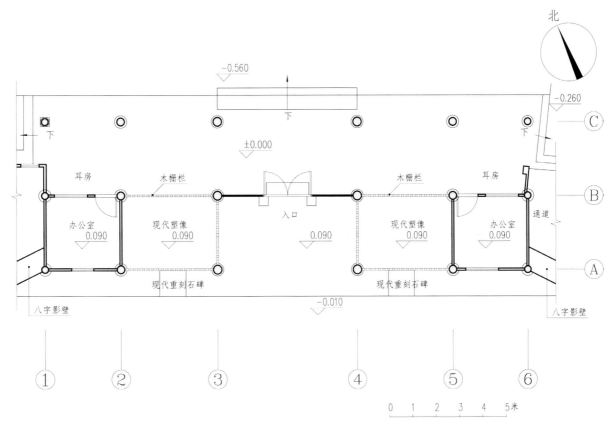

图 5　山门平面图

前后进各深 3.05 米。台基总长 21.54、宽 8.30 米，比后檐院落地面高出 0.56 米，比前檐外侧街道路面高出 0.10 米。台基和铺地采用砂石材质，有些部分已经开始风化脱落。石质鼓墩式柱础，有的为按原样式新换。山门明间两中柱之间装有木板门，是整座桓侯祠的入口，左右次间前进安装木栅栏，内置塑像，左右耳房前进目前作为办公用房（图 4、5）。

山门明、次间中柱高 6.64 米，直径平均 360 毫米；檐柱和角柱平均高 3.61 米，直径与中柱基本一致。从三维激光扫描数据看，所有柱子均无侧脚。山门的横架较为简单，中柱直抵脊檩，前后檐柱对称，檐柱上施七踩斗栱，斗栱上承双步梁，柱身还有双步随梁与金柱拉接（图 6）。双步梁以上可视为穿斗式结构，双步梁上立瓜柱，瓜柱上承金檩，檩下有挂枋，步枋穿过瓜柱与中柱相连。中柱之间有天欠相连，正梁下皮距铺地地面的高度为 6.50 米（图 7、8）。

耳房柱子与中间三间的柱子在同一水平的台基上，檐柱高 4.32 米，不用斗栱，是典型的穿斗式横架，穿枋穿过檐柱，上面再叠一层挑枋，挑起檐口，中柱上承脊檩和天欠，天欠下皮距铺地地面的高度为 5.91 米，比中间三开间的悬山屋面低 0.59 米。山门中间的悬山和耳房的悬山出际均为 3 个椽距，约 0.77 米。中间悬山屋面铺绿琉璃瓦，两边耳房屋面铺黄琉璃瓦（图 9、10）。

山门明间的檐柱之间用一根较粗的大额枋连接柱头，次间用两根细额枋连接，耳房则只用一根照面枋。明间和次间檐柱柱头上均用扁长方形断面的平板枋，平板枋上施斗栱。山门所用斗栱均为七踩，前、后檐斗栱繁简程度一致，其中柱头科 8 攒、平身科 14 攒，共计 22 攒。平

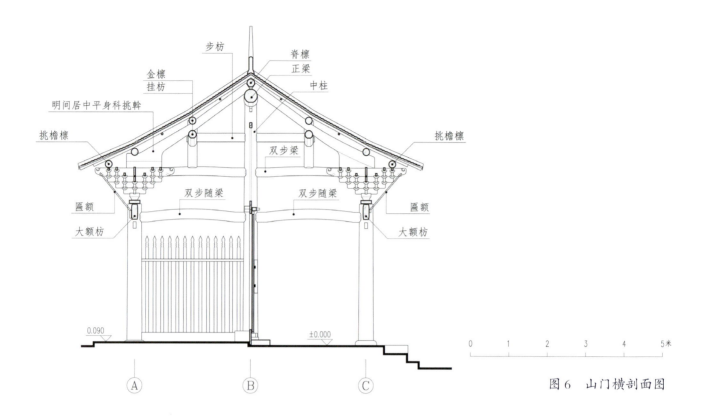

图6　山门横剖面图

图7　山门斗栱

图8　山门明间梁架结构

图9　耳房梁架结构

图10 耳房屋面

身科中，前、后明间用3攒，攒当平均1.48米，次间用2攒，攒当平均1.3米。所有斗栱的正心栱和外拽部分形制均相同，正心栱形制为"重栱＋枋"，外拽为"三重翘＋麻叶头"，所有外拽的瓜栱、万栱及厢栱均看面抹斜。麻叶头位于挑檐檩之下，与挑檐枋咬合。里拽部分，柱头科和平身科均用三重翘，头翘、二翘头上承"瓜栱＋万栱＋拽枋"。三翘头上承"厢栱＋拽枋"。柱头科三翘头上承挑尖梁，梁与正心檩之间填补有一个很大的垫块；平身科三翘头上承麻叶头，其上安垫块及挑斡，明间居中的平身科挑斡后尾穿过金檩和挂枋之间，直抵脊檩（见图6），其他平身科挑斡后尾抵至挂枋下（图11、12）。

a. 柱头科外拽

a. 平身科外拽

b. 柱头科里拽

图11 山门柱头科

b. 平身科里拽

图12 山门平身科

a. 东侧影壁中心琉璃盒子

b. 西侧影壁

c. 东侧影壁岔角花

d. 西侧影壁嵌套雕花的榫头

图 13　山门八字影壁

　　山门左右八字影壁为悬山绿琉璃顶，墙面四周用绿琉璃镶边，中心有绿琉璃雕花装饰，其原本图案应为一盆盛开的牡丹，由底座、枝叶和花朵组成，现在花朵已缺失，只剩下一些榫头，推测花朵为单独烧制，然后嵌套在现有的榫头上。影壁雕花工艺精湛细腻，为四川地区罕有（图 13）。据民国县志和 1993 县志记载，山门前原有明万历四十年（1612 年）铸造铁狮子一对[21]，抗日战争时期为日军炸弹弹片击损，"文革"中被毁，今重制石狮一对。山门今日所挂牌匾，均为近现代文人墨客题写，其中明间前檐"汉桓侯祠"匾为赵朴初题写。调查中在建筑构件上未能发现任何墨书题记。

[21] 民国《阆中县志》卷九《古迹志》："铁狮在城内桓侯祠前，左右各一，狮下铁板刊有年号，系明万历四十年制，置诸祠外，所以壮观瞻者。"又据刘敦桢《川、康古建筑调查日记》，铁狮铸于万历四十七年（1619 年），《刘敦桢全集》第三卷，中国建筑工业出版社，2007，第 305 页。"文革"期间记事见四川省阆中市地方志编纂委员会编著《阆中县志》，四川人民出版社，1993，第 877 页。

三　敌万楼

（一）平面

　　敌万楼位于张桓侯祠第一进院落的中庭，坐北朝南，是一座正方形平面的重檐歇山建筑（图14）。主体部分高11.11米，上檐五檩，通檐用二柱，下檐进深一橡，故一层面阔和进深均三间，通面阔和通进深均为7.86米，其中明间面阔和进深均为4.84米，角间面阔和进深均为1.51米。台基近似正方形，长9.86、宽9.96、高0.20米，四周不设台阶。台基和敌万楼室内均采用红砂石铺地。室内条石前后方向排列，错缝铺砌，明间通道上的条石尺寸最大，长800、宽400~600毫米。台基所用砂石的规格与室内较为接近，中路同样尺寸最大，只是室外砂石的风化情况更为严重（图15、16）。

　　敌万楼柱网排列整齐，呈井字形结构，内圈4根金柱，外圈12根廊柱（包括4根角柱），共计16根柱子。4根金柱形成井口，柱高约7.31米，侧脚明显，柱头比柱脚向内倾斜了100毫米，柱头上承平板枋。金柱断面为抹角方形，边长500毫米，表面做有地仗和漆饰，未能深入调查。在1993年《阆中县志》中，对金柱的描述是"每柱用四瓣镶成梅花方柱，贯以银锭榫铆合"[22]。廊柱12根，

图14　敌万楼现状

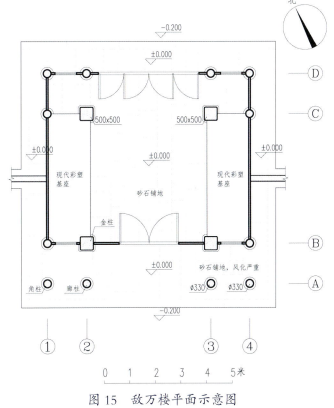

图15　敌万楼平面示意图

[22] 四川省阆中市地方志编纂委员会编著《阆中县志》，四川人民出版社，1993，第1076页。

与金柱柱网对齐排列，形成周匝柱网。廊柱断面为圆形，柱径330毫米，柱高约3.78米，无侧脚。柱础均为砂岩制成，高95~150毫米，金柱柱础直径约800毫米，廊柱柱础直径约500毫米。有的柱础风化较严重，似为原物，有的柱础则在历代修缮中替换过，因此柱础的保存状况和造型并不统一，大致分为圆盘形和鼓墩形，无雕饰（图17）。

（二）主体结构

敌万楼结构简洁、对称，上层为五檩通檐用二柱，下层为四面廊步各一架。歇山顶，2根五架梁直接搭在前、后檐正心枋上。上檐用五踩斗栱，下檐用七踩三昂斗栱（图18、19）。

金柱柱头上承平板枋，柱头间有上额枋拉结，腰间有上、下2根枋子相连，其中上为承椽枋，用来承担下檐椽尾；下为随梁枋，用以加强4根金柱之间的联系（图20）。在金柱之外，廊柱与金柱通过柱身的随梁和斗栱上的单步梁相联系（图21）。廊柱上承平板枋，柱头间有大额枋相拉结，前檐明间大额枋之下有一对雀替（图23）。次间大额枋之下有小额枋，下檐转角位置，省略了斜单步梁和斜随梁枋，直接将角梁后尾插入金柱之中，并挑起翼角（图22）。

敌万楼的天花压在上檐斗栱和五架梁之间，因此无法从外部揭开天花，调查中只能透过斗栱与正心檩之间的缝隙看到屋顶局部结构。

根据调查所见，五架梁距山面正心檩向内收进了约1.1米，屋顶收山0.36米。五架梁两端压在正心枋和正心檩之间，两端头露

图16　室内铺地现状

a. 金柱柱础

b. 廊柱柱础

图17　柱础现状

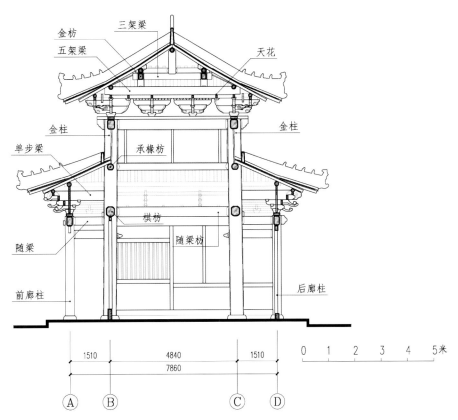

图 18　敌万楼横剖面图

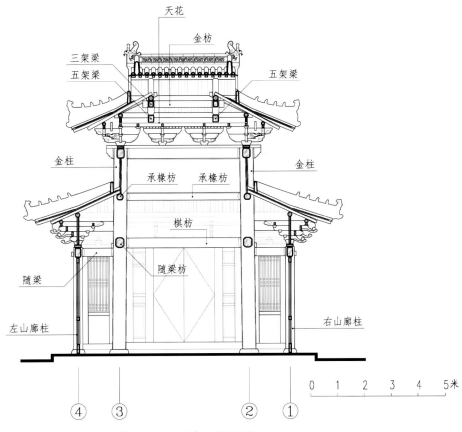

图 19　敌万楼纵剖面图

图21　廊柱与金柱之间的拉结

图20　金柱之间的拉结

图22　下檐转角里拽

图23　明间额枋、雀替

图 24　五架梁端头

图 25　三架梁和金枋

图 26　修缮中的上檐正面椽（成都市屹华建筑工程公司提供）

图 27　修缮中的上檐山面椽（成都市屹华建筑工程公司提供）

出在外（图 24）。上檐斗栱因为要承担五架梁及其以上的所有结构，因此用料非常扎实，纵、横两个方向都布置了许多散斗，是一组做法十分独特的斗栱层。

　　2 根五架梁上各有一对瓜柱，瓜柱上为三架梁，两者的交接方式为抬担式。两榀三架梁之间，用 2 根金枋相连，断面尺寸与三架梁相当，像是构成了一圈圈梁（图 25）。上檐角梁后尾入瓜柱，外端搭在上檐角科之上，挑起翼角。三架梁以上部分调查中不可见，根据《阆中张桓侯祠维修设计方案》[23]中的测绘图所示，三架梁上立脊瓜柱，其上再承脊檩和脊枋。根据施工方提供的 2011 年修缮照片，脊檩的长度为 15 个椽距，其中两头出际的长度分别为 3 个椽距。脊檩两端的椽子断面略大，其余椽子断面略小。脊檩两端的山花板和博缝板直接被固定在两端椽子的侧面（图 26、27）。

[23]由成都文物考古研究所、四川园冶古建园林设计研究有限公司于 2008 年 9 月编制。

图28　修缮中的屋面（成都市屹华建筑工程公司提供）

图29　上檐檐口用椽

敌万楼的上、下檐屋面均使用绿琉璃筒瓦，在筒瓦和椽子之间，做了望板和苫背（图28）。檐口均用两层椽子，一层飞椽，一层檐椽，转角处椽子按放射状铺设（图29）。屋面的做法整体上更接近于北方地区古建筑。

（三）形制及营造细节

敌万楼的所有梁栿肩部均为直线斜杀。有的梁栿，如下檐大额枋，两侧面加工成一个平面，斜杀曲线与明清官式建筑所呈现的一样；有的梁栿，如室内随梁或随檩枋，侧面为弧面，斜杀曲线则呈现出一个半月形的弧线（图30）。

上、下檐的大额枋出头均做成霸王拳，且样式基本统一，与明清官式做法接近但稍有差异。次间的小额枋出头做麻叶头（图31）。其他梁栿出头采用简单的直切，不做斜切和砍杀。

廊柱和金柱均不做柱头砍杀。金柱方形抹角，抹面贯通整个柱身。

上檐和下檐的平板枋形制和做法均相同，扁长方形断面，枋的外立面没有雕饰，出头也不带装饰。

上、下檐所有的檐口均是用"挑檐枋＋圆形断面挑檐檩"承椽。上檐斗栱不出耍头，挑

a. 挑尖梁入柱节点

b. 随梁枋入柱节点

c. 下檐额枋入柱节点

图30　梁栿肩部砍杀形式

a. 下檐前檐大额枋出头

b. 上檐后檐大额枋出头

c. 左山次间小额枋出头

图31　梁栿出头形式

a. 上檐角科上的挑檐枋与挑檐檩

b. 下檐柱头科上的挑尖梁头与挑檐枋、挑檐檩

图32　檐口用枋形式

檐枋不被隔断；下檐柱头科的挑尖梁头将挑檐枋和挑檐檩嵌在身上，梁头露出，挑檐檩的下半部分嵌入梁身，挑檐枋与梁身相交（图32）。

（四）斗栱

敌万楼上、下檐均使用了斗栱，且上檐和下檐斗栱的形制完全不同。上檐斗栱包括角科4攒、每面平身科2攒，共计12攒；下檐斗栱包括角科4攒，每面柱头科2攒，每面明间平身科6攒、次间平身科各1攒，共计44攒。上、下檐斗栱合计56攒。

上檐平身科扶壁重栱，外拽的第一层翘上承一翼形厢栱，撑头木外端被厢栱挡住，不出头，身上承一翼形瓜栱。里拽重翘，未承横栱，二翘头上承托天花的支条（图33）。在两层栱之间，里外拽都添加了两个45°的蝉肚形斜栱，此层斜栱并不直接放在坐斗上，而是架在一层和二层栱之间，栱的厚度较小，仅有60毫米。整个斗栱雕饰花巧，多数栱瓣做曲线轮廓和雕饰，形制十分独特。此外，上檐平身科斗栱还有一个特殊的形制即多小斗的运用。正心瓜栱上有4个槽升子，正心万栱上有6个槽升子；头翘外拽上有3个小斗，里拽有2个小斗，如此多小斗的做法，在四川地区也是非常罕见的。

上檐角科的形制与平身科基本一致，也是正心重栱，里、外拽出两层翘，栱瓣的雕饰与平身科相同；多小斗的做法也基本一致，只是里拽第一层斜翘用的是足材实拍栱，不用小斗（图34）。在外拽头翘之上，同样有一对架在两层斗栱之间的斜栱作装饰。

上檐斗栱斗口宽90、栱高215、角科实拍栱高275毫米。头翘出跳长度610、正心瓜栱通长950、正心万栱通长1425毫米。平身科在第一跳和第二跳之间的斜栱，栱厚60、通长1308毫米。坐斗宽305、长360、高155毫米。

下檐斗栱均为七踩三重昂斗栱。所有正心栱简化成了多个贯通的木枋，不再具有栱的形状和各攒之间的分隔。斗栱外拽非常复杂，每一攒斗栱都出斜翘或斜昂，斜翘的形状比较接近麻叶头，斜昂的形状为象鼻形。角科外拽靠角昂一侧的斜向构件均出昂，临近平身科的斜向构件由下至上为"昂＋翘＋昂"，与之相邻的平身科斜向构件为了与之错开不至于两者"打架"，则采用了"翘＋昂＋翘"的排列。相邻斗栱，无论平身科还是柱头科的斜向构件，均按此规律排列（图35a）。柱头科和平身科除了斜向构件按上述规律排列外，二者形制类同，只是柱头科上有挑尖梁的出头，作麻叶头形。另外，因为转角处没有斜单步梁，因此角科也不出麻叶头。

a. 平身科外拽　　　　　　　　　　　　　　　　b. 平身科里拽

图 33　上檐平身科

a. 左后角科外拽　　　　　　　　　　　　　　　　b. 右前角科里拽

图 34　上檐角科

a. 下檐次间斗栱外拽

b. 下檐明间斗栱里拽

图 35　下檐斗栱

　　下檐斗栱的里拽中，柱头科出两翘承挑尖梁；角科出两跳斜翘，第三翘翘头形制类似于麻叶头，其上不再承托任何构件，真正的角梁搭在正心檩上，一端出挑，一端入金柱。平身科里拽分为两种，明间第2、5攒平身科及次间唯一的一攒平身科里拽出三重翘，三翘翘头上承一根拽枋，第四层耍头后端作麻叶头形；明间其他平身科里拽只有头翘，其余部分均被省略，可见这些斗栱只在外拽起到装饰作用（图35b）。

　　下檐斗栱的斗口尺寸分为两种，柱头科斗口较大，为110毫米，平身科和角科斗口80毫米。因斗口尺寸不同，坐斗的尺寸也分两种，柱头科坐斗宽290、长260、高155毫米；平身科和角科的坐斗宽260、长260、高155毫米。每踩栱高相同，均为180毫米；外拽的昂嘴从下皮出曲线的位置算起，每层的昂长度约380毫米；以平身科里拽每翘的长度计算，头翘的出跳长度是245毫米，以后每翘递增210毫米。45°方向的斜昂或麻叶头，斗口宽度均为80毫米，昂的长度为840毫米，麻叶头的长度为430毫米，看面均抹斜。

总体来说，敌万楼的斗栱，不再是明代早期和中期斗栱普遍出现的前繁后简式排布，而是在四个方向上具有同一性，上、下檐斗栱差异很大。上檐斗栱实际承托屋顶，体量大，用材大，装饰重点主要在栱身的雕刻上；下檐斗栱单攒体量小，用材小，装饰重点主要在外拽穿插变化的斜昂和斜翘上，其建造年代很有可能比上檐斗栱更晚。

（五）装修及彩画

敌万楼的装修及彩画均为近年新做。墙面下半部采用木裙板，上半部推测为编壁。在左右两山墙面中段，各有一条木枋立在大额枋和地栿之间，左右两侧的牌坊额枋一头插入此枋，成为相互连接的整体。正面两根前金柱之间安装有石地栿，中间为雕花木门，两次间安装雕花木窗。在后廊柱之间，明间安装木质地栿和雕花木门，次间安装雕花木窗。在室内，左次间供奉张绍、雷同塑像，右次间供奉张遵、吴班塑像，均为近年重塑。所有构件、墙体的漆饰均为近年新做，斗栱及门窗用深褐色漆，柱子、梁枋、裙板、墙面等用铁红漆。天花保留了部分原有彩画，但已经年久褪色，纹饰模糊。整座建筑中没有发现任何墨书题记。

（六）木牌坊

在敌万楼的左右两侧，有两座形制相同的木牌坊（图36）。每座牌坊用两柱，柱间距3米，柱径400毫米，两柱各有一对抱鼓石，位于柱前、后支撑加固。两柱间为通道，供人进出，柱间用大、

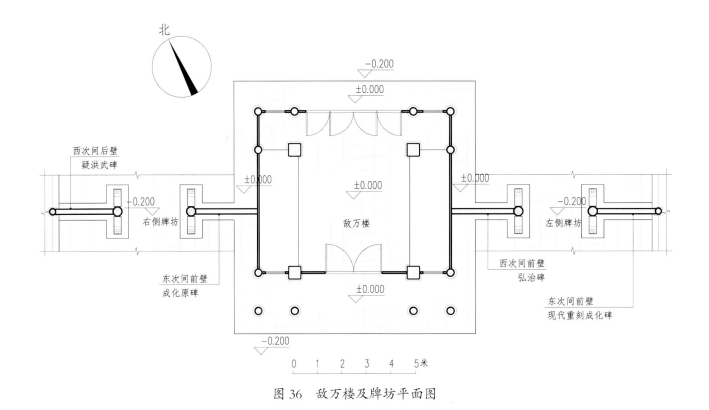

图36　敌万楼及牌坊平面图

a. 左侧木牌坊正面

小二道额枋，柱头上用平板枋，上有九踩斗栱，斗栱上承单檐歇山绿琉璃屋面。牌坊的一侧是厢房，另一侧是敌万楼，从牌坊两柱外侧分别伸出一道额枋与这两座建筑相连。厢房有一根很细的廊柱立在台基之上作为边柱，从牌坊柱身伸过来的额枋则插入此柱。牌坊的两个"次间"在柱额间砌砖墙，墙内共嵌4通石碑，故无法通行，额枋之上有平板枋，上承2攒五踩斗栱，其上为绿琉璃瓦悬山顶，屋面高度约至牌坊斗栱层下（图37、38）。

b. 右侧木牌坊背面

图37 两侧木牌坊

图 38　牌坊屋面现状　　　　　　　　　　　图 39　牌坊明间斗栱

a. 斗栱外拽　　　　　　　　　　　　　　　　b. 斗栱里拽

图 40　牌坊两次间斗栱

　　牌坊明间斗栱为九踩，出四昂，柱头科 2 攒，平身科 3 攒，柱头科上不承梁，只承檩，因此没有挑尖梁出头，昂、翘形制和敌万楼下檐斗栱接近，也是交错出斜昂和斜的麻叶头，里、外拽形制相同，整体注重装饰效果（图 39）。牌坊两次间的斗栱各 2 攒，外拽出重昂，里拽出重翘，不出斜向构件，形制比较简单（图 40）。

（七）碑刻及牌匾

　　左、右牌坊两侧"次间"墙壁中嵌有不同时代的石碑 4 块（见图 36）。

　　右牌坊东次间前壁为明成化年间知府李直撰文的《灵异碑》，已严重风化且遭人为破坏，碑额篆书"□蜀□西乡亭侯张公灵异碑"，碑文收录于多种方志（图 41）。

　　右牌坊西次间后壁碑风化和破坏最为严重，已完全不能辨识，据戴哲民《汉桓侯张飞墓考》[24]，此碑可能刊刻的是明洪武十三年（1380 年）《大汉西乡亭侯张庙记》（图 42），即嘉靖《保宁府志》

[24] 戴哲民：《汉桓侯张飞墓考》，载四川省阆中市地方志编纂委员会：《阆中县志》，四川人民出版社，1993，第 1076 页。

中收录的范士范《雄威庙记》。

左牌坊东次间前壁为1987年重刻李直《桓侯灵异记》（图43）。

左牌坊西次间前壁为明弘治九年（1496年）立张飞墓碑，风化和人为破坏较为严重，中间书"汉桓侯车骑将军张翼德之墓"，上款漫漶不清，下款"大明弘治九年……保宁府知府……史"（图44）。

图41　明成化《灵异碑》

图42　疑明洪武碑

图43　1987年重刻明成化碑

图44　明弘治九年张飞墓碑

　　敌万楼檐下挂有 4 块牌匾。

　　后檐下层"虎臣良牧"匾，上款"钦命四川巡抚提督全省军务兼理粮饷都察院右副都御使李国英立"，下款"大清顺治己丑秋上浣吉旦，乾隆甲午秋弟子间元□刘重装"，为四川总督李国英立于清顺治六年（1649 年），乾隆三十九年（1774 年）重装（图 45）。

图 45 "虎臣良牧"匾

图 46 "灵麻鸟奕"匾

图 47 "万夫莫敌"匾

图 48 "雄威"匾

前檐下层"灵麻焄奕"匾，上款"道光二十二年五月"，下款"英文敬题"，为川北道分巡英文题于道光二十二年（1842年）（图46）。

前檐上层"万夫莫敌"匾，为1990年台湾信众敬献（图47）。

后檐上层"雄威"匾，为2004年王家新题（图48）。

四 年代讨论

建桓侯祠在阆中由来已久，创建可追溯到魏晋时期，为桓侯张飞墓前祠堂，但迄今最早的文献记录始见于五代。从历代的文献描述中可知，桓侯祠的区域位置从未改变。建筑群由墓园和墓前纪念建筑组成。

考察敌万楼的建筑形制年代，上檐斗栱形制特别，在笔者调查积累的川北古建筑中，并无与之相似的案例，因此其年代较难确定；梁栿的做法和细节处理，年代上限不会超过明代中期；下檐挑尖梁的断面尺寸较大，形制较清代早期的阆中建筑更早（图49），因此推测敌万楼的始建时间为明代中晚期，结合历史文献分析，年代的上限在明弘治时期（1496~1505年），又因为上、下檐斗栱的形制差异很大，推测下檐斗栱是此后的万历四十八年（1620年）至天启二年（1622年）修缮添加的。

山门虽然带有斗栱，在以往的文物登记档案中被认为是明代的，但其梁架结构完全是穿斗式的，而且斗栱的做法也与阆中始建于清代早期的建筑基本一致，挑尖梁断面很小，在梁上需要很高的垫块才能托起正心檩（图50）。这是这座建筑形制中较晚的特点。因此推测山门大概是明末清初时期的建筑，比敌万楼的下檐斗栱修建时间更晚。

由于同时期标尺建筑的缺乏，本文对以上两座建筑时代的判断还非常粗浅，需要日后在川北地区调查中补充更多的明代晚期和清代早期的纪年建筑，才能为断代提供更准确的依据。

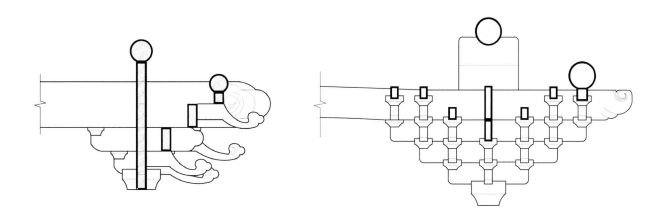

图49　敌万楼下檐柱头科侧立面　　　　　　图50　山门柱头科侧立面

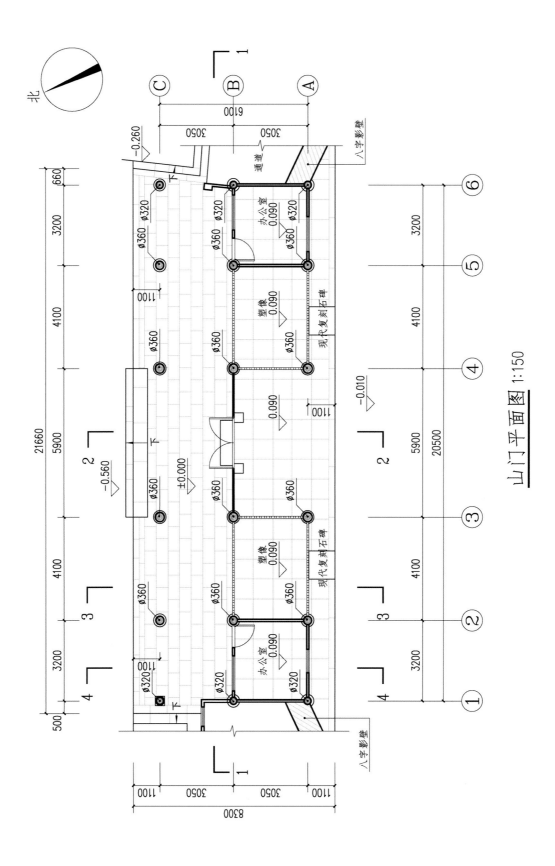

山门平面图 1:150

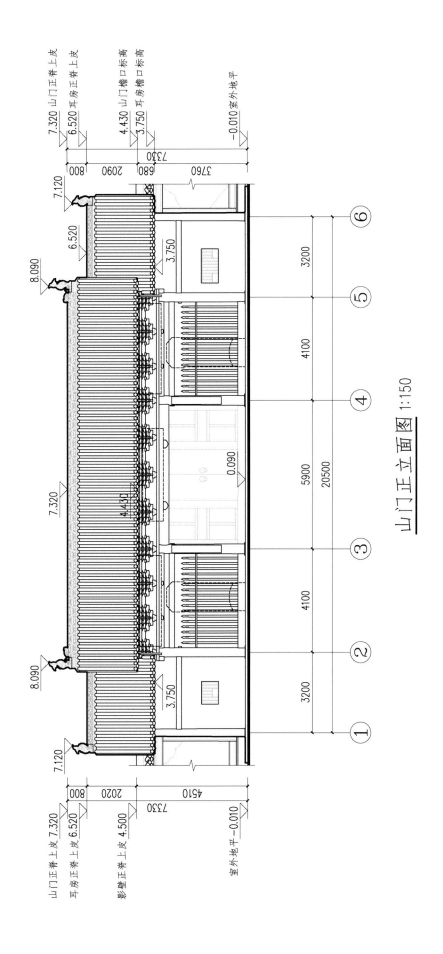

山门正立面图 1:150

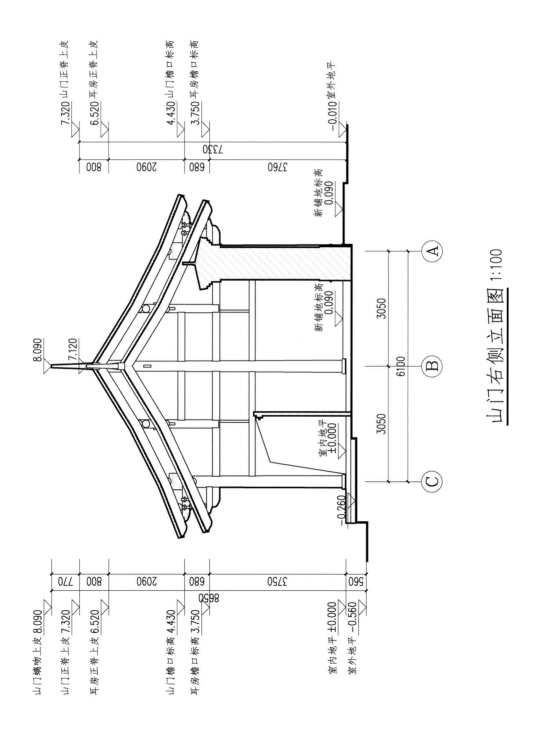

山门右侧立面图 1:100

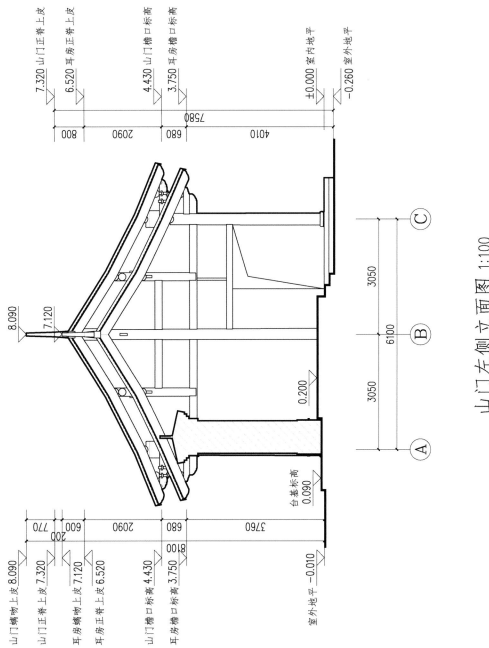

山门左侧立面图 1:100

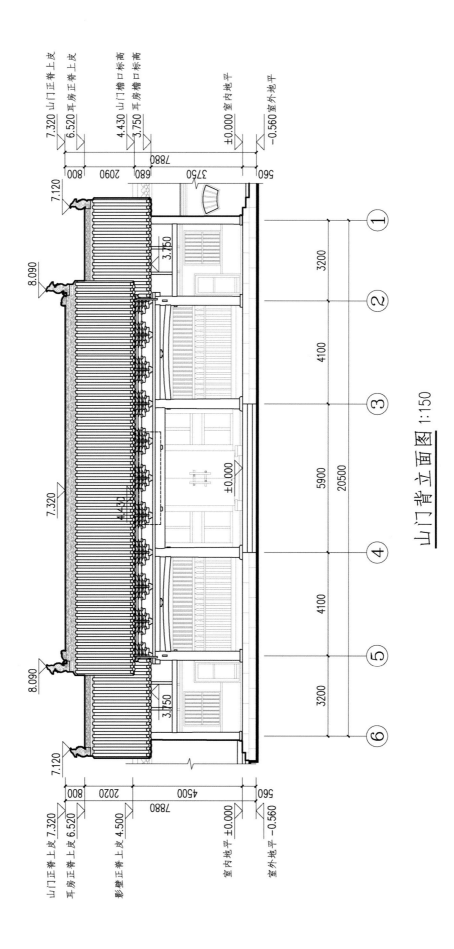

山门背立面图 1:150

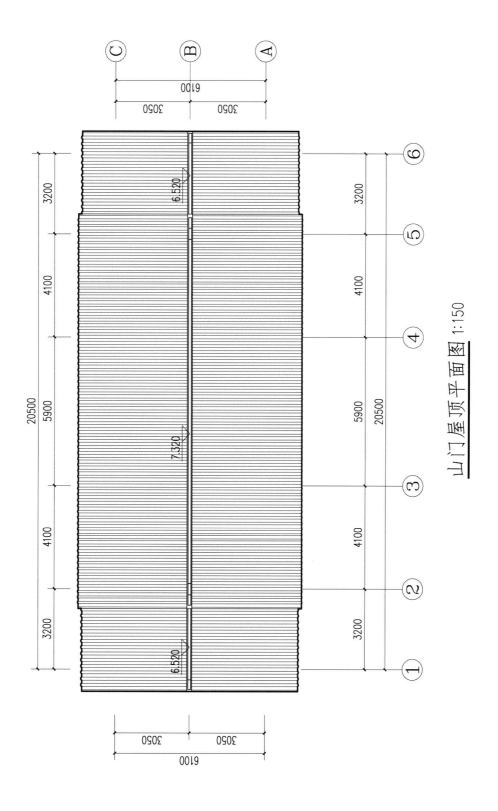

山门屋顶平面图 1:150

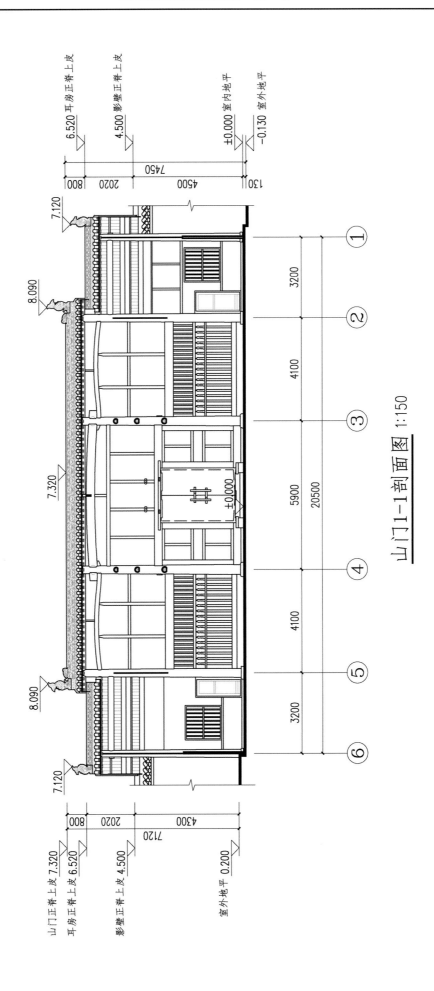

山门1-1剖面图 1:150

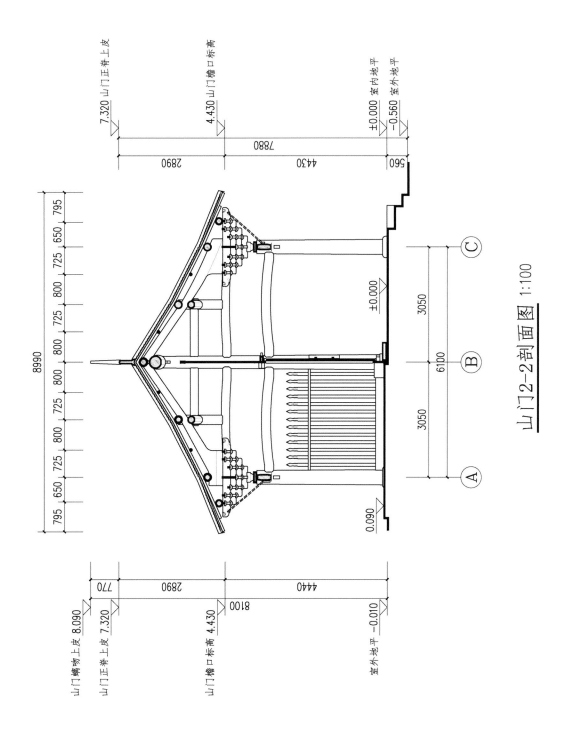

山门2—2剖面图 1:100

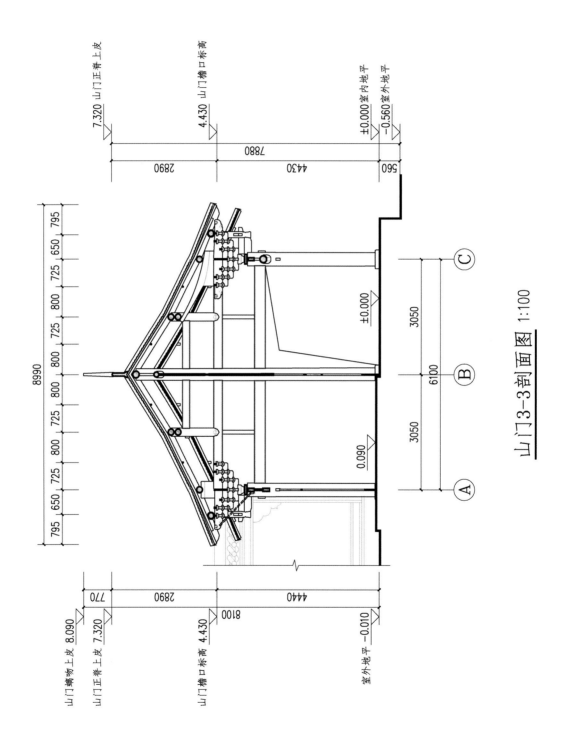

山门3—3剖面图 1:100

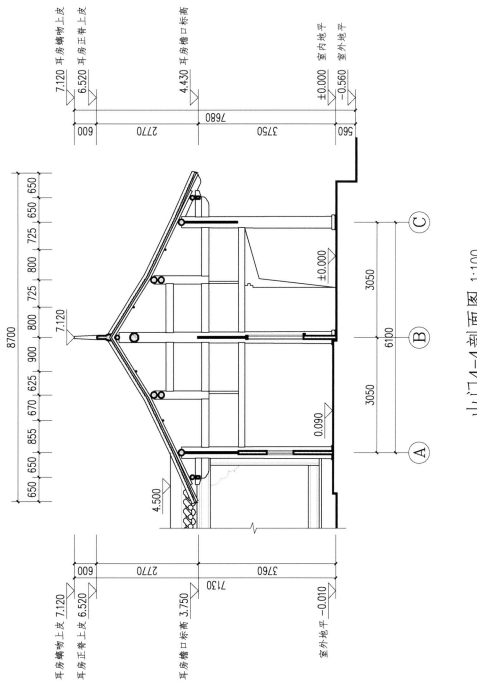

山门4-4剖面图 1:100

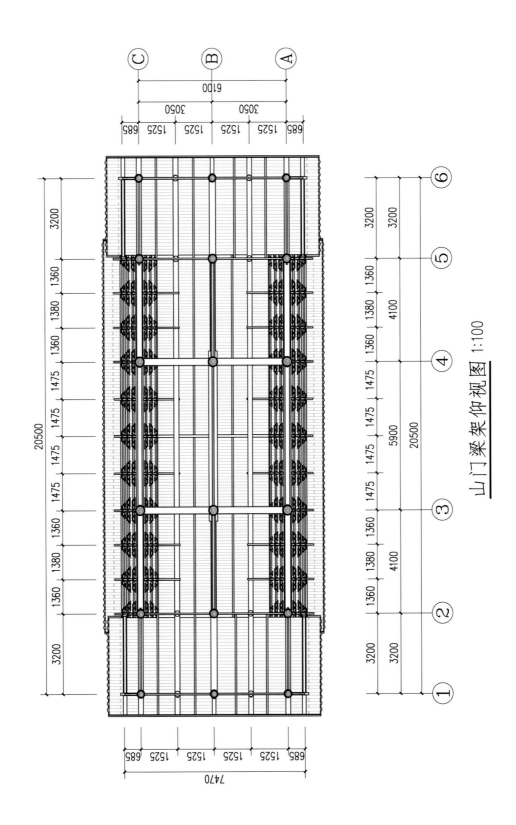

山门梁架仰视图 1:100

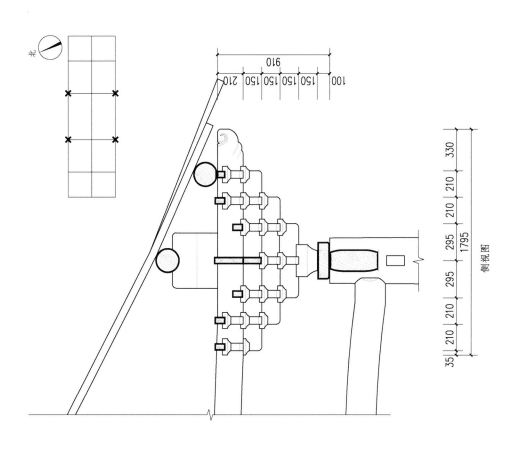

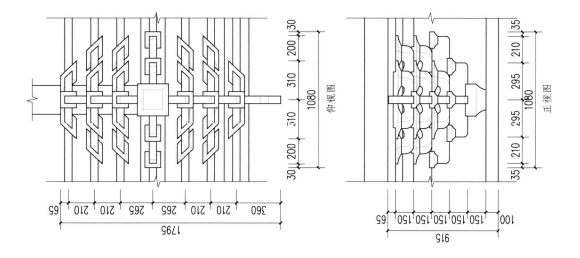

山门柱头科 1:30

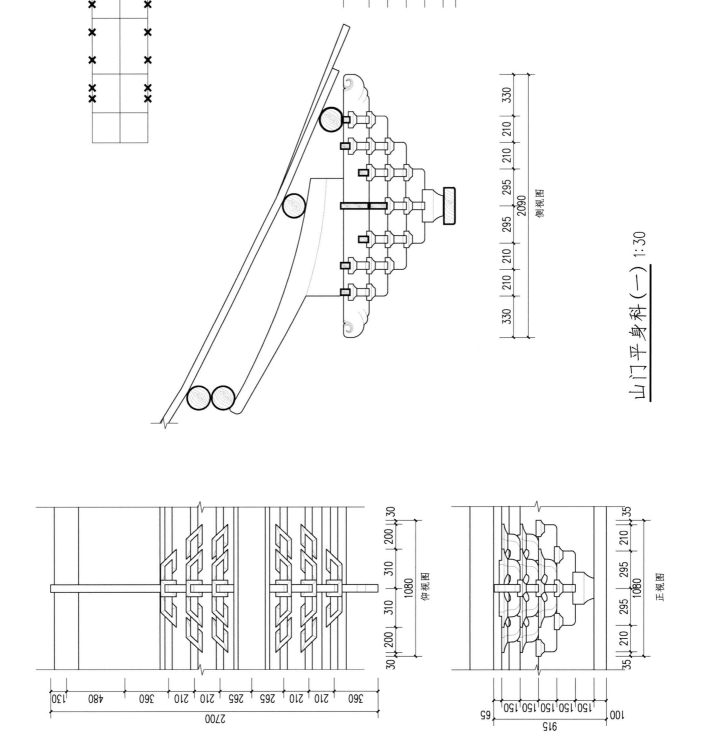

山门平身科(一) 1:30

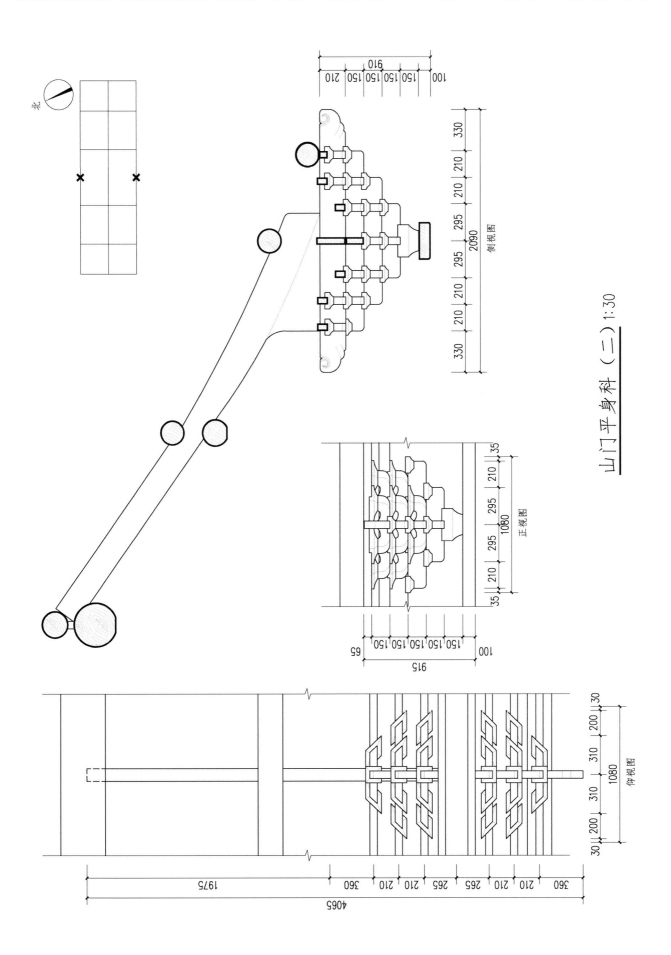

山门平身科（二）1:30

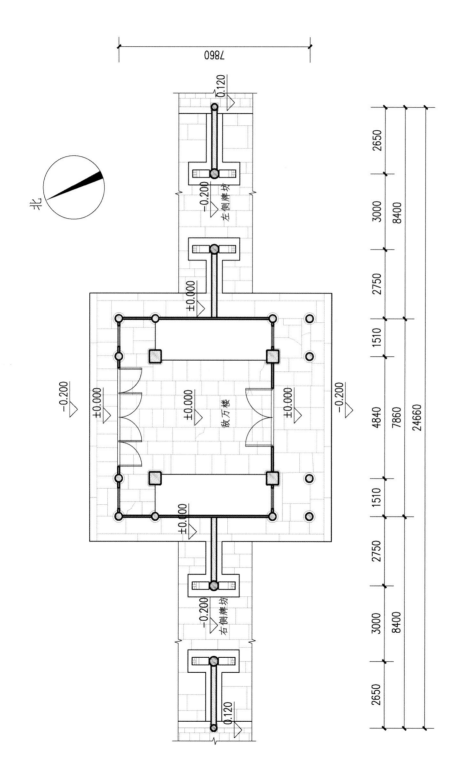

致万楼及牌坊平面图 1:150

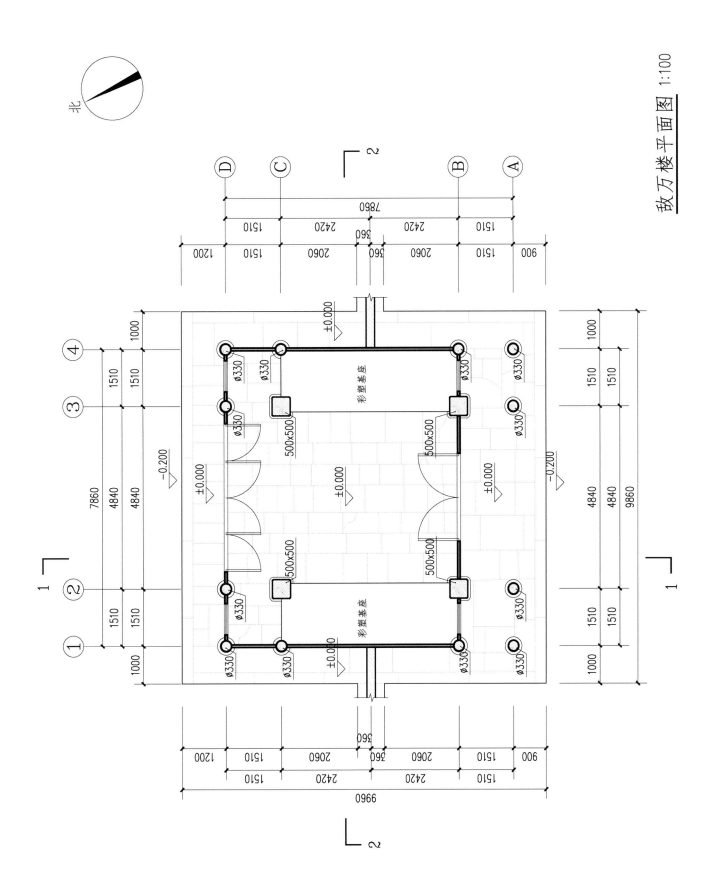

敌万楼平面图 1:100

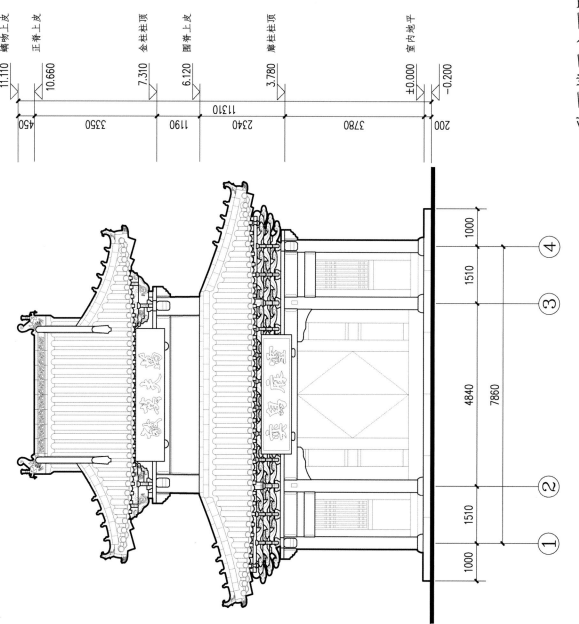

敌万楼正立面图 1:100

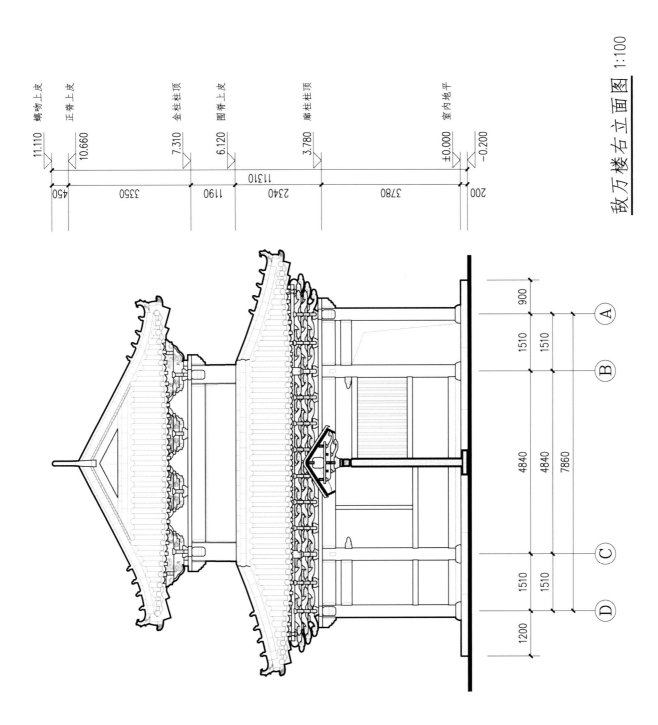

敌万楼右立面图 1:100

螭吻上皮 11.110
正脊上皮 10.660
金柱柱顶 7.310
围脊上皮 6.120
廊柱柱顶 3.780
室内地平 ±0.000
−0.200

450
3350
1190
2340
3780
200
11310

900
1510
1510
4840
4840
7860
1510
1510
1200

Ⓐ Ⓑ Ⓒ Ⓓ

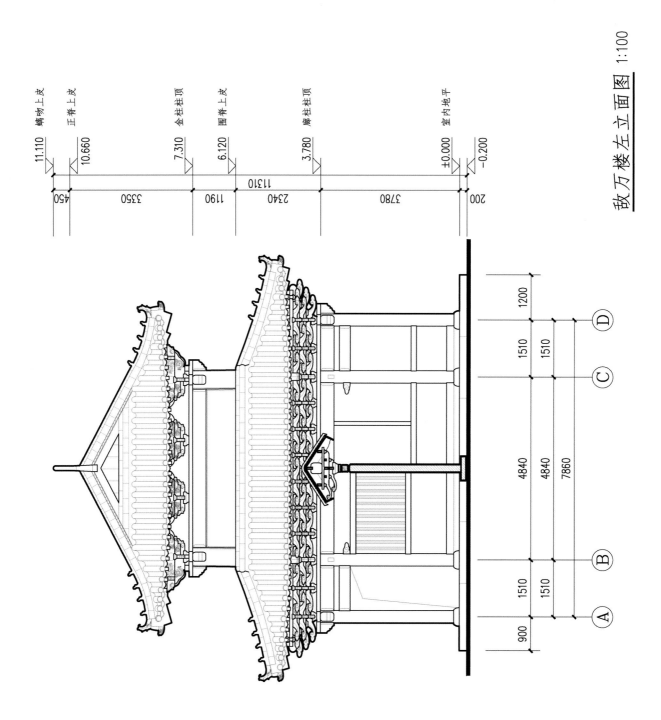

敌万楼左立面图 1:100

脊物上皮　11.110

正脊上皮　10.660

金柱柱顶　7.310

围脊上皮　6.120

廊柱柱顶　3.780

室内地平　±0.000

-0.200

450

3350

1190

2340

3780

200

11310

1200

1510

1510

4840

4840

7860

1510

1510

900

Ⓐ Ⓑ Ⓒ Ⓓ

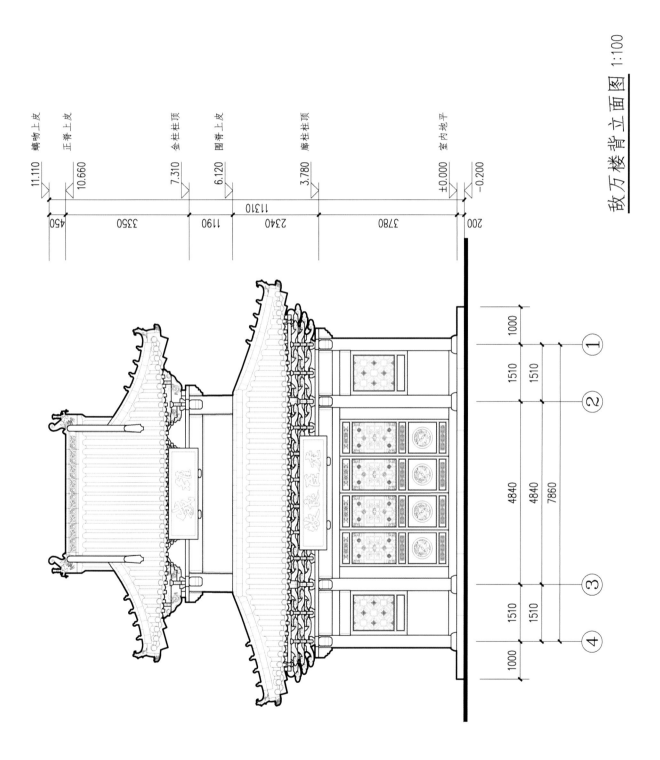

敬万楼背立面图 1:100

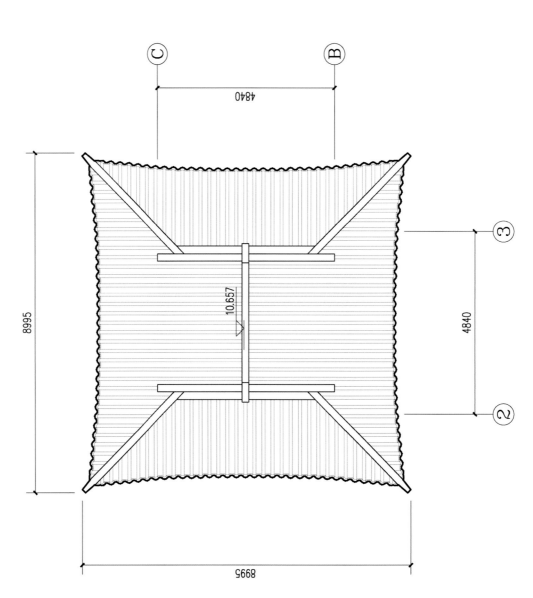

敌万楼上檐屋顶平面图 1:100

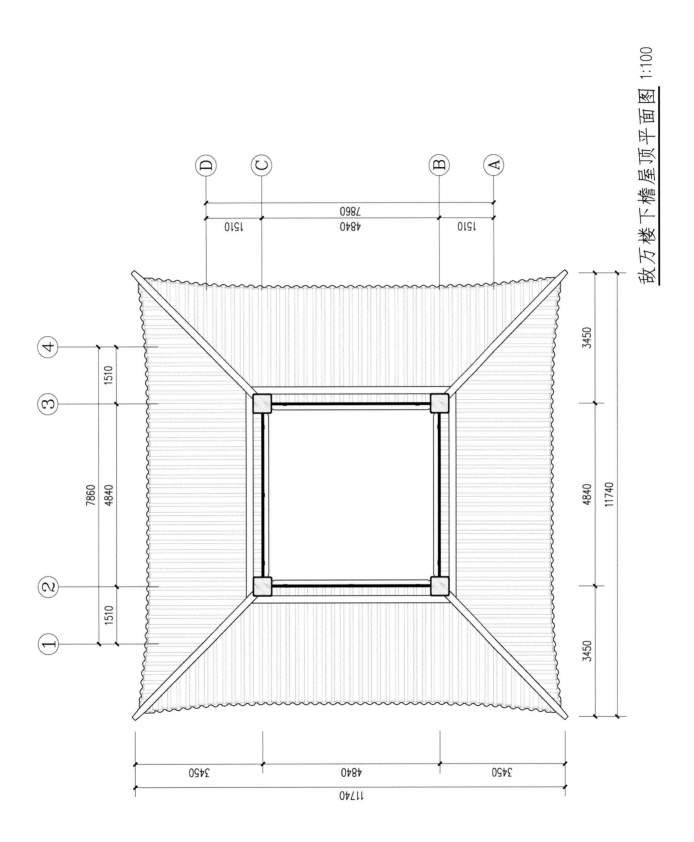

致万楼下檐屋顶平面图 1:100

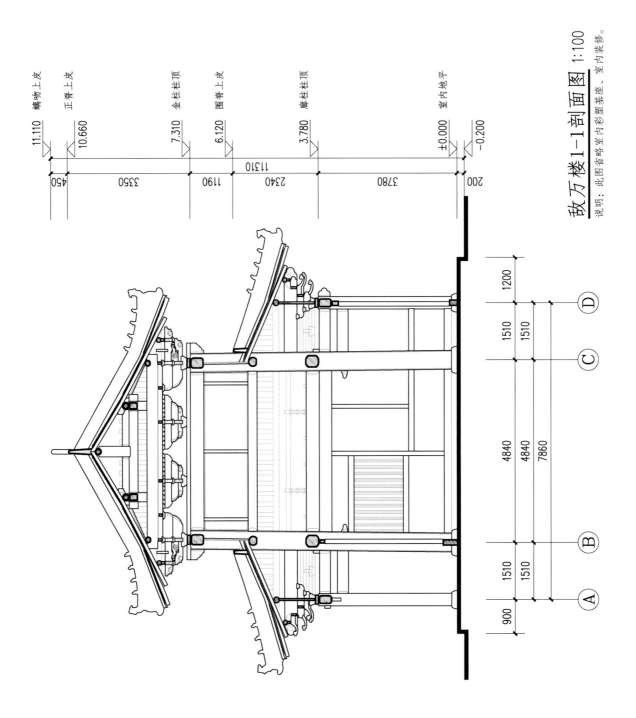

敌万楼1-1剖面图 1:100

说明：此图省略室内彩塑基座、室内装修。

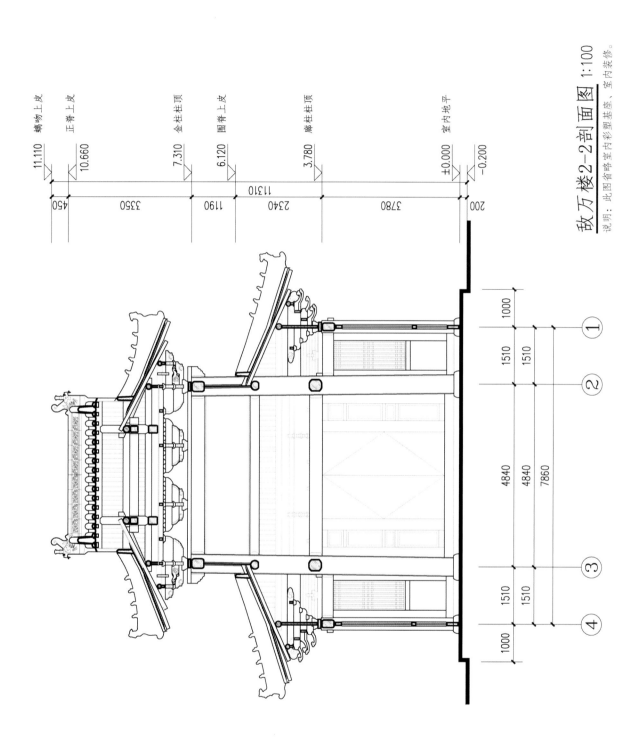

敌万楼2—2剖面图 1:100

说明：此图省略室内彩塑基座、室内装修。

螭吻上皮 11.110

正脊上皮 10.660

金柱柱顶 7.310

围脊上皮 6.120

廊柱柱顶 3.780

室内地平 ±0.000

−0.200

450
3350
1190
2340
3780
200

11310

1000
1510
1510
4840
4840
7860
1510
1510
1000

① ② ③ ④

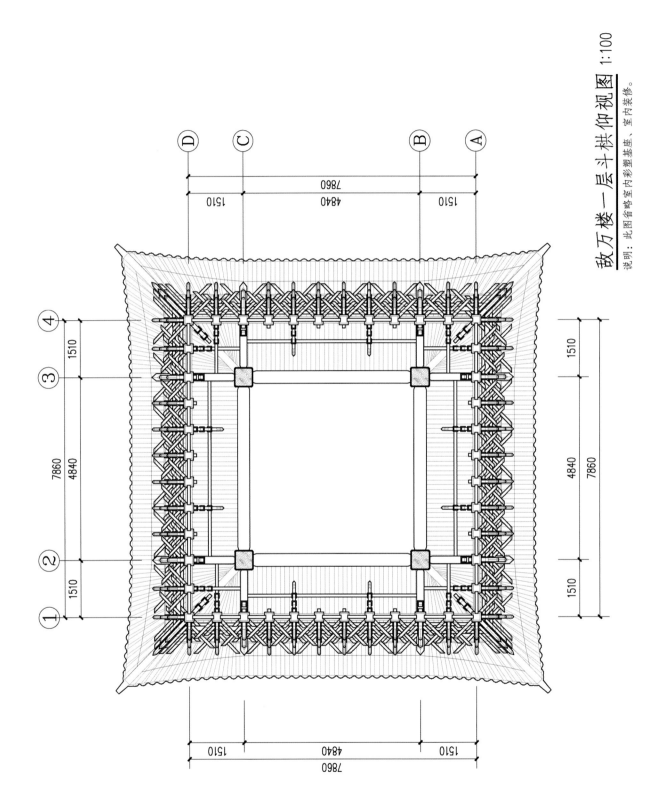

致万楼一层斗栱仰视图 1:100

说明：此图省略室内彩塑基座、室内装修。

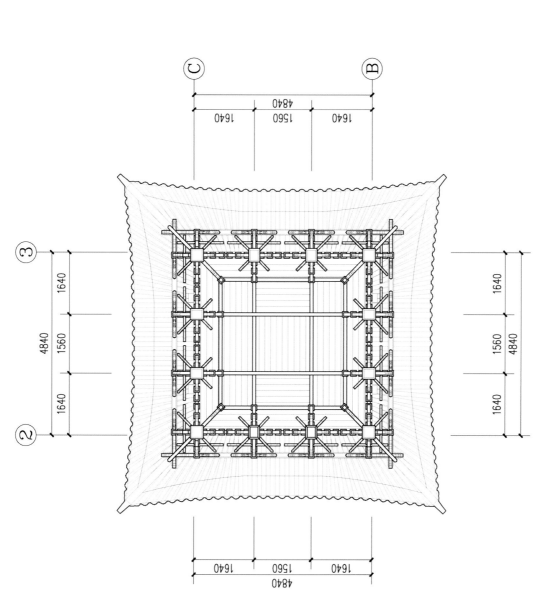

致万楼二层斗拱仰视图 1:100

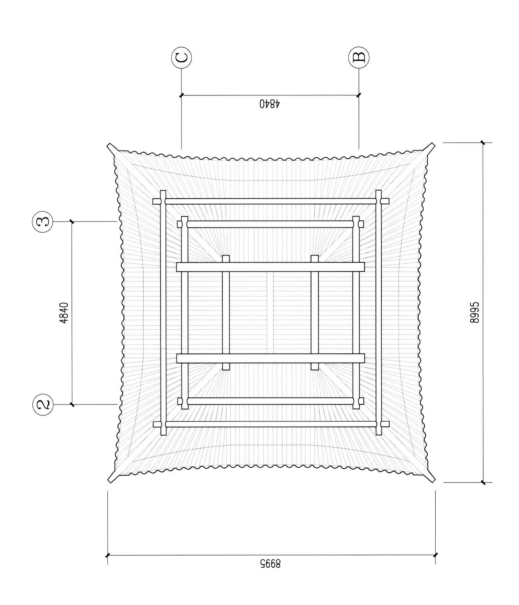

敌万楼梁架仰视图 1:100

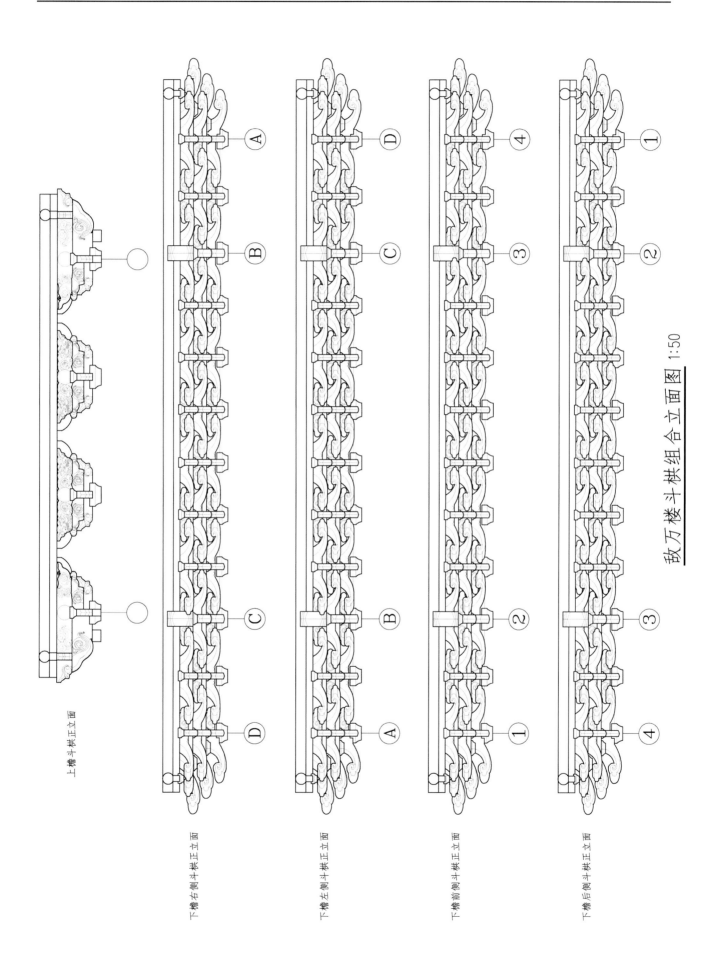

敌万楼斗拱组合立面图 1:50

上檐斗拱正立面

下檐右侧斗拱正立面

下檐左侧斗拱正立面

下檐前侧斗拱正立面

下檐后侧斗拱正立面

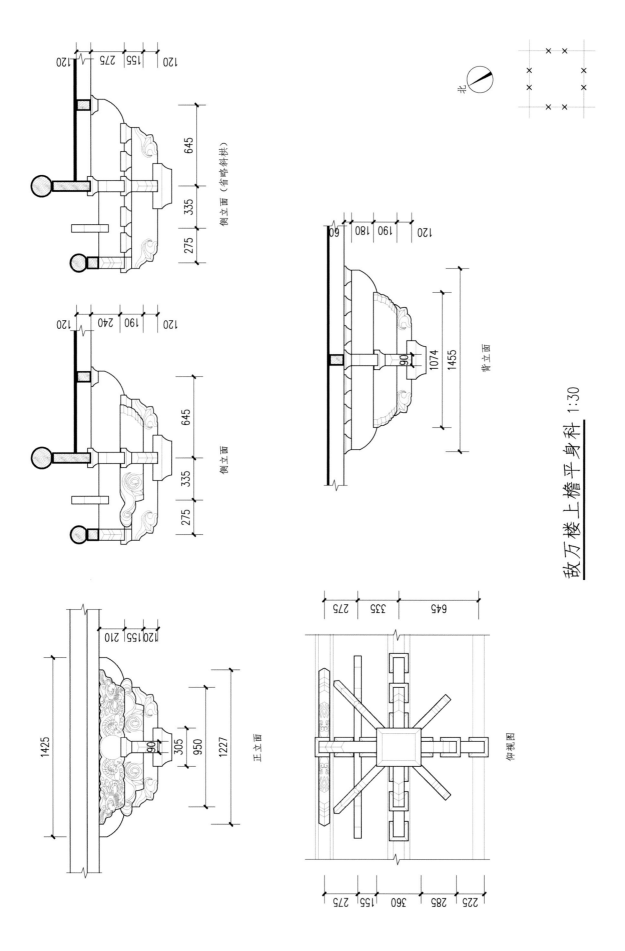

北

侧立面（省略斜拱）

侧立面

背立面

正立面

仰视图

敬万楼上檐平身科 1:30

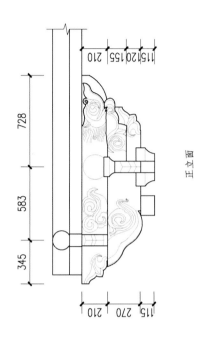

正立面

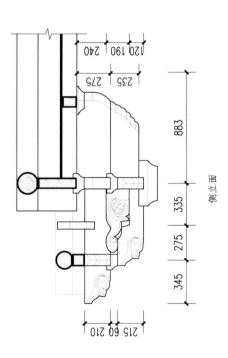

侧立面

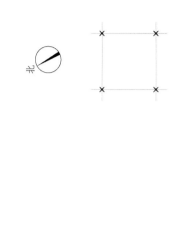

北

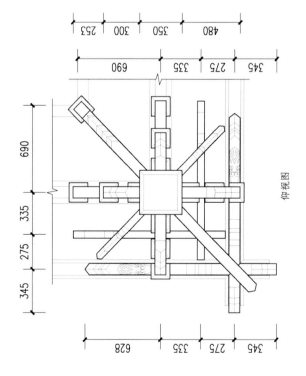

仰视图

敌万楼上檐角科 1:30

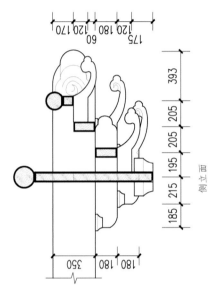

側立面

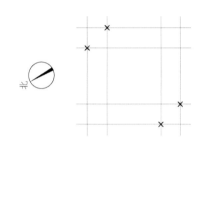

北

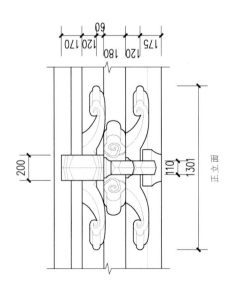

正立面

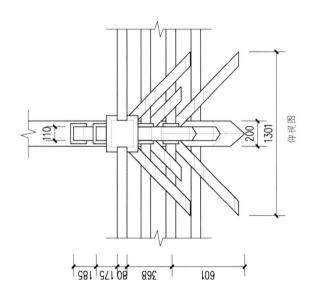

仰视图

鼓万楼下檐柱头科（一）1:30

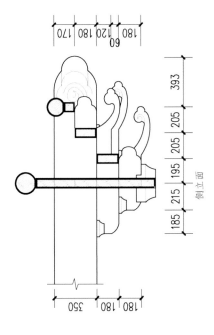

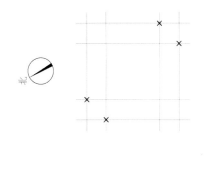

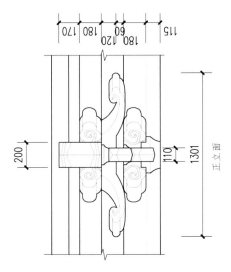

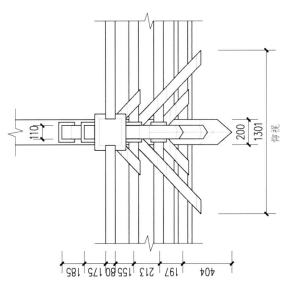

鼓万楼下檐柱头科（二）1:30

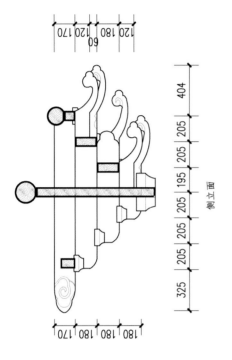

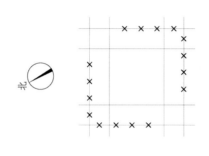

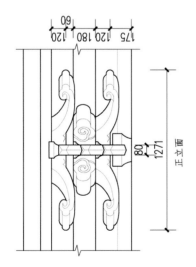

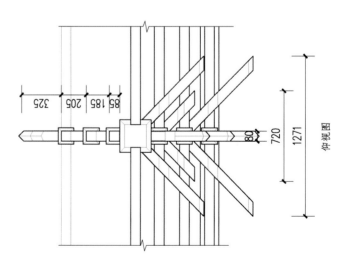

奎万楼下檐平身科（一） 1:30

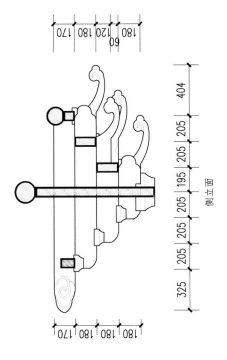

60
170 180 120 180

404 205 205 205 195 205 205 205 325

侧立面

170 180 180 180 170

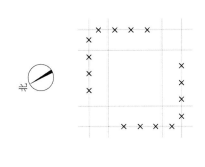

北

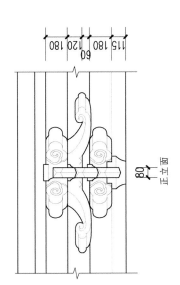

60
180 120 120 180 115

80

正立面

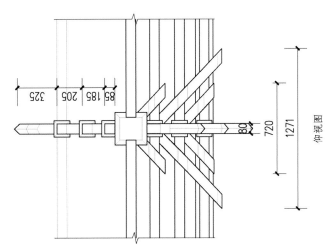

325 205 185 85

80

720 1271

仰视图

敌万楼下檐平身科（二）1:30

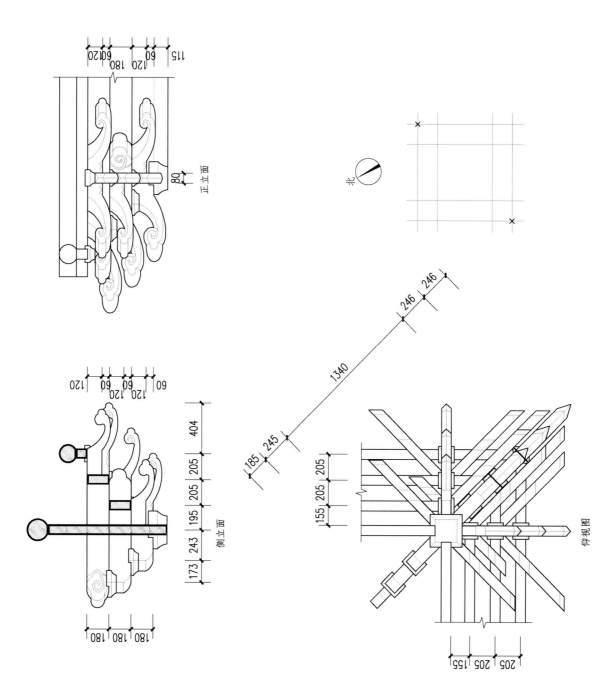

正立面

侧立面

仰视图

北

敔万楼下檐角科（一）　1:30

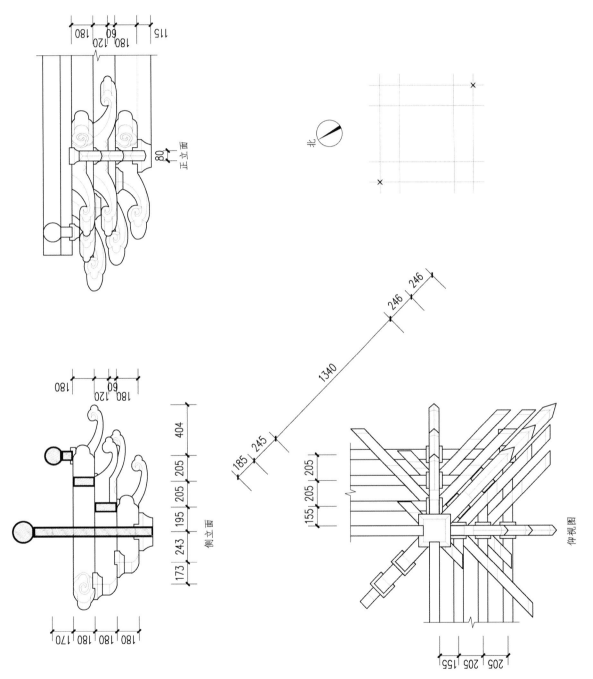

敌万楼下檐角科（二）1:30

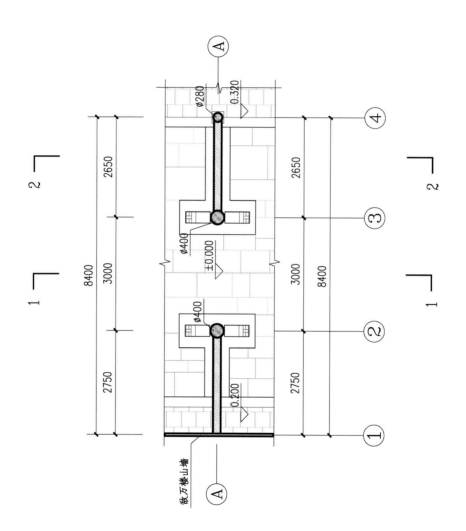

敏万楼左侧牌坊平面图 1:100

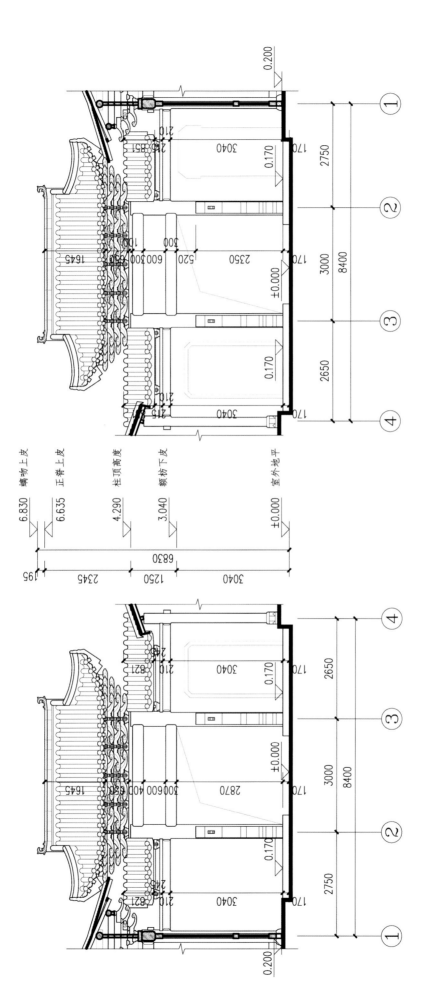

致万楼左侧牌坊背立面图 1:100

致万楼左侧牌坊正立面图 1:100

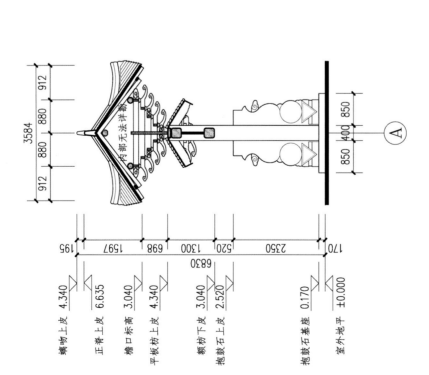

敧万楼左侧牌坊2-2剖面图　1:100

敧万楼左侧牌坊1-1剖面图　1:100

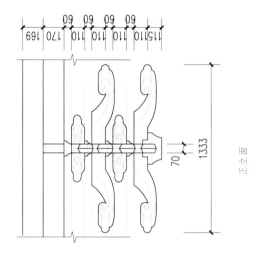

正立面

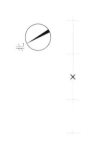

北

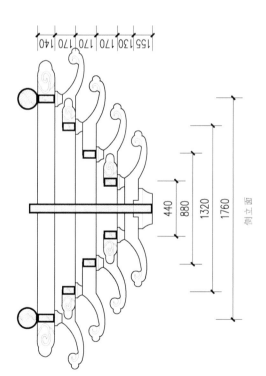

侧立面

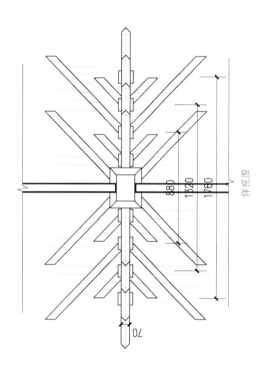

仰视图

牌坊明间平身科(一) 1:30

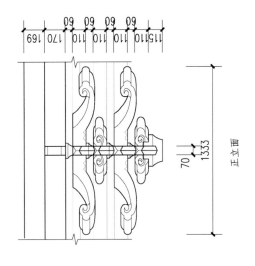

正立面

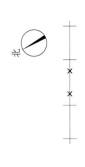

北

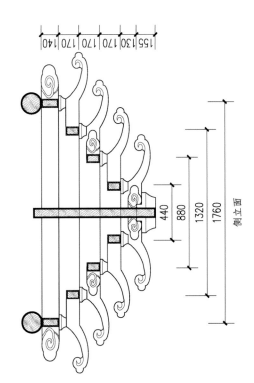

侧立面

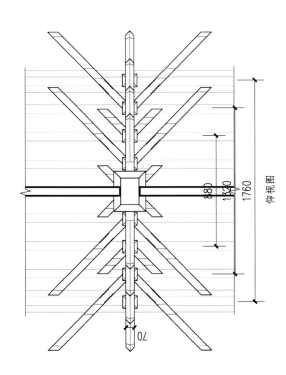

仰视图

牌坊明间平身科（二）　1:30

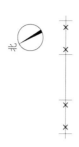

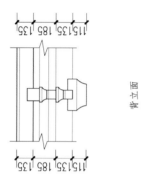

背立面

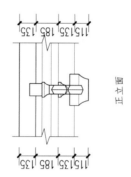

正立面

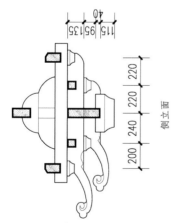

侧立面

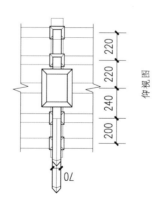

仰视图

牌坊次间平身科 1:30

南部观音庵

观音庵位于四川省南充市南部县平桥乡谢家楼村西（图1），2019年被公布为第八批全国重点文物保护单位。寺内现仅存大殿，公布年代为明代。成都文物考古研究院于2018年3月、2020年8月对观音庵大殿进行了古建筑调查和数字化测绘，现将主要调查成果整理如下。

一　历史沿革及寺院布局

（一）历史沿革

观音庵位于南部县城以南约14公里处，是一处坐落在南部县丘陵之中的普通乡村寺院（图2），在道光《南部县志》中无考[1]，同治《南部县舆图考》的"太平场图考"中有画出"观音庵"，但无更详细的文字说明[2]。据《中国文物地图集·四川分册》记载，除现在仅存的大殿外[3]，此寺原

图1　观音庵位置示意图

图2　观音庵地形图

图3　观音庵组群航拍图

---

[1]清道光二十九年《南部县志》，收入《中国地方志集成·四川府县志辑》第57册，巴蜀书社，1992。

[2]清同治八年《南部县舆图考》，国家图书馆藏刻本，第28页。

[3]大殿在该词条中被称为中殿。

来还有戏台、前殿和后殿[4]。根据大殿现存的墨书题记，此寺开山祖师为无碍鉴禅师，此殿创建于明景泰年（1450~1456 年）间，由当地僧俗捐资兴建，至清同治五年（1866 年）维修。民国时期，寺内年久失修，信众以"观音娘娘殿"借指此寺，其衰落可见一斑。民国二十三年（1934 年），当地信众出资培修大殿，后檐向外扩展成为披檐，即今日所见的形制。据南部县文管所提供的资料，1949 年以后，这里曾当作学校使用，20 世纪 60 年代学校改建，大殿被拆掉 5 根额串，后来学校迁出。观音庵于 2007 年被公布为省级文物保护单位，于 2019 年被公布为第八批全国重点文物保护单位。

（二）寺院布局

寺院布局坐西南朝东北，大殿前方有一片开阔的空地，再往前可能是前殿和戏台的基址所在；大殿后方较高处还有一片较为开阔的平地，未被其他建筑所占压，应是后殿的基址。大殿左右两侧均有后建的民房，应是在原来大殿两厢的基址上修建的。在大殿和前殿右侧有村道下山（图 3）。

二　结构形制

（一）平面

大殿现存台基不太规整，前端面阔 15.30 米，往后逐渐收窄，最窄处面阔约 14.80 米，后部插入土坎之中，边界不太明确。外围用三层条石包砌，正面有石质踏道。大殿面阔三间，进深六椽。厅堂式构造，六架椽屋用四柱，单檐歇山顶，后檐有民国二十三年(1934 年)增修披檐一进(图 4)。

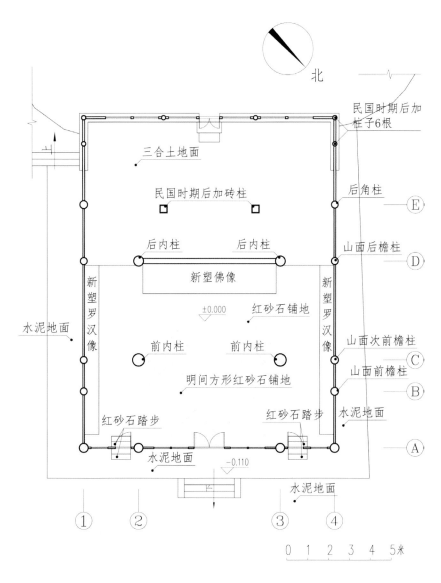

图 4　大殿平面图

［4］国家文物局主编《中国文物地图集·四川分册》，文物出版社，2009，第 663 页。

a. 前檐柱础

b. 山面柱础

c. 室内柱础

d. 室内地面现状

图 5　柱础及地面现状

　　大殿红砂石柱础样式接近古镜式，配合不同的柱径，内柱柱础尺寸最大，边长约 1.14、高 0.21 米[5]；角柱柱础和檐柱柱础，边长约 0.76、高 0.29 米。檐柱柱础之间，有一圈高 0.25 米的地栿石作为拉结。室内目前仍为红砂石铺地，后建部分为三合土地面（图 5）。

　　大殿平面为四川明代建筑最为常见的方三间柱网，柱网为"囲"字形结构，通面阔略大于通进深，接近于正方形。中间 4 根屋内柱（又称井口柱）由额串拉结，外围一圈 14 根檐柱通过梁栿与屋内柱相连接。民国时期修缮时，拆除了明间的 2 根后檐柱，现用 2 根砖柱替代，并支撑住后建的披檐。柱底平面通面阔 12.00、明间宽 6.80、次间宽 2.60 米；通进深 11.20 米，明间左右缝屋架用四柱，分为三进，前进两椽深 4.05、中进三椽深 4.55、后进一椽深 2.60 米。山面檐柱与左右缝柱列对齐，并在前角柱后 2.60 米处多用 1 根檐柱。屋内柱柱径较大，前内柱平均直径 0.55、后内柱平均直径 0.50 米，均直立无侧脚。檐柱柱径较小，且前后同高，平均直径约 0.41 米。外围一圈檐柱和角柱均向内有侧脚，柱顶平面通面阔 11.76、通进深 11.08 米。

---

［5］指距离现有地面的高度，不含地面以下的高度。

（二）梁架结构

1. 主体部分

大殿梁架侧样为六架椽用四柱，四柱将六架椽分为"2-3-1"三段，前两架分别用劄牵，中间三架用三椽栿，最后一架用劄牵。这是一种较为独特的梁架结构，是从"六架椽屋前乳栿对后劄牵用四柱"[6]的基础上演变而来：将原本乳栿上立蜀柱的做法，变成顺栿串上立蜀柱。因为顺栿串的位置较低，故其上蜀柱较长，柱径也与檐柱相当。前内柱柱身与后内柱柱头由三椽栿相连，三椽栿后 1/3 处立有蜀柱，前内柱柱头上与这根蜀柱之间架平梁，平梁两端承槫，中间立脊蜀柱承托脊槫（图 6、7）。后内柱之间有编壁，壁前布置佛像。构架原有的后檐柱和后劄牵已经缺失，但后劄牵的榫口仍可在后内柱上找到（图 8）。

图 6　明间左缝前进屋架

---

[6] 这种侧样在《营造法式》中有收录，全国范围内仅在四川保有实例，例如蓬溪金仙寺大殿（元）和遂宁百福院（明）。参见故宫博物院编《故宫博物院藏清初影宋钞本营造法式》，故宫出版社，2017，第 810 页。

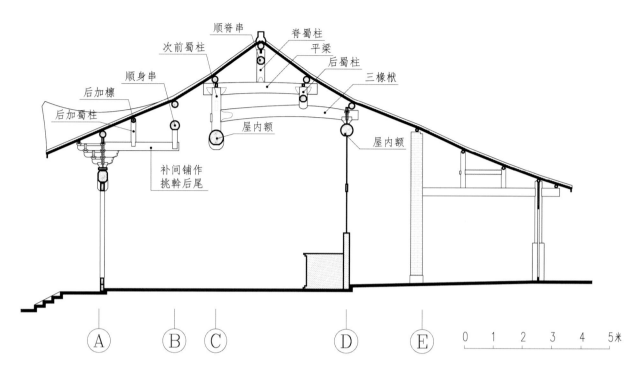

a. 明间 1-1 横剖面图

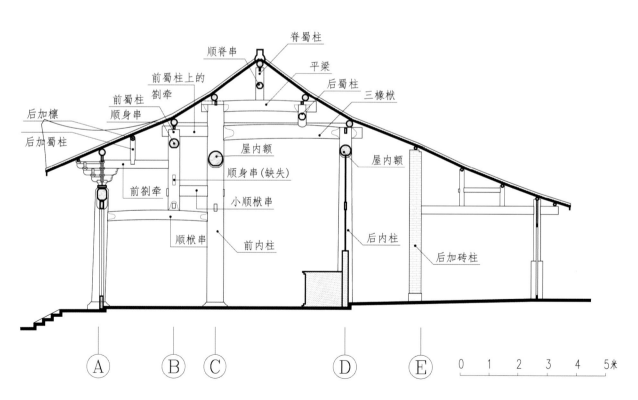

b. 明间 2-2 横剖面图

图 7　横剖面图

在四内柱之间的上部空间
用到了内额横架。除了左、右
缝的三椽栿，在明间屋内额三
等分的位置，还用了两组架空
"三椽栿＋平梁"的结构，且
与柱缝梁栿高度相当。内额横
架的前端，是以前内柱之间的
屋内额作为支撑的；后端则由
后内柱之间的屋内额支撑，额
上等距放两栌斗，承托两樀内
额横架的三椽栿（图9、10）。

图8　后内柱间后视

图9　内额横架

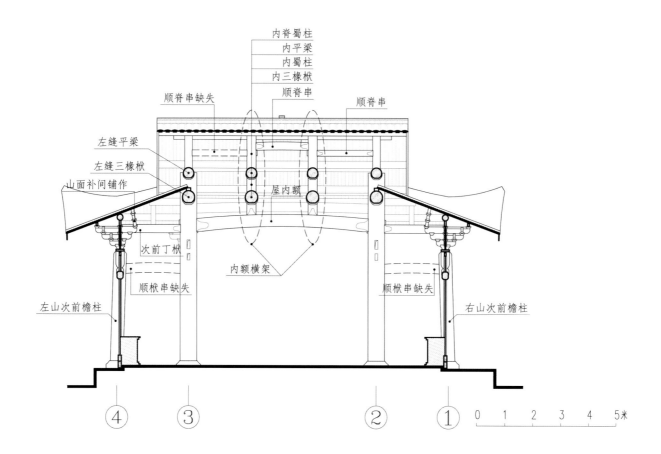

图 10　纵剖面图

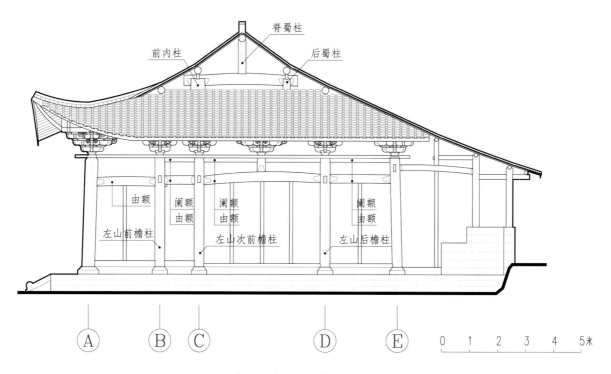

图 11　侧立面图

在四内柱之外的周匝柱网中，左右两山各有檐柱3根。在进深方向上，山面前檐柱和左右缝的前蜀柱对齐，山面次前檐柱与前内柱对齐，山面后檐柱与后内柱对齐。每根山柱上都有五铺作斗栱，斗栱上有丁栿将檐柱和内柱连接起来，柱身原来均用顺栿串与内柱相连，但现仅有山面后檐柱位置处的顺栿串保存下来，其余位置的均已缺失，只留下榫口。后檐构件缺失较为严重，除角柱和转角铺作外，其余构件均已缺失，民国时期修缮时，后檐加建了穿斗式梁架，成为目前所见的情况（图11）。

2. 山面、翼角和屋面

左、右缝的三椽栿和前蜀柱上的劄牵上皮贴有一根缴背，山面椽子搭在缴背上（见图7b）。在左、右缝脊蜀柱之外，山面出际的长度约为1.5米。在翼角的处理上，前檐的大角梁后尾搭在前蜀柱的柱头上；后檐的角梁已非原物，是后期更换过的，后尾搭在后内柱上的檩上。大殿现存屋面非明代原物，是经过后代翻修过的小青瓦屋面，简单朴素，没有脊饰（图12）。

3. 檐柱之间的结构

大殿所有檐柱柱脚均有地栿连接。前檐的阑额分成三段，中间高，两头入柱稍低，形成向上拱起的弧形，其下不用绰幕枋（图13）。

两侧立面檐柱柱头之间有阑额作为连接，柱头再以周匝一圈普拍枋相连。阑额的断面比较薄，更接近于枋的尺寸。山面檐柱之间最大的联系构件是阑额之下的由额，其断面更接近于梁栿类构件（图14）。

所有栱眼壁、两侧立面和背立面均采用编壁，位置靠上的编壁不易损坏，而且制

图12　前檐翼角结构

图13　大殿正立面

图14　大殿左立面

作工艺更佳，推测是较早的编壁；后添披檐以及部分位置靠下的编壁，制作工艺欠佳，泥料也比较粗糙，推测时代较晚。

4. 建筑改易情况

大殿左、右缝的前蜀柱之间原应有两道顺身串，现仅保留上道，下道在20世纪中遭到破坏，现已不存，仅在蜀柱上留下一对榫口（图15）。上道顺身串下皮有几个卯眼，或许以前在两道顺身串之间是有编壁或者其他构件（图16）。通常下道顺身串上会书写建筑纪年题记，可惜也随之不存。

前檐檐柱之间都安装了木制门窗。时代推测为清代或民国。所用风窗是将其他建筑上的窗棂构件加以重新利用，并非原物（图17）。

后檐的原构只剩下角柱和转角铺作，其余部分均为1934年添建。披檐采用穿斗式结构，悬山顶，小青瓦屋面。原后檐柱的位置附近添建两根砖柱，砖柱断面正方形，边长400毫米（图18、19）。角柱柱头和砖柱中上部均插入1根挑枋向后延伸，每根挑枋上立2根瓜柱承檩挂（图20）。添建的披檐有3处题记，分别位于明间挂枋的下皮及明间两挑枋的下皮。

（三）铺作

大殿外檐斗栱原应为前檐6朵，两山面8朵，后檐6朵，共计20朵。现因后檐柱头和补间铺作已缺失，故现存斗栱共计16朵，具体形制详见表1。

表1　　　　　　　　　　　外檐斗栱形制统计表

位置	类型	数量（朵）	形制
前檐	柱头铺作	2	六铺作三杪（有斜栱）+里转两跳承劄牵
	补间铺作	2	六铺作三杪（有斜栱）+里转两跳承挑斡
	转角铺作	2	六铺作三杪（有斜栱）+里转三杪角华栱承角梁 （角华栱用足材，其他华栱用单材）
山面	柱头铺作	3＋3	六铺作三杪+里转两跳承丁栿
	补间铺作	1＋1	六铺作三杪（有斜栱）+里转三杪承重栱+替木
后檐	柱头铺作	2	缺失（推测与山面相同）
	补间铺作	2	缺失（推测与后檐柱头相似）
	转角铺作	2	六铺作三杪（有斜栱，已缺失）+里转三杪角华栱承角梁 （角梁缺失）

图 15 下道缺失的顺身串留下的榫口

图 16 上道顺身串下皮的卯眼

图 17 前檐门窗现状

图 18 后檐现状

图 19 添建的披檐结构

图 20 披檐挑枋及瓜柱

a.前檐柱头铺作外跳　　　　　　　　　　b.前檐柱头铺作里跳

图 21　前檐柱头铺作

a.前檐补间铺作外跳　　　　　　　　　　b.前檐补间铺作里跳

图 22　前檐补间铺作

a.前檐转角铺作外跳　　　　　　　　　　b.前檐转角铺作里跳

图 23　前檐转角铺作

所有的外檐斗栱都保持了一样的铺作层数，没有减跳，扶壁栱都是三重栱，出跳都是六铺作三杪。前檐所有铺作（柱头、补间、转角）都出45°的斜栱，第一跳斜栱自栌斗心出，然后次第沿同一方向向上出跳（图21~23）。山面前进、后进柱头铺作虽无斜栱，但左山补间铺作现仍存有半边斜栱，右山补间铺作的重栱和华栱上也有让出斜栱的开口痕迹，因此推测山面补间的初始形制也是出45°斜栱（图24~26）。后檐转角的斜栱已经缺失，但从泥道栱的开口痕迹判断，它的初始形制也是出45°斜栱的（图27）。

虽然大殿外檐斗栱没有减跳，与元明时期的其他四川木构建筑相比，"前繁后简"的设计意向有所减弱，但在斗栱的加工和装饰上，前檐斗栱的复杂程度仍然是最高的：前檐所有斗栱都是带斜栱的，而且还有雕花的横栱作为装饰；转至山面，柱头铺作开始不用斜栱；至后檐转角，不再留有雕花的横栱，推测缺失的柱头和补间同样会省略横栱和雕饰。由此可见，此殿的外檐斗栱仍然在一定程度上因袭了"前繁后简"的设计原则。

a. 左山前进柱头铺作外跳　　　　　　　b. 右山前进柱头铺作里跳

图24　山面前进柱头铺作

a. 右山后进柱头铺作外跳　　　　　　　b. 左山后进柱头铺作里跳

图25　山面后进柱头铺作

斗栱足材广 225、单材广 160、材厚 100 毫米。单材广是材厚的 1.6 倍，足材广是材厚的 2.2 倍，用材在《营造法式》七等材至八等材之间。使用足材的构件为柱头和补间铺作的华栱，以及转角铺作角华栱；使用单材的主要构件为横栱、扶壁栱和斜向华栱。扶壁三重栱的栱长次第增加，到第三重栱，通长已有 1.75 米，是栱厚的 17 倍之多[7]，为使第三重栱受力均衡，采用了多散斗的形制，左右各置 2 斗，共计 4 个散斗。另外，在角华栱上的平盘斗采用普通的小斗形式，不用鬼斗。栌斗平均广 340、高 165 毫米；小斗平均广 170、高 90 毫米，所有斗欹曲线均为上曲下直。在各铺作之间没有多余的散斗。

室内斗栱仅在后内柱之间的屋内额上使用，仅有 2 朵，用来支撑内额横架的三椽栿后端。斗栱为扶壁一斗三升的形式，前后不出华栱，仅有泥道栱。栌斗的尺寸与外檐斗栱的栌斗尺寸基本相同；泥道栱材厚也与外檐相同，材广 200 毫米，比外檐所用单材更高，栱长 0.88 米（图 28）。

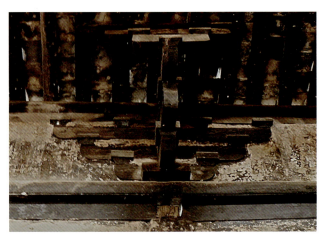

a. 左山补间铺作外跳　　　　　　　　　　　b. 右山补间铺作里跳

图 26　山面补间铺作

a. 左后转角铺作外跳　　　　　　　　　　　b. 左后转角铺作里跳

图 27　后檐转角铺作

[7] 按照《营造法式》规定，慢栱长是材厚的 9.2 倍，本例中的 17 倍明显超出了《法式》规定。参见梁思成：《梁思成全集·第七卷》，中国建筑工业出版社，2001，第 81 页。

a. 室内斗栱前侧   b. 室内斗栱后侧

图 28   室内斗栱

a. 平梁肩部直线斜杀   b. 前蜀柱上的劄牵肩部直线斜杀   c. 前顺身串肩部钟形砍杀

d. 三橡栿后端内侧钟形砍杀   e. 三橡栿后端外侧直线斜杀   f. 蜀柱和内柱间的小顺栿串直榫入柱

图 29   梁栿入柱砍杀形式

（四）形制及营造细节

大殿平梁置于柱头上，仍是明代前、中期的抬梁式搭接关系，下半部开箍头榫，肩部采用直线斜杀，从立面上看，呈现出一个半月形的凹槽。前蜀柱上的劄牵前端也采用这样的斜杀方式，下部开榫口，搭在前蜀柱上。其他断面较大的额、串，仍然采用四川明代早期建筑较为普遍的"∫"形砍杀，立面上肩部呈现钟形的弧线，又称为钟形砍杀。三橡栿端头的处理比较特殊，前端入前内柱，肩部用钟形砍杀，后端上皮与后内柱柱头平齐，内侧为钟形砍杀，外侧则用直线斜杀。细小一点的枋子不做砍杀，直榫入柱（图 29）。

a.右前角柱柱头弧线形砍杀　　　　　　　　　　　b.左前角柱柱头弧线形砍杀

c.前檐柱柱头内侧钟形砍杀　　　　　　　　　　d.山面檐柱柱头外侧不做砍杀

图 30　柱头砍杀形式

a.前檐转角普拍枋出头　　　　　　　　　　　　b.后檐普拍枋出头

图 31　普拍枋出头形式

a. 前檐椽檐枋端头　　　　　　　　　　　　　　b. 后檐椽檐枋端头

图 32　椽檐枋出头形式

阑额穿过角柱，直截出头。平梁和三椽栿抹头不做雕饰，简洁古朴。

山面檐柱、后角柱以及内柱柱头不做砍杀，前檐柱和前角柱的前、后两面做砍杀，砍杀的曲线有时是轻微的钟形，有时是弧线形（图30）。

山面檐柱和正面檐柱的高度相同，普拍枋在四立面上等高，断面基本为扁长方形，接近底边的位置微微内收，且都有一道向内凹的刻缝。前檐普拍枋正立面上雕刻有连续的莲瓣纹饰，山面普拍枋素面无纹饰。前檐转角相交处，普拍枋开十字刻半榫，檐面在上，山面在下，端头形如莲瓣。后檐的普拍枋现已遗失，推测其形制与山面普拍枋相同，两端头不作莲瓣形，仅做弧形的倒角，并且底部内收，断面接近斗形（图31）。

华栱跳头上直接承椽檐枋，枋上直接承椽。椽檐枋为矩形断面，四面等高，端头直截，不做砍杀和装饰，且四面端头做法相同（图32）。

三　题　记

观音庵大殿内檐的主要构件下皮，均写有题记。另外在前檐明间阑额及山面前进由额下皮还发现有题记，但现在这些构件下方已被门窗或编壁遮挡，无法确认文字。除此之外，殿内的其他题记整理如下（图33、34）[8]。

---

[8] 题记录文中，"□"表缺一字，"……"表无法判断字数的缺字，"（ ）"表经格式判断出的省略的姓名。

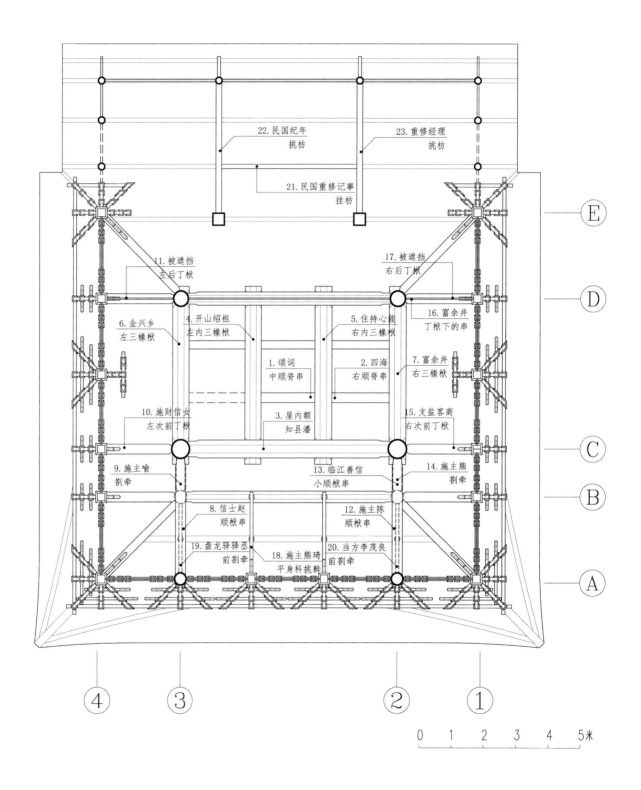

图33　题记分布示意图

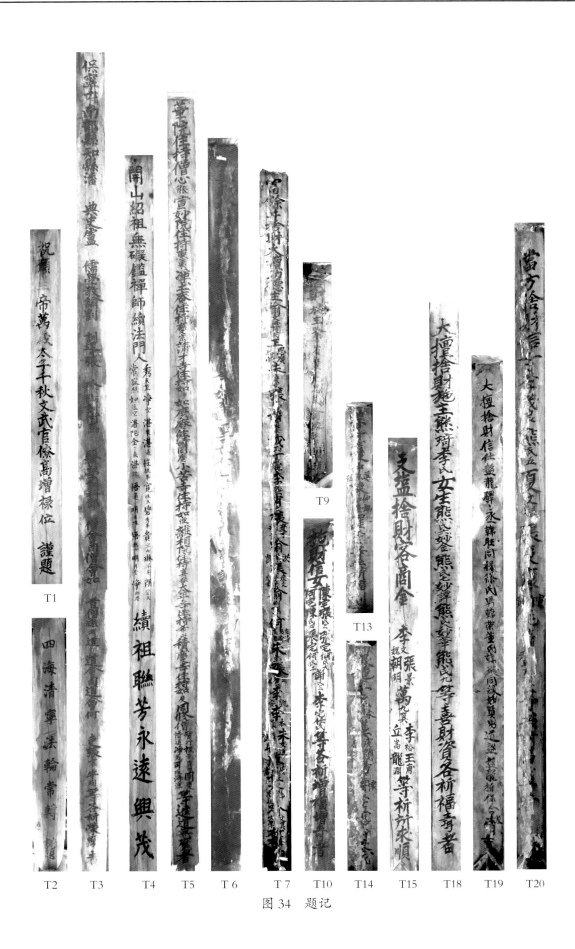

图34　题记

（一）明代题记

1.中顺脊串

祝愿皇帝万岁，太子千秋，文武官僚，高增禄位，谨题。

2.右顺脊串

四海清宁，法轮常转，谨题。

3.前屋内额

保宁府南部县知县潘璿，典史卢鼎[9]，儒学教谕刘□，训导张□，阴阳训术马□，医学训科邓□，僧会司僧会如□、首僧继渊、道行，道会司道会何□、吏张宁、牛刚等，各祈荣显者。

4.左内三椽栿

开山绍祖无碍鉴[10]禅师，续法门人秀天竺、常寂照、净空、如蕴空、湛果、湛陀、湛通、全了义、恺铁峰、湛证、宽性天、悟通、碧秀峰、明月珠、贵宝山、悟无心、琳翠峰、明月堂、朗碧天、净无尘，续祖联芳，永远兴茂。

5.右内三椽栿

□华院住持僧心能、宣妙院住持惠果、净土庵住持庆宗、蒲才寺住持如净、如么庵住持周广、小苦寺住持如性、离相院住持真禄、太平寺住持希山、积庆寺住持如度；同修僧智行、祖荣、真□、圆庆、悟通、净勉、可珠、海潭等，进道无魔者[11]。

6.左缝三椽栿

金兴乡[12]舍财大檀功德主李杰、张氏、贾氏，弟李德、李级，姪李□、（李）璲，里长李□，苟瑄，蒲□，陈本，罗凯、谢□□、蒙思荣、何□□……沈刚，老人陈□……等共祈寿算者。

7.右缝三椽栿

富余井[13]舍财大檀功德主喻文海、翁氏，王思广、（王）思荣，朱彦文，张□□，谢□□，戴玉，

---

［9］　光绪《道州志》卷八《选举志》记载：潘璿，正统戊午科。《（湖广）通志》作"濬"。又据明嘉靖二十二年《保宁府志》卷七记载，潘璿景泰初任知县，卢鼎景泰间任典史。

［10］据《巴蜀禅灯录》记载，无碍鉴禅师为明代普州（今安岳县）无际禅师的弟子，阆中人，圆寂于阆中圆觉寺。参见四川省佛教协会、四川省宗教志办公室编著《巴蜀禅灯录》，成都出版社，1992，第320页。

［11］至今观音庵附近仍保留了列相寺（"列相"谐音"离相"）和吉庆寺（"吉庆"谐音"积庆"）的地名，应该都与过去这里的寺庙名称有关，因此推测这条题记里的诸寺均为观音庵附近的本地寺院。

［12］金兴乡在南部县县城西南，现属南隆镇。

［13］富余井地名暂不可考，但与金兴乡并举并且不带有其他区划，应当是南部县内的一处地名。

丁思聪，李友仁，肖文，张彦才、（张）彦贵、喻洪、怀、凯，张彦文、彦□、彦荣，喻刚、熊氏，何友清、友成、友能、友□，朱玉，张玄、（张）广、（张）俊，李凯、（李）安，李本、（李）荣，朱友道，邓昇，陈安、（陈）□、（陈）常，樊魁、（樊）志通，喻文真、（喻）文学，祈福寿者。

8. 左缝顺栿串

本境助缘信士越怀、陈氏，□文通、罗氏，（□）文昭、喻氏五，王伯英、王亮、徐本然、张大、张□，……喻……罗宁、王纪刚、王原……，陈宅朱氏二、喻宅□氏九、杨氏等，祈清吉者。

9. 左缝前蜀柱上刳牵

舍财施主喻有贤、毛思民、喻文章等，祈□……

10. 左山次前丁栿

施财信女陈宅张氏三、何宅陈氏四、张宅何氏大、张宅何氏二、谢氏三、李宅任氏等，各祈增福增寿者。

11. 左山后丁栿及串

因后世做过编壁，现字迹已模糊。

12. 右缝顺栿串

舍财大檀施主陈必□、毛氏，陈必万、柳氏……，陈能、郑氏、（陈）□、张氏……，陈□、贺氏、（陈）太，李氏、（陈）茂、丁氏……，李雄、陈氏，唐□、曾氏，……谢子明……曲胜井总崔[14]张伏原、吴氏等，各祈增□。

13. 右缝小顺栿串

临江[15]善信陈仲英、能、祖，陈仲旭、仲隆，罗添鉴等，共祈福利。

14. 右缝前蜀柱上的刳牵

助缘施主熊永、（熊）□，龚虎、蒲氏、（龚）原、徐氏，杨应怀、常、□，李□、龚氏祈荣茂者。

15. 右山次前丁栿

支盐舍财客商金□、李文、张景、魏朝明、万九真、李裕、丘嵩、王甫、龙润等，祈所求顺□。

16. 右山后丁栿下串（被线路管挡住）

富余井舍财善信吴□□、吴氏□、吴德、（吴）真、□清、（□）广、□鼎、（□）□、陈□□、陈思□、（陈）思荣、陈……等祈……

---

[14] 总崔，即"总催"，明代盐场中设立的一种基层管理职位。

[15] "临江"所指地名区划不详，清代有临江乡，在观音庵以东的区域，推测可能是那里。

17. 右山后丁栿

有字，但因编壁遮挡，看不清楚。

题记3位于明间较为醒目的位置，是创建时为南部县官吏祈愿的题记，其中记录的官名颇多，其中知县潘璿和典史卢鼎的就任时间在明代嘉靖《保宁府志》中有记载，因此根据他们的在任时间，将观音庵大殿的建造年代限定在景泰年（1450~1456年）间。题记4提到寺院的创始人为无碍鉴禅师。无碍鉴禅师的生卒年在文献中无记载，但其师父无际禅师是明代前期的川内著名僧人，故大殿的创立时间与无碍鉴禅师的生活年代也是吻合的。

以上这批题记共17条，能大致看清内容的题记有15条，根据字迹和内容可以判定，这批题记均为景泰时期的创建题记。纪年题记所在的顺身串缺失，该构件上很有可能还有最重要的捐资人信息，同样也缺失了。剩下的题记涉及人物众多，以当地和周边的信众及县级官员为主，另有一处题记施主的身份是"支盐舍财客商"。题记中出现的本县地名有金兴乡、富余井和临江。题记还记录了创寺僧人是明代无碍鉴禅师，其下有弟子数名。这些僧人的名号以及周边寺院的名称在现存南部县方志中无考，可以算作古籍文献之外的一点田野文献补充。

（二）时代待定题记

1. 前檐补间铺作挑斡（T18）

大檀舍财施主熊琦、李氏，女生熊氏六妙金、熊氏七妙谭、熊氏八妙华、熊氏九等喜财资，各祈福寿者。

2. 左缝前劄牵（T19）

大檀舍财信士盘龙驿驿丞韩胜、同缘徐氏、男韩荣、董氏、韩瑛、同缘妙贤、男道盏、盘龙祈保合家清吉。

3. 右缝前劄牵（T20）

当方舍财信士李茂良、熊氏五、夏文□、张庆、康宣、（康）□、（康）□……毛□□、邓应□等，共祈昌盛者。

这几处题记位于明间的前部，字体和创建期题记有所差异，可能是某次培修时增加的题记，但具体时代不确定，可能是明代后期或清代的。

（三）民国题记

共有3处，位于后建的披檐构件上。

1. 披檐明间挂枋

观音娘娘殿乃古庙也。因建修马路，变卖常产，庙宇因此毁败。圣母娘娘金身于倾圮不堪之破屋。四维之善男信女，视此模样，敬神心已消于云外。一般愚夫因此目无感应，以演成败伦乱俗之事。乃有主坛王玉美、（王玉）清，住持僧惠福等，不忍坐视，鸠集众信捐资成美，重修殿宇，复换金身，伏愿千秋永奠，万民沾恩者矣。王元坤谨书。

2.披檐左挑枋

维中华民国廿三年岁次甲戌仲秋月望一日戊戌除日，乃黄道良辰，竖立观音娘娘殿大吉□□□清泰，四境平安者矣。王载生沐手谨祝。

3.披檐右挑枋

重修殿宇：经理：王玉美、王玉清、张禹门、僧惠福；募化：李世品、罗万春、□□□、王元坤、谢文祥、张高禄、谢文献、王正坤、何天清、何本全、杨朝惠、范仲元……范明元、张阳初、姚国义；木工黄映清，石（工）何顺元；画匠杜□书、□□中，土（匠）江正仁。

题记上的纪年"中华民国廿三年"即公元 1934 年。这 3 处题记记载了当时观音庵的破败情况和民众集资修缮的情况。

（四）碑刻

观音庵现址上，除了构件上的墨书题记，基本上没有留下其他古代的文字资料。现有 1 块县保标志碑，立于 1990 年；1 块省保标志碑，立于 2007 年；1 方匾额，上题"大雄宝殿"，书于 2009 年。

四 彩 画

大殿至今仍保留了大量的建筑彩画，而且彩画面积较大，其中内檐彩画的保存情况较好，几乎所有内檐梁架上都保留了彩画。此外，部分斗栱、榑、甚至椽檐枋上都局部保留了一些彩画。通过肉眼能辨认的彩画颜色有黑色（用于描绘轮廓）、白色（用于勾边和填色）、红色（用于纹饰填色）。通过红外摄影能够拍摄到比较清晰的彩画纹样，不同构件上的彩画纹样现概述如下。

（一）柱头彩画

有三段箍头，以回纹作装饰，第一、二段箍头之间绘制旋花；第二、三段箍头之间绘锁子锦纹（图 35）。

图35　柱头彩画（红外摄影）

（二）梁栿彩画

　　箍头由几段纹饰并列组成，包括莲瓣纹、回纹、云纹等。较长的构件，如屋内额，绘有盒子，盒子里绘锦纹，其余较短的构件不画盒子，直接画藻头。藻头绘双破如意头，也有的构件先绘一朵锦纹团花，再画如意头。枋心满绘莲花、卷草等花卉图案，并根据构件的长短来调整纹饰的宽度和内容。最短的构件劄牵会非常紧凑地画出箍头、藻头，枋心留空（图36）。

a.明间前进顺身串

b.后金柱间屋内额

c.三椽栿

d.前内柱间屋内额（内侧局部）

e.山面由额

f.右山后丁栿

g.右山后丁栿下顺栿串

h.劄牵

图36　梁栿彩画（红外摄影）

图 37   山面阑额彩画

图 38   普拍枋内侧彩画（红外摄影）

a. 山面柱头铺作里跳彩画

b. 散斗彩画

图 39   橑檐枋彩画

a. 常规摄影

b. 红外摄影

图 40   前檐明间檐槫彩画

c. 补间铺作里跳彩画

图 41   斗栱彩画（红外摄影）

（三）其他构件彩画

山面阑额与梁栿类构件比较接近，先是一段三种纹饰（莲瓣、回纹、海棠花瓣）并列的箍头，然后是双破的藻头，枋心绘牡丹花纹（图 37）。

普拍枋内侧绘莲瓣纹，外侧刻浅浮雕的莲瓣纹（图 38）。

橑檐枋多数位置已不可见原有的彩画，仅在前檐次间位置的橑檐枋能看见一段回纹（图 39）。

槫的断面较小，能够施以彩画的表面也较小，故其上仅绘有双破的团花（图 40）。

斗栱构件上普遍采用退晕的手法，白缘道勾边，内部绘卷草花纹（图 41）。

五 壁 画

大殿现存有一些壁画，均是直接在编壁上作画，肉眼可辨所用色彩主要有白、黑、红、绿、蓝、黄这几种颜色，局部有贴金。

栱眼壁仅在左山的两柱头铺作之间的内壁上还残留一点彩画。可看出外有白缘道，中间似绘花草纹饰（图42）。

左右山面编壁尚存壁画，绘有诸菩萨和诸天。菩萨像绘于由额以下，大部分被后期石灰、报纸覆盖，残损严重。阑额以下至由额表面绘诸天，有2铺保存较好（图43）。

图42 栱眼壁壁画

a. 左山前进编壁

b. 左山中进编壁

图43 室内山面编壁上壁画

六　结　语

观音庵大殿从地盘上看，仍然保持了四川元明时期最普遍的方三间形式。在侧样上，柱子间隔采用了"2-3-1"的分架方式，同时又在前檐将乳栿上立蜀柱的做法改为顺栿串上立蜀柱，为目前四川境内仅见的唯一实例。

大殿建筑形制承上启下，延续了一些较早的做法，如：橑檐枋矩形断面，上部斜削直接承椽；柱头和梁栿端头做钟形砍杀，前檐阑额出头无雕饰无砍杀；外檐铺作采用了斜栱。以上这些形制，从明代正统时期（1436～1449 年）开始，逐渐趋于消失或者被新的形制所替代。同时，在这座建筑中，又呈现了一些明代中期才出现的新形制，如：前、后檐柱等高，铺作不减跳，四面均用等高的普拍枋，扶壁三重栱。这些较晚出现的形制和建筑本身的纪年相吻合，正体现了明代中期四川木构建筑的新变革和新做法。此外，观音庵大殿还有一些颇具地域特色的形制，如：普拍枋正面有雕饰[16]，端头呈莲瓣形；前檐的阑额分为三段，且采用中间高两端低的弧线形阑额；山面的补间铺作还用到了"里转重栱＋替木"直接承椽的形制，这一形制在四川中北部地区的明代建筑中是较为罕见的。

因为在殿内的墨书题记中发现了明代景泰知县和典史的名字，又根据建筑形制和题记的分布，可知现有的观音庵大殿除殿后缺失的部分外，其余大部分大木结构仍然保留了创建时期的形制，可以认定它是一座明景泰时期（1450~1456 年）的纪年木构建筑。

南部县观音庵大殿是一座明代中前期由当地僧俗合力捐资修建的佛教建筑，是当时众多乡村兰若的典型，这座建筑的构架、形制、彩画为我们展现了明代木构建筑过渡期的种种特点，其上所保留的墨书题记，也为当地缺失的明代文史资料提供了补充。

---

[16] 目前只在此处和阆中五龙庙（元代）、阆中永安寺（元代）有发现。

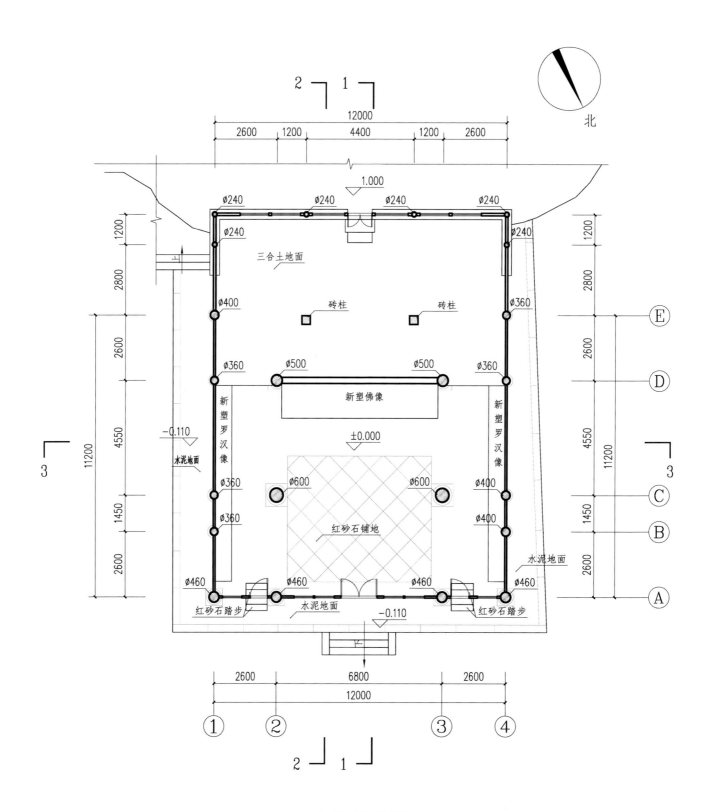

北

▽1.000

ø240　ø240　ø240　ø240

ø240

三合土地面

砖柱　　砖柱

ø400　ø360

ø360　ø500　ø500　ø360

新塑佛像

新塑罗汉像　　　新塑罗汉像

-0.110

±0.000

水泥地面

ø360　ø600　ø600　ø400

红砂石铺地

ø360　ø400

ø460　ø460　ø460　ø460

红砂石踏步　　水泥地面　　红砂石踏步

水泥地面

-0.110

12000
2600　1200　4400　1200　2600

1200
2800
2600
4550
1450
2600
11200

1200
2800
2600
4550
1450
2600
11200

E
D
C
B
A

2
1
3
2
1
3

2600　6800　2600
12000

① ② ③ ④

大殿平面图 1:150

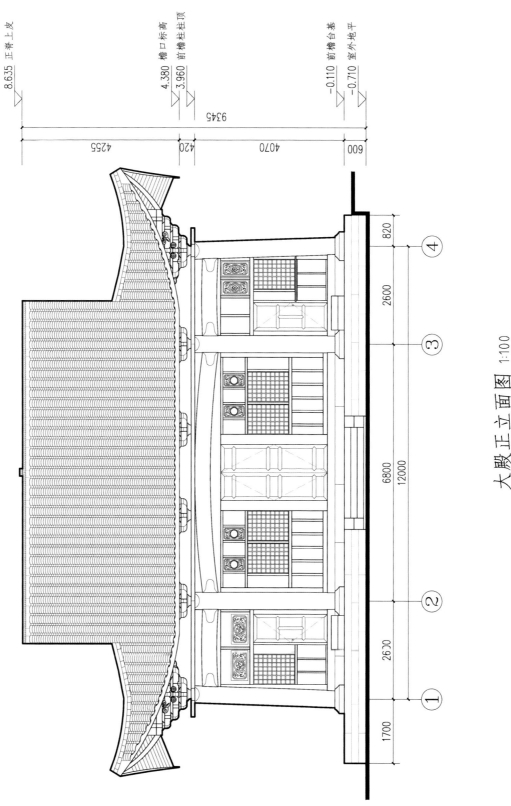

大殿正立面图 1:100

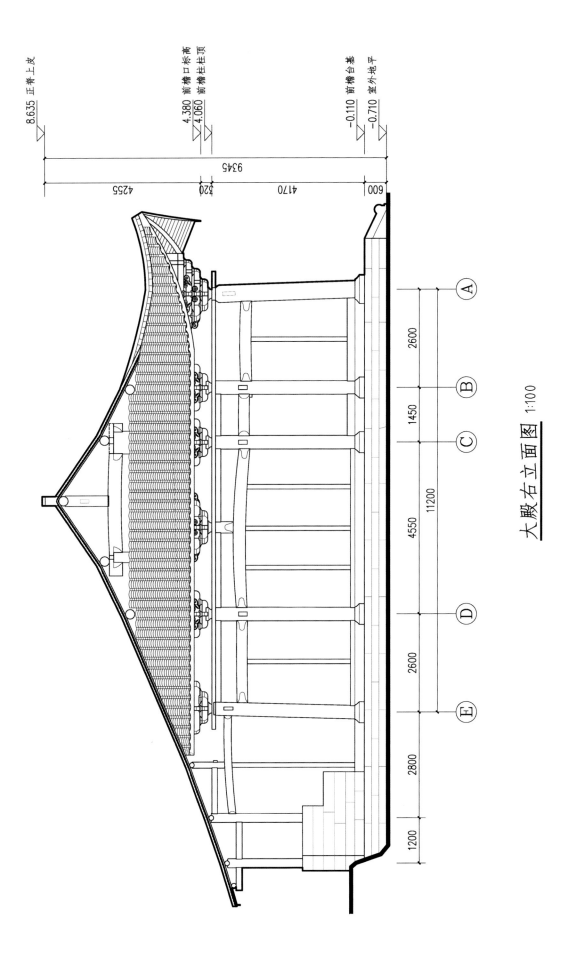

8.635 正脊上皮

4.380 前檐口标高
4.060 前檐柱柱顶

−0.110 前檐台基
−0.710 室外地平

9345

4255
520
4170
600

A

2600

B

1450

C

11200

4550

D

2600

E

2800

1200

大殿右立面图 1:100

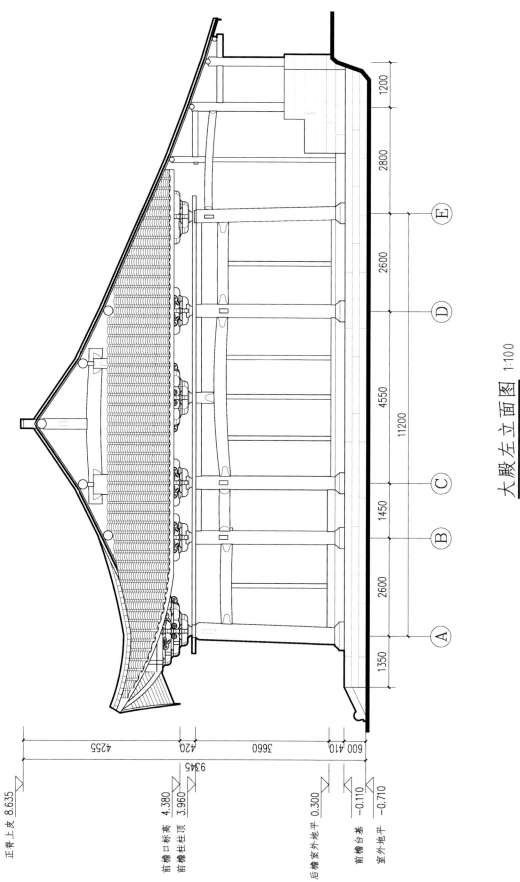

大殿左立面图 1:100

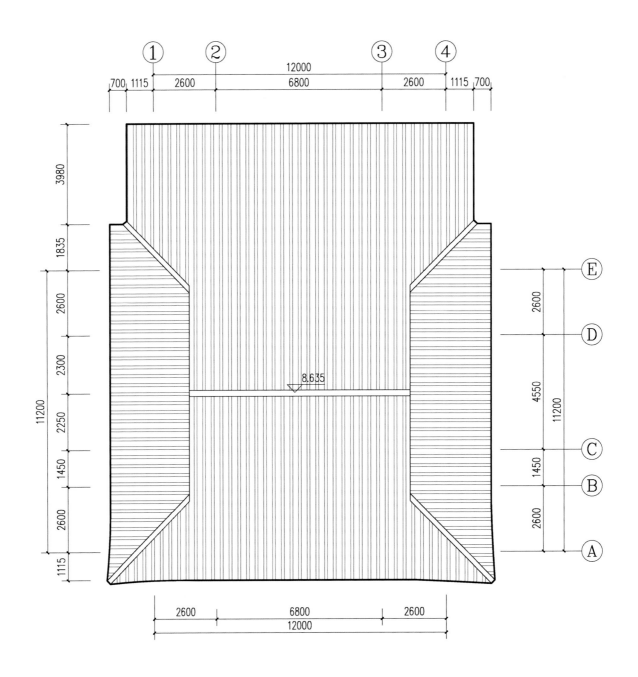

大殿屋顶平面图 1:150

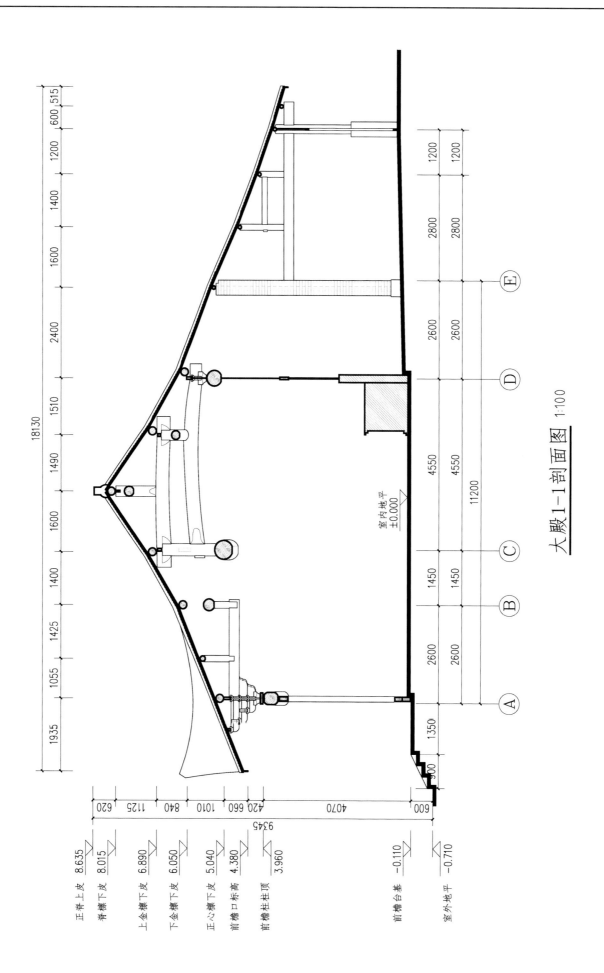

大殿 1—1 剖面图 1:100

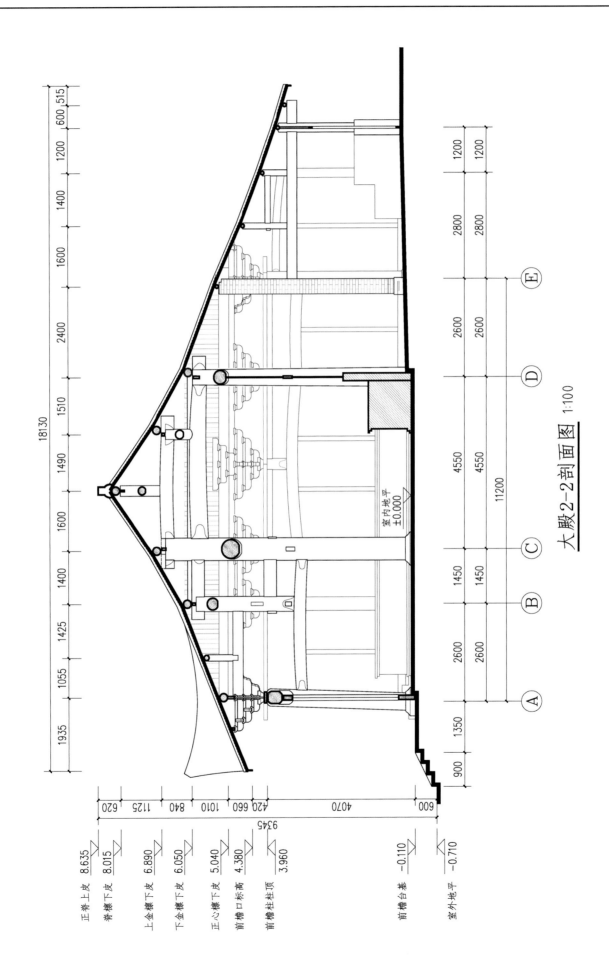

大殿2-2剖面图 1:100

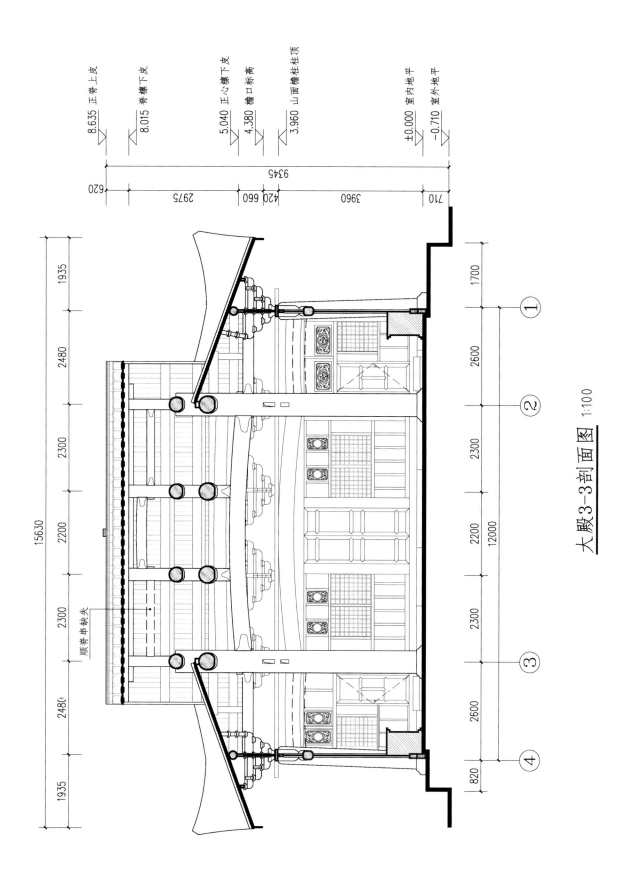

大殿3-3剖面图 1:100

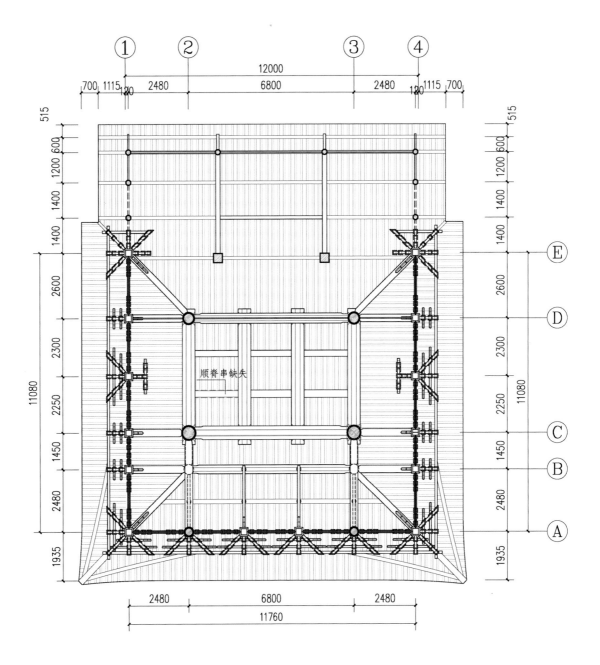

大殿梁架仰视图 1:150

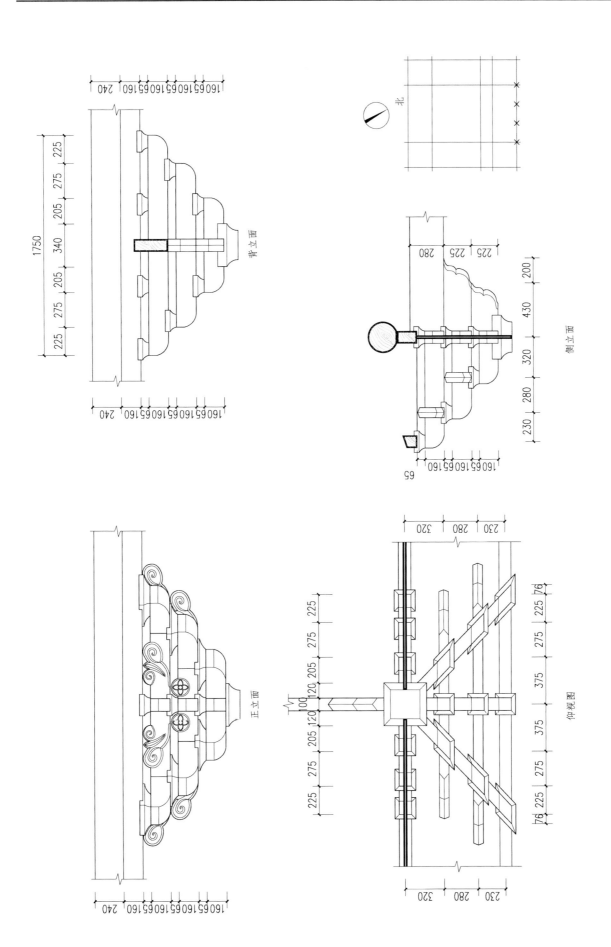

大殿前檐柱头、补间铺作 1:30

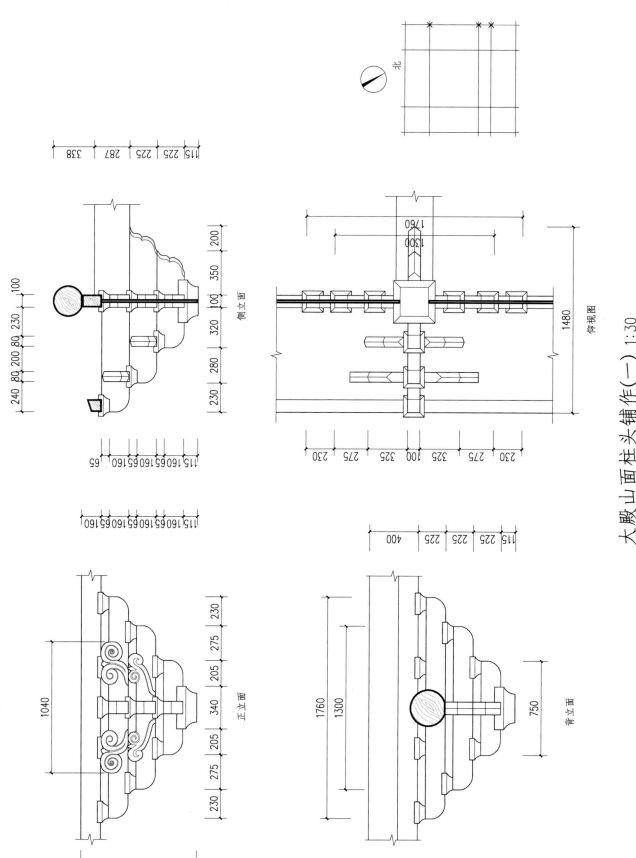

大殿山面柱头铺作（一）1：30

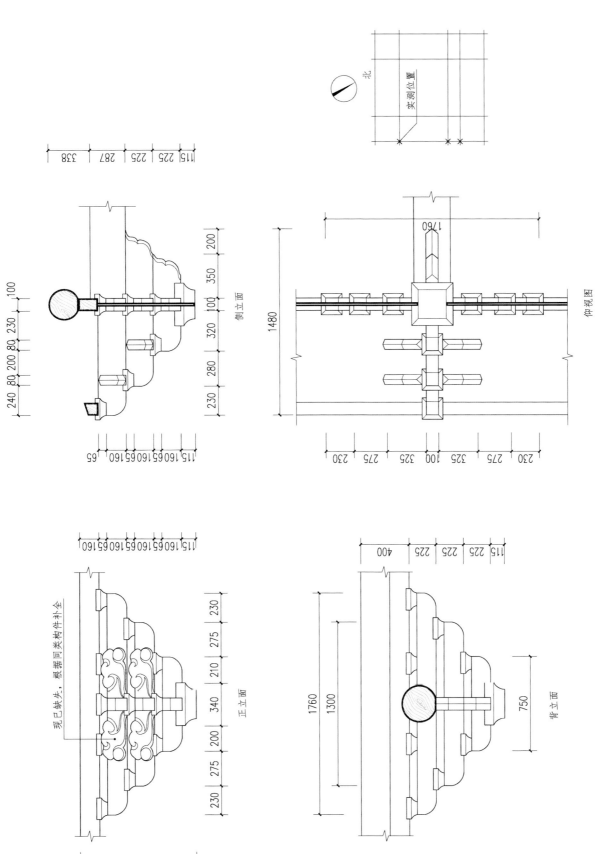

大殿山面柱头铺作（二）1:30

测立面

正立面

背立面

仰视图

现已缺失，根据同类构件补全

实测位置

北

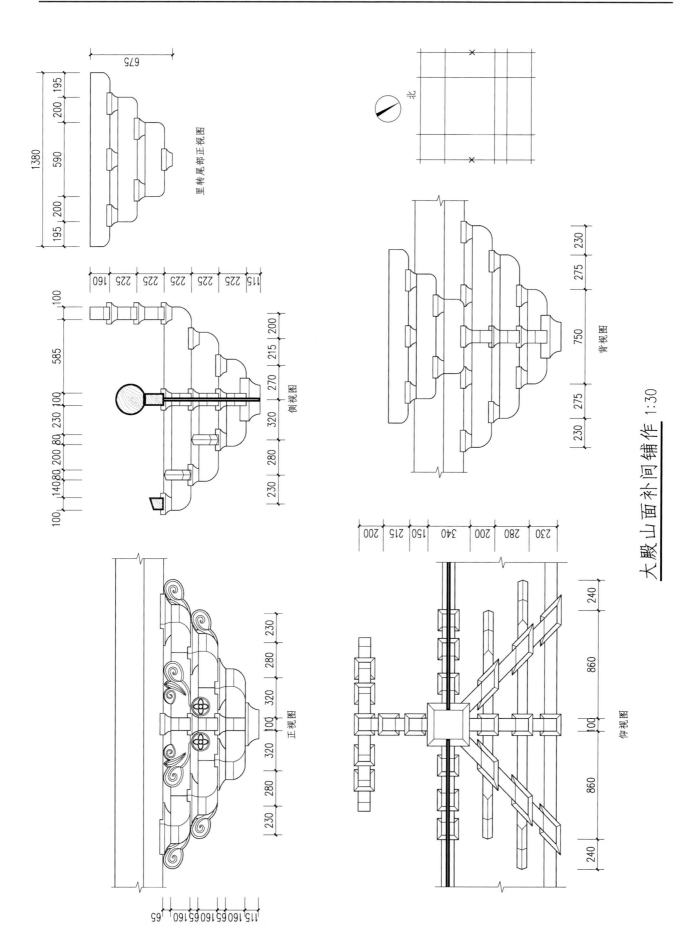

大殿山面补间铺作 1:30

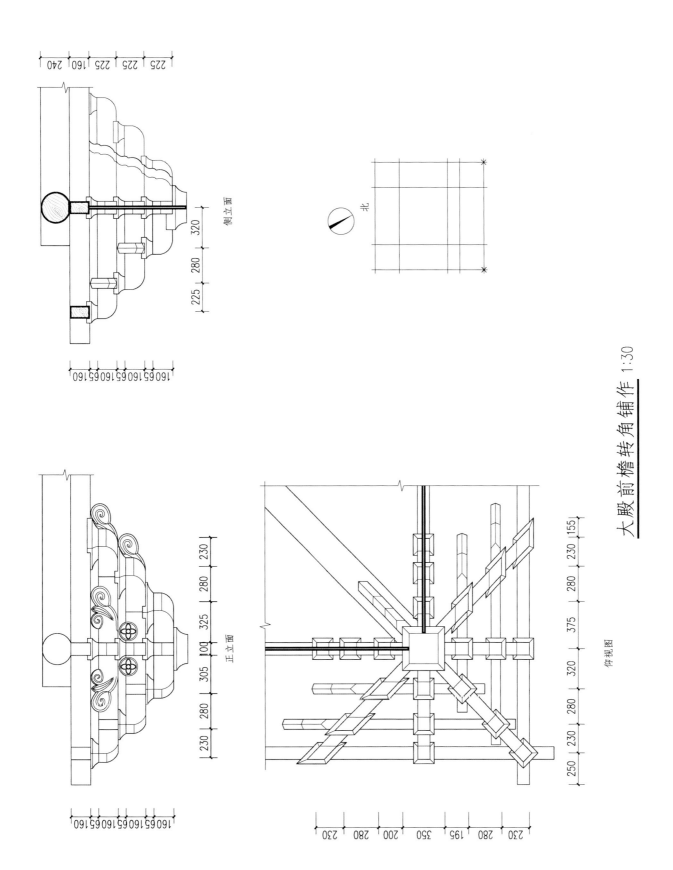

大殿前檐转角铺作 1:30

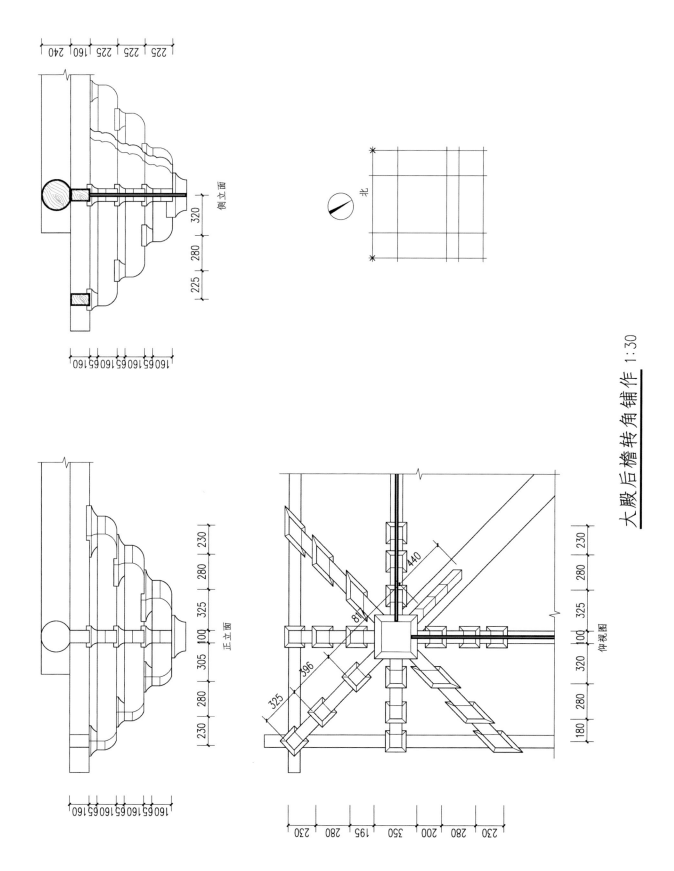

大殿后檐转角铺作 1:30

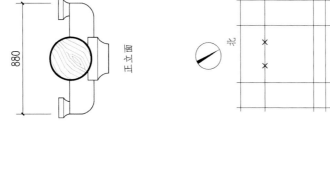

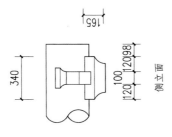

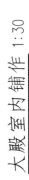

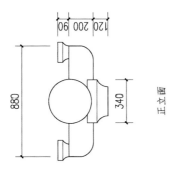

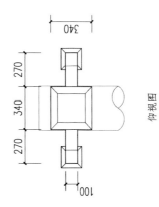

大殿室内铺作 1:30

浏览全景照片
请扫描以上二维码

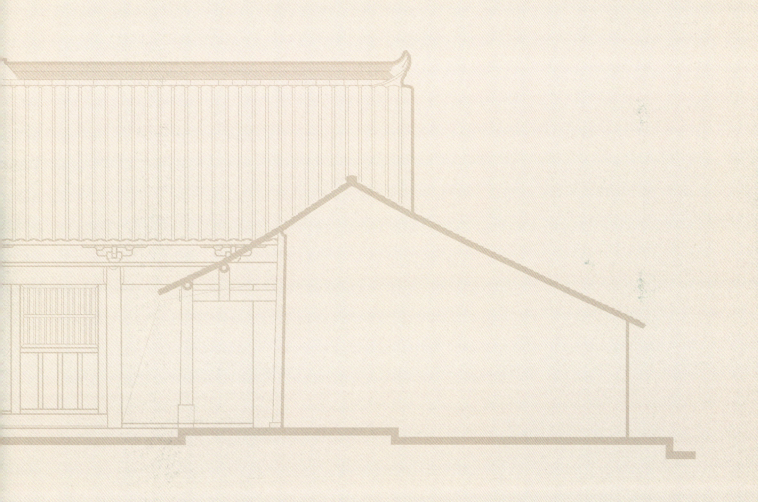

真相寺位于四川省南充市南部县三清乡真相村，寺院现有院落 1 组，古建筑 4 座，其中正殿始建于明代，2012 年该寺被公布为省级文物保护单位。成都文物考古研究院于 2018 年 3 月、2020 年 8 月对真相寺正殿进行了古建筑调查和数字化测绘，现将主要调查成果整理如下。

一　历史沿革及寺院布局

（一）历史沿革

真相寺位于南部县城以东约 45 公里处的真相寺村，现属三清乡（图 1）。今真相寺南侧 2.6 公里处有福德村，这里在清代是积上乡福德场所在地，同治《南部县舆图考》有福德场舆图，其上有"真厢寺"即位于福德场以北不远处（图 2）。据明代嘉靖《保宁府志》记载，南部县在明代分为 9 个乡[1]；到了清代，有 7 个乡沿用了原来的名称[2]，仁丰乡改称富义乡，积善乡拆分为积上乡和积下乡，由此回溯可知真相寺在明代属于南部县积善乡。

真相寺在清代地方志中无考，现存调查可及的墨书题记中也没有提到确切的创建时间。根据题记，只知该寺的正殿建于明代，是由江西客商与当地信众共同捐资修建的。清康熙六十年（1721 年），有来自湖北的信众捐资建立前厅。中华人民共和国成立以后，这里一直作为真相村小学校址，近几年小学从寺里搬迁，2012 年该寺被公布为省级文物保护单位，寺内现为村老年活动中心。

（二）寺院布局

真相寺位于真相村村北一片开阔的台地上，现总占地面积约 1050 平方米。寺院坐东南朝西北，朝向北偏西 33°（图 3）。寺院坐落在一片狭长的浅丘台地上，海拔由北向南逐渐升高，沿寺院东侧有村道向南通往真相村。其中最南和最北的两处建筑为现代新建，中间有一组院落为明清时期修建，院落前、后方各有一片空地，其上原本是否有建筑不得而知，空地现已作为操场和健身广场使用。院落由前厅、两厢、正殿围合而成，中部是天井（图 4）。

真相寺的前厅和厢房均为清代或近现代所建，穿斗式结构，建筑调查情况本文从略。正殿从建筑形制判断为明代建筑，详细报告如下。

---

[1] 明嘉靖二十二年《保宁府志》卷一"疆域"条，国家图书馆藏刻本，第 15 页。

[2] 清道光二十九年《南部县志》卷二"市镇"条，收入《中国地方志集成·四川府县志辑》第 57 册，巴蜀出版社，1992，第 387 页。

二 结构形制

（一）平面

现存正殿面阔三间，九檩用四柱，单檐悬山顶。根据现场调查和当地老人回忆，正殿原来是一座面阔五间的单檐歇山建筑。20世纪70年代办学校时拆除了原有的山面屋架，改建为面阔更大的耳房，屋面也做成了披檐（图6）。

正殿现有台基前、后、左侧边界较明确，右边界被扩建耳房的地面遮蔽，无法判断。台基正面外侧与两厢的台基相连，台基边缘砌有阶条石。明间室内地面铺石板，其中3块"品"字形排列的拜石边缘还有雕饰隐约可见。地面标高与台基基本一致；两次间室内现为水泥地面，据当地村民回忆，水泥之下还有原来的石板铺地。右次间室内高出台基约12厘米，和前檐柱之间的地栿石上皮同一高度；左次间室内地面比台基略高。

柱础石质，风化情况较为严重，原有形制不明确，现状似为方形柱础。以保存较好的右前角柱柱础为例，边长约0.53米，高出地面约6厘米。檐柱柱础之间有一圈地栿石作为拉结，选取保存较好的左山面的地栿石测量，高出地面约10厘米。

正殿平面呈长方形，通面阔16.16米，其中明间5.84、次间5.16米；通进深10.54米，其中前、后金柱间距5.30、檐步距2.62米。金柱直径

图1 真相寺位置示意图

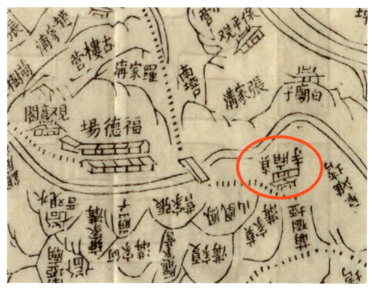

图2 福德场舆图局部（清同治八年《南部县舆图考》，第5图）

图3 真相寺地形图

图4　组群航拍图（上南下北）

370、檐柱直径320毫米。金柱在进深方向略有侧脚，柱头平均向内偏移了1.8%。前后檐柱进深方向侧脚较明显，柱头平均向内偏移了3.4%。在顺身方向，除左二缝的屋架外，另外三榀屋架都不同程度地向左整体倾斜，因此面阔方向的柱子侧脚不便测量，从三维点云的测量结果来看，即使柱子在面阔方向有侧脚，也应相当微弱（小于1%）（图5）。

正殿室内现在供奉的佛像均为近年新塑，明间供三世佛，左次间供千手观音，右次间供弥勒、达摩祖师等像。

（二）梁架结构

正殿一共4榀屋架，每榀屋架结构均相同，为五架梁前后出双步梁用四柱。五架梁搭在两金柱柱头之上，上面依次是带角背的瓜柱、三架梁和脊瓜柱，下面有一根五架随梁拉结金柱。前双步梁的上方有带角背的瓜柱和步枋，下方在檐柱和金柱柱身之间还有穿插枋拉结。后双步梁的做法与前大致相同，也有穿插枋，只是后檐柱不做斗栱，双步梁搭在后檐柱上，出为挑枋，后檐柱柱头上纵向叠有正心枋，其上承檩（图7）。

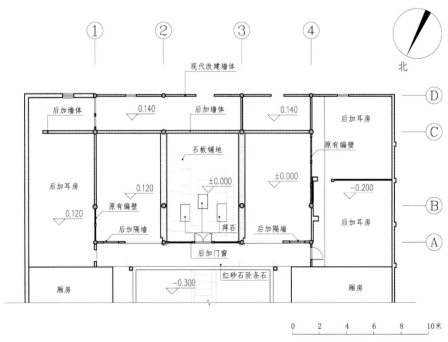

图5　正殿平面图

a. 正面

b. 背面

图 6　正殿外观

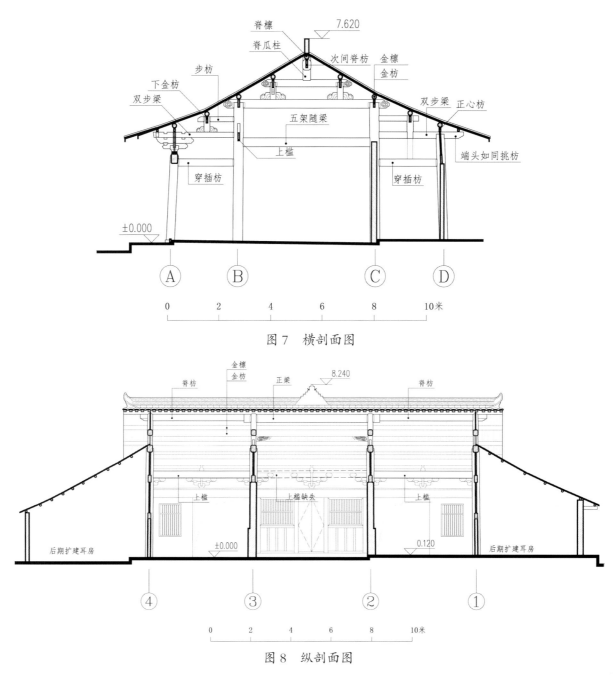

图 7　横剖面图

图 8　纵剖面图

　　前檐柱间用大额枋和平板枋拉结。4 根前金柱间均有一根较为粗大的上槛拉结，但明间的上槛已经缺失，只留下榫口。后檐柱间也均有上槛。明间脊檩之下有正梁，两次间有脊枋，脊枋山面出头承托脊檩，出头底角斜杀，与挑枋的砍杀做法比较像。室内各金柱、瓜柱之间在纵架方向均有金枋拉结。后檐正心檩之下有正心枋贯穿，正心枋直接压在双步梁出挑的挑枋之上。各檩条直接出际，出际部分长约 1.2 米（图 8）。

　　正殿因做过学校校舍，故墙体的增补改动较多。明间左、右缝的墙裙用砖进行过加厚，使得中间 4 根金柱下端几乎都被包裹在了墙内；左、右二缝的屋架仍保持了传统的编壁墙；4 根后金柱之间，已用砖墙封堵，后金柱至后檐柱的空间只能通过右侧的耳房进出。前檐部分，在左次间和右次间的大额枋下皮均发现了墨书题记，推测原来这里是前廊。前金柱之间的上槛下皮没有发现题记，推测这里应是最初安装门窗的位置，门窗早已缺失（图9）。左、右次间均在大额枋与地面之间砌了半堵墙，墙体遮住了部分题记（图10）。明间现有门窗位于大额枋之下，推测为近现代添加。

正殿在左、右第二缝屋架，前檐的栱眼壁，后檐的上槛以及五架梁和五架随梁之间都使用了编壁。右山面最顶上的编壁由于长期日晒雨淋，泥料已经全部缺失，露出了编壁里面的竹编骨架（图11）。

正殿现存屋面非明代原物，是经过后代翻修过的小青瓦屋面，简单朴素，正脊用叠瓦脊。

图9　左次间金柱间的上槛

a. 左次间后金柱间墙体

b. 左次间前檐后加墙体

图10　殿内砌筑墙体

a. 右山面残存编壁

b. 编壁中的竹编骨架

图11　右山面编壁

a.柱头科外拽

b.柱头科里拽

图 12　正殿柱头科

a.平身科外拽

b.平身科里拽

图 13　正殿平身科

（三）铺作

　　整个建筑仅前檐有斗栱，柱头科 4 攒，每间平身科 1 攒共 3 攒，斗栱总数 7 攒。

　　所有斗栱均采用足材栱，平均尺寸为足材广 195、材厚 120 毫米，足材广是材厚的 1.6 倍，用材大小约等于《营造法式》中的六等材。坐斗平均广 320、高 220 毫米，斗欹曲线为内凹的弧线。小斗平均广 180、高 95 毫米，斗欹曲线更接近于上曲下直。

　　柱头科和平身科做法相同之处有：扶壁栱均为足材三重栱，栱长次第增加，长度分别为 0.80、1.55、2.08 米；外拽和里拽原来均有瓜栱和万栱，但后期外拽瓜栱被锯掉，万栱和里拽瓜栱整根缺失，只剩下榫口；外拽厢栱做成三幅云的形式。两者做法不同之处有：柱头科外拽原为五踩重昂，但昂嘴均已被锯掉，里拽为足材重翘承双步梁（图 12）；平身科外拽为五踩重翘斗栱，二翘出头雕刻成麻叶头，里拽为足材重翘，其上有挑斡承宝瓶，再承瓜柱之间的下金枋。平身科的里拽除瓜栱和万栱整根缺失外，在挑斡上还留下了厢栱（或三幅云）的榫口，推测也因后期的人为破坏而缺失（图 13）。

（四）形制及营造细节

　　真相寺正殿所有五架梁和三架梁与柱子的交接方式采用抬梁式，即梁栿的上皮在柱头之上；肩部砍杀采用普通的斜杀，不带曲线。后檐双步梁出头形如挑枋，但与柱子的交接方式仍采用抬梁式。其他断面较大的额枋，例如前檐大额枋，肩部采用弧线形砍杀，细小一点的枋子如步枋，肩部只做一点斜杀。

五架梁和三架梁的端头做成麻叶头的形式，山面三架梁内侧雕麻叶头，外侧不再做雕饰。大额枋只剩明间和次间的，原梢间大额枋现已缺失，出头形制不明。前檐步枋和后檐双步梁的出头有斜杀。其他的一些细小挂枋则不出头（图14）。

正殿的所有柱子均不做柱头砍杀。

正殿仅在前檐配合大额枋使用了平板枋。矩形断面，没有内收或刻缝，接近后世普通平板枋的做法。与大额枋一样，梢间和山面的平板枋也已经缺失，出头形制同样不明（图15）。

a. 五架梁

b. 三架梁

c. 后檐双步梁

d. 步枋

图 14　梁柱交接形式

a. 明间大额枋和平板枋

b. 右二缝前檐柱右侧大额枋榫口及平板枋残端

图 15　大额枋和平板枋形制

a. 左二缝前檐柱左侧大额枋榫口　　　　　　　　b. 右二缝前金柱45°方向榫口

图 16　梢间残留榫口痕迹

　　前、后檐均有橑檐枋，矩形断面。前檐是在厢栱上承橑檐枋，枋上直接承椽。后檐双步梁出头，承托橑檐枋，然后再直接承椽。

（五）耳房

　　正殿两侧耳房据当地村民回忆是在20世纪70年代拆除原有的山面檐柱和角柱之后修建起来的。原有尽间面阔与前后檐步的进深相同，这样在转角处构成一个正方形。观察现存左、右侧第二缝的柱子，前檐柱外侧均有榫口，应是原安装尽间大额枋的位置。前后金柱在面朝角柱45°方向也都开有榫口，表明曾经有构件与角柱相连（图16）。以上痕迹均符合村民对正殿原貌的描述。

　　现有耳房在左、右两山之外各有一间，进深10.54米与正殿相同，左侧耳房面阔5.17米，右侧耳房面阔5.88米，尺度与正殿原有各间面阔较为接近。三合土地面，外侧墙体厚约0.4、高约2.9米，用条石和石块砌筑。小青瓦屋面，椽子从正殿左、右第二缝的五架梁开始往下斜搭，靠挑枋等简易木构架支撑起屋面。

三　题　记

　　正殿题记位于一些断面尺寸较大的木构件上（图17）。由于正殿的保存状况欠佳，构件的表面颜色暗沉发黑，只能借助红外摄影和三维扫描技术才能勉强记录下一些文字题记，现整理如下（图18）[3]。

（一）正殿题记

1. 正梁

　　　佛日僧辉，法轮常转……

2. 明间前下金枋

---

［3］题记录文中，"□"表缺一字，"……"表无法判断字数的缺字，"（ ）"表经
　　格式判断出的省略的姓名。

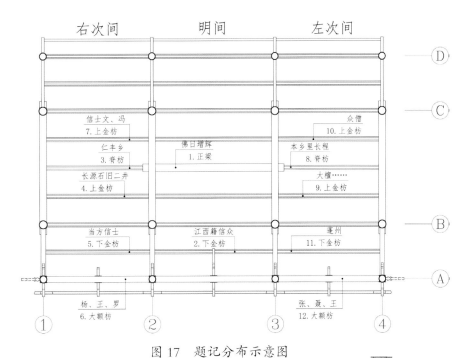

图 17　题记分布示意图

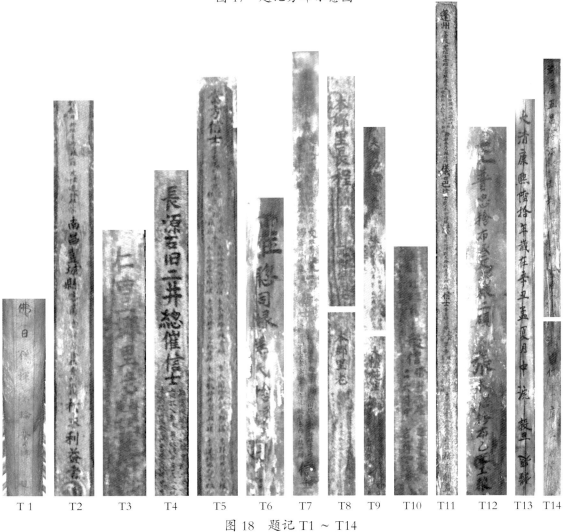

图 18　题记 T1 ~ T14

左起　江西瑞州高安县[4]俗亲信士张泰瑞、张□□同缘文氏七、男牛儿,同姐癸秀、圆秀、满秀,舍银壹两、工粮二硕。吉安庐陵县[5]信士孟常、同缘张氏二,女仙女、仙姑,男仙圣,舍银壹两,祈求利益者。

右起　江西临江府新淦县[6]客商……刘泰经、(刘泰)纪舍银壹两、工粮二硕;皮怀连舍银三钱;南昌丰城县[7]客商□舜岳舍银壹两伍钱,祈求利益者。

根据该题记,捐资人都来自于江西相邻的几个州县,署名"俗亲信士",或者"客商",所求皆为"利益",推测他们的身份都是江西商人,其中高安县张某被称作"俗亲",表明其家族中有人在真相寺出家为僧。

3. 右次间脊枋

左起　仁丰乡里老……

位于脊檩之下,下面有现代吊顶,故只能看见没有被吊顶遮挡的几个字。

4. 右次间前上金枋

左起　长源、石旧二井总催信士……

右起　当方信士……者。

5. 右次间前下金枋

左起　当方信士……李万□、(万)经、万□、(万)全舍布五疋、工粮二硕;李永禄舍布二疋、工粮二硕,永学舍布伍疋、工粮二硕;李永爵舍工粮壹硕,李万荣舍布二疋、工粮壹硕;李永兰舍布一疋、工粮一硕,李永敬舍布一疋、工粮一硕;李祥舍布一疋、工粮一硕,李通舍布一疋、工粮一硕;祝思谅舍布一疋、工粮四硕,祝思鉴舍布三疋、工粮二硕;陈仕珉舍布五疋、工粮二硕,(陈仕)忠舍布五疋、工粮二硕;郭尚纲、郭应祖、郭应隆、□□、应昌、应万共舍布拾柒疋、工粮陆硕者。

右起　当方信士……陈□原,男陈敬、(陈)聪舍布三疋、工……硕者。

6. 右次间大额枋

字迹位于大额枋下皮,非常模糊,大致能辨认出内容是一些捐资人姓名:

……杨志先同缘蔡氏舍银五钱、工粮……;罗聪同缘□氏舍银……;王……同缘杜氏三舍布伍疋、工粮□□……;……布二疋、工粮二硕;……;王志明舍……;李□明舍工粮一硕;……夏□□同缘□氏,男……;黄□□舍布□疋、工粮二硕……

7. 右次间后上金枋

捐资人姓名题记,名衔大写在首,人名分2列书写,只能拍摄到露出的部分,其余大部分被后添的现代吊顶遮挡。

[4]今江西省宜春市高安市,明清时期属瑞州府高安县。

[5]今江西省吉安市吉安县,明清时期属吉安府庐陵县。

[6]今江西省吉安市新干县,明清时期属临江府(府治在今江西省樟树市临江镇)新淦县。

[7]今江西省宜春市丰城市,明清时期属南昌府丰城县。

……舍银一两；文至忠同缘□氏舍银□两；冯庸同缘□氏舍银壹两；信士……同缘赵氏二舍银一两；侯钊同缘李氏大，男永通、（永）立、□琦、真通舍银三两、工粮二硕；信士……

8. 左次间脊枋

本乡[8]里长程……上同母柴氏……□家……□□如意者。本乡里老……者。

其后是小字并列书写的人名，字迹模糊。

9. 左次间前上金枋

左起　大檀功德主……

右起　大檀施主……

10. 左次间后上金枋

本山□代住持比丘能□权山能□院主……众僧修行有庆，进道无魔，二六时中，吉祥如意……

11. 左次间前下金枋

蓬州[9]善敬里信士……同缘……舍银□两、工粮五硕；仪邑[10]信士赵……舍银□两、工粮二硕；信士黄□□同缘……男黄……舍银叁两、工粮□□，祈求利益者……

12. 左次间大额枋

保存情况很差，前面的字迹无法辨认，中间是4列并排的人名，有张、聂、王等姓氏，能看到"王普忠舍布叁疋、工粮二硕"等字，最后能看到"各舍"二字，同样也是捐资人名题记。

以上正殿题记共12条，根据字迹和内容推测，这些题记应是创建时的同一批题记，但其中缺少纪年题记。题记3中提到了一处地名"仁丰乡"，是明代南部县下辖的九乡之一[11]，清代不再使用此乡名[12]，据此推断这批题记应当都是明代所题。题记的内容主要是信众的捐资、捐物和祈愿。信众包括本地信众、周边相邻乡县信众和来自江西的商人，且江西人的题记位于明间，当地信众的题记位于次间，可能和江西信众是寺院僧人俗亲的身份有关。

（二）前厅题记

1. 正梁

皇图巩固，帝道遐昌，佛日增辉，法轮常转。大清康熙六十年岁在辛丑，孟夏月中浣榖旦，谨题。

2. 瓜柱挂枋

湖广五昌府浦溪县[13]梓匠王文□、王宗先……王贵□……湘□儒学庠生杨景……

---

[8] 指明代南部县积善乡。

[9] 今蓬安县，与南部县相邻。

[10] 今仪陇县，与南部县相邻。

[11] 明嘉靖二十二年《保宁府志》卷一"疆域"条，国家图书馆藏刻本。

[12] 清道光二十九年《南部县志》卷二"市镇"条。

[13] 即清代武昌府蒲圻县，今湖北省咸宁市赤壁市。

这两处题记位于前厅，康熙六十年即 1721 年，可见真相寺在明清两代一直有来自长江中下游地区信众的捐资。

（三）碑刻

真相寺现址上，除了构件上的墨书题记，基本上没有留下其他古代的文字资料。现有一块县保标志碑，立于 1990 年；一块省保标志碑，立于 2007 年。

四　彩　画

整座建筑由于年久失修，加上使用不当，彩画的保存情况较差，肉眼已经无法辨认任何纹饰和色彩。借助具有红外摄影功能的三维激光扫描仪，发现了几处彩画如下。

右缝三架梁的外侧发现彩画，箍头部分只是用竖线勾勒了几笔，藻头和枋心的分界很模糊，为一些连续的卷草纹饰（图 19a）。

a. 三架梁彩画

b. 左次间平身科里拽及额枋彩画

c. 明间平身科里拽彩画

图 19　正殿彩画（红外摄影）

左次间大额枋内侧发现彩画，仅能辨认出局部有一些卷云纹饰（图 19b）。

在明间及左次间的平身科发现彩画，坐斗和栱的边缘有意用颜色勾勒了一下轮廓，里拽栱身和挑幹上有一些随意绘制的曲线纹饰，形如卷云（图 19c）。

五 结 语

真相寺地理位置较为偏远，毗邻的福德场也是南部县东边最远的一个场镇。该寺规制较为简陋，是一处并不起眼的乡村寺院。正殿虽经后世拆改，但保留下来的大木结构仍保持了明代的原貌。

真相寺正殿中，很多明代早、中期的形制特点已经消失，呈现出一些明代中期以后才有的形制，例如：扶壁用三重栱；柱头不做砍杀，梁栿也不再使用钟形砍杀。因此我们可以推断建筑的年代上限在明代中期。

与四川地区的清代建筑比较，真相寺正殿又保留了一些偏早的形制做法，其中最值得注意的是梁栿与柱头的交接关系。这座建筑的三架梁和五架梁，均按照下部开榫口的做法叠压在柱头之上，比清代直接穿过柱子的抬担式做法更早，尤其是后檐双步梁的出挑部分近似挑枋，虽然这里借用了清代的"挑枋"之名，但它们同样也是压在后檐柱头之上，而非贯穿柱子，因此真相寺正殿仍然是一座抬梁式结构的建筑。

综上，结合正殿题记中出现的明代地名，我们推测该建筑的年代区间在明代中期至后期。另外值得注意的是，真相寺虽然所处偏远，却有不少捐资人是来自江西地区的客商，这一现象从侧面反映了当时江西商人的商业活动对四川中北部地区的深度渗透。

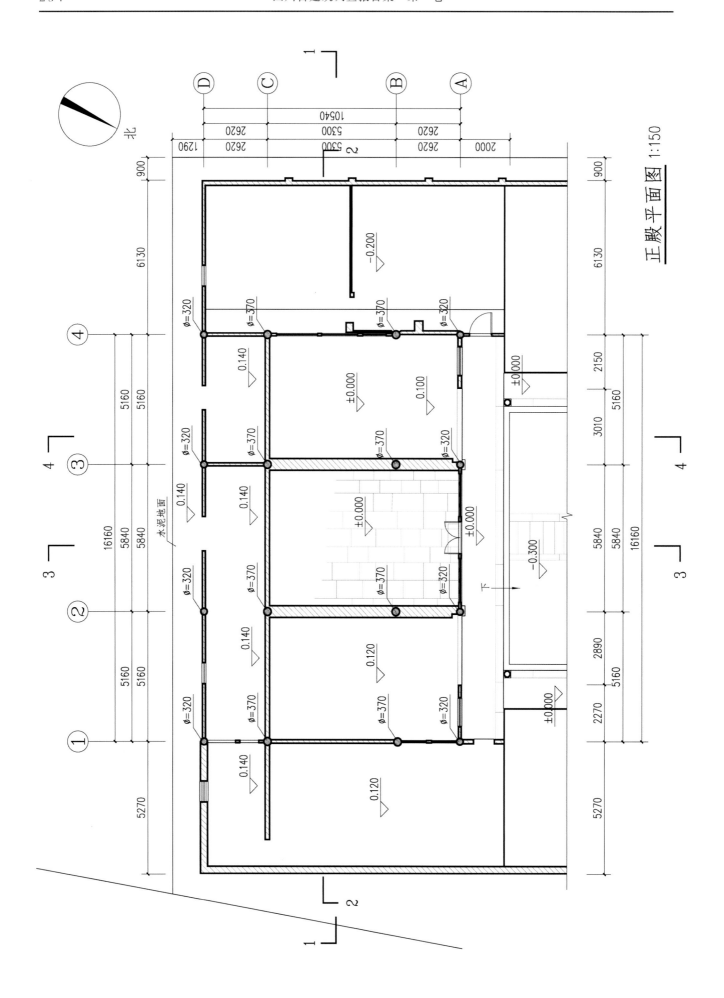

正殿平面图 1:150

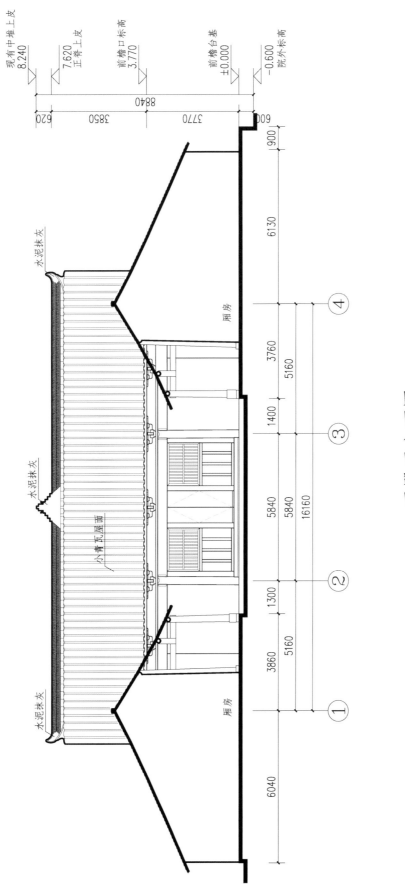

正殿正立面图 1:150

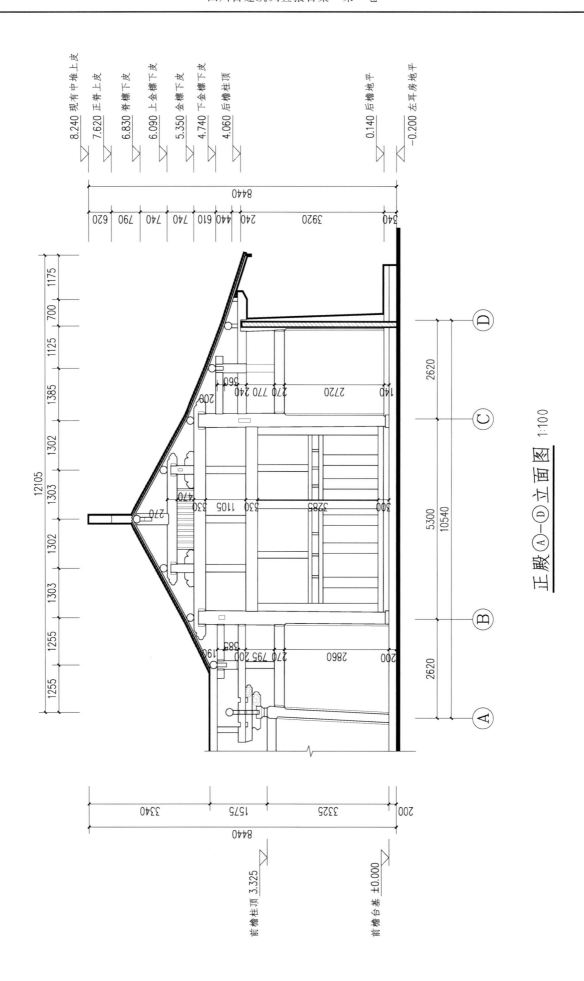

正殿 Ⓐ—Ⓓ 立面图 1:100

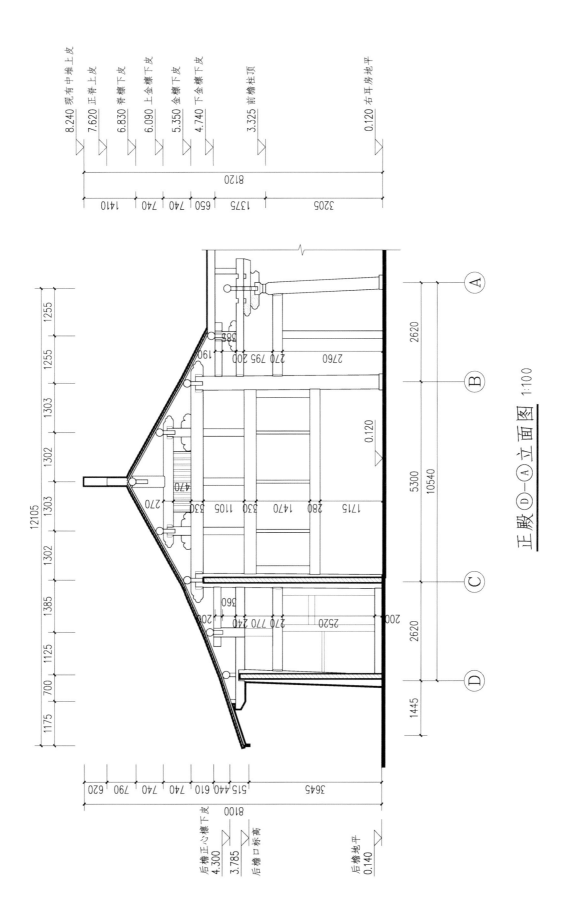

正殿 Ⓓ-Ⓐ 立面图 1:100

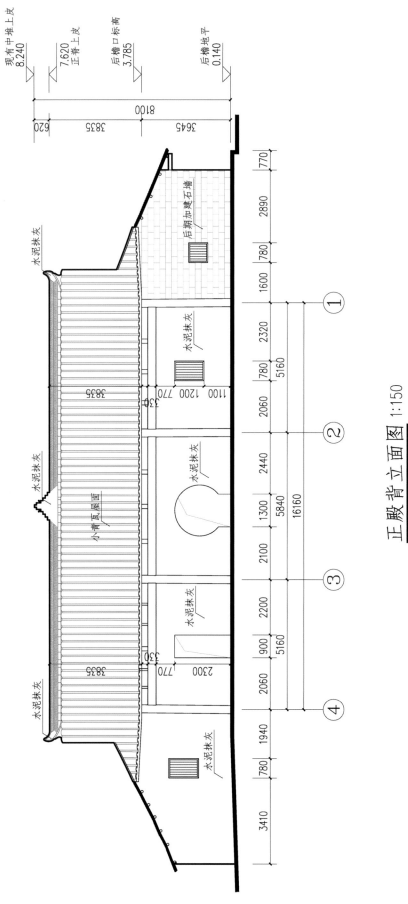

正殿背立面图 1:150

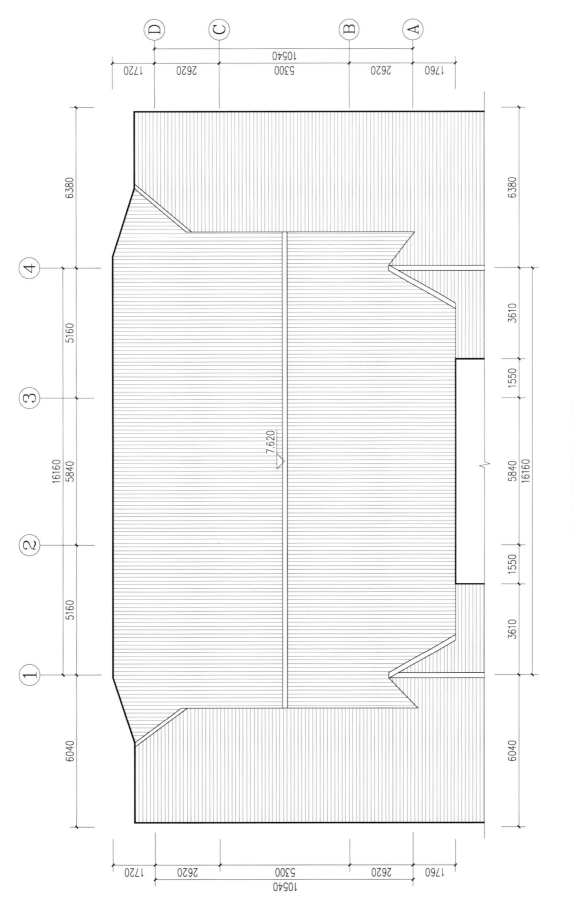

正殿屋顶平面图 1:150

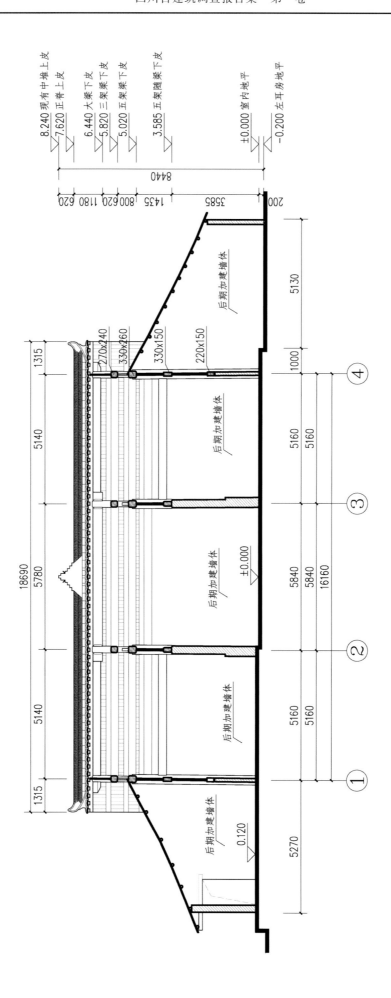

正殿1—1剖面图 1:150

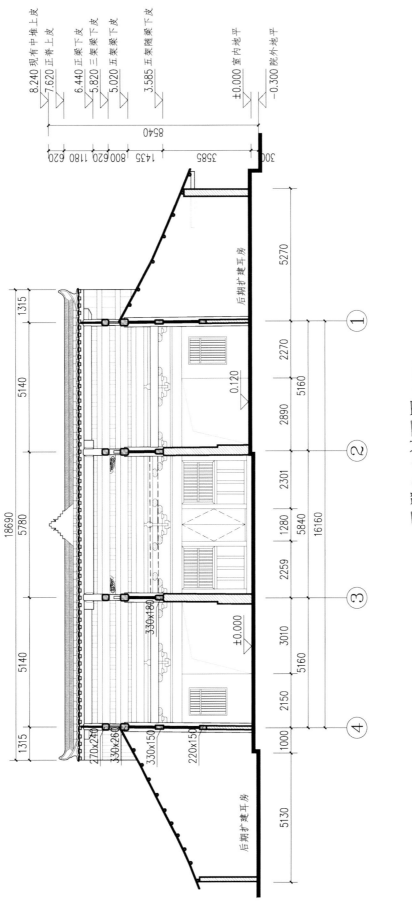

正殿2—2剖面图 1:150

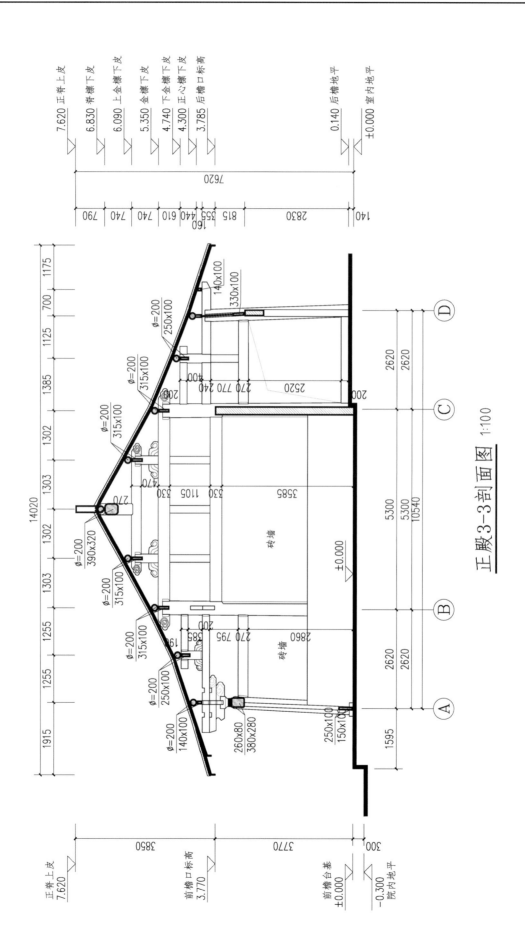

正殿3-3剖面图 1:100

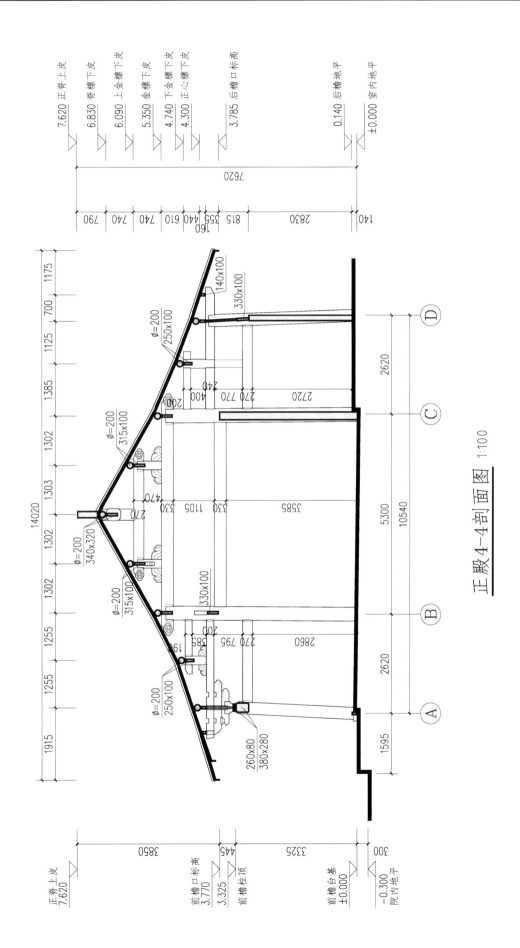

正殿4—4剖面图　1:100

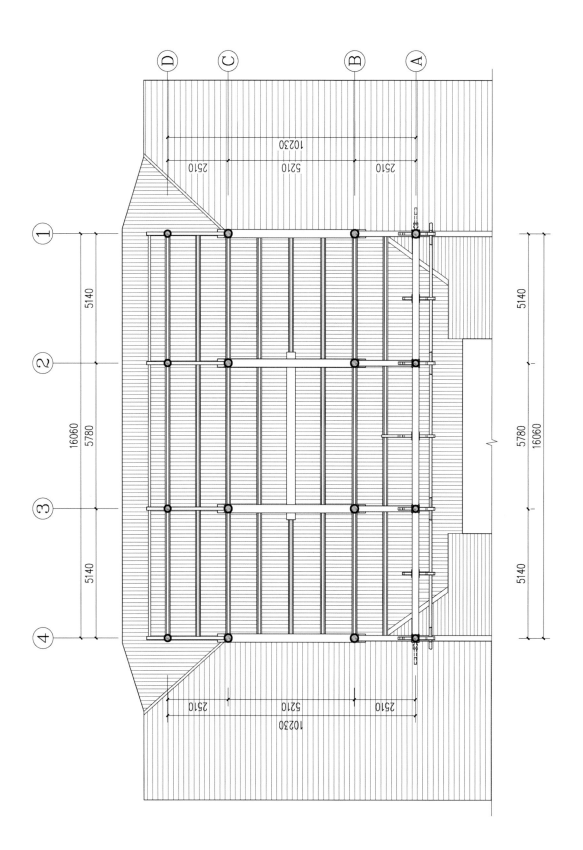

正殿梁架仰视图 1:150

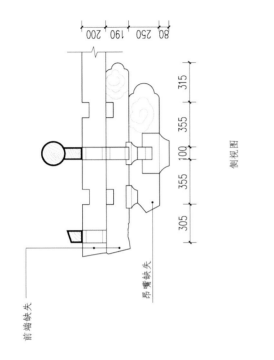

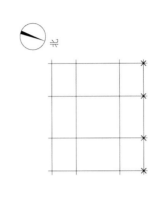

前端缺失

昂嘴缺失

侧视图

北

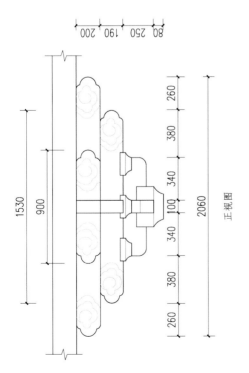

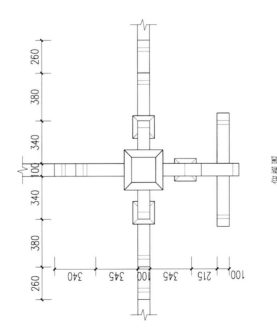

正视图

仰视图

正殿柱头科 1:30

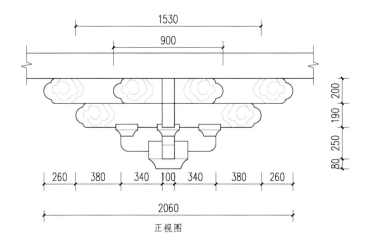

正视图

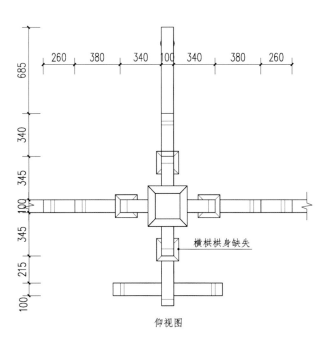

横栱栱身缺失

仰视图

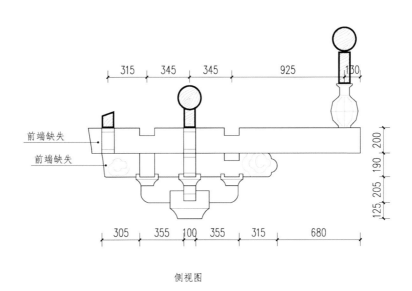

侧视图

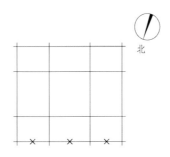

北

<u>正殿平身科</u> 1:30

浏览全景照片
请扫描以上二维码

平武豆叩寺

豆叩寺原名"豆口寺"，位于四川省绵阳市平武县豆叩镇上，现仅存大殿一座，为三间九檩单檐歇山式建筑，前檐施斗栱 5 攒。过去，因其斗栱尺度夸张，造型怪异，被认为是明代建筑。成都文物考古研究院于 2010 年 4 月和 2018 年 10 月，在大殿修缮前后，两次进行现场调查，采用三维激光扫描、红外摄影等技术对修缮后的大殿进行了调查和测绘，发现大殿具有川北地区典型的清代早期建筑特征，进而通过殿内保存的纪年题记、彩画和壁画，确认了此殿重建于清雍正十年（1732 年）。本文在描述建筑结构形制时，尽可能以修缮前的原状为准，并辨析修缮前后的差异，尺寸数据因修缮前未做测量，只能按修缮后数据描述。

一　地理区位及历史沿革

豆叩镇古名"豆口寺"，是清代平武县 58 处乡团之一，位于县城南约 75 公里，北临涪江支流清漪江（又称"平通河"）与徐塘河交汇口（图 1）。四川盆地内与平武县的交通，主要是从江油沿清漪江、涪江河谷而上，经平通、南坝至县城。县城向西可经小河通松潘，向南可经徐塘至豆叩。豆叩向西经大印可通往羌族聚居的白草地区，向东可经平通至江油（图 2）。豆叩镇是平武县境内的一处交通节点，过去建有铁索桥[1]。"豆口"之名应与其所处的河口位置有关，现今流传的因窦、寇两姓家族集资修建"窦寇寺"而得名的说法缺乏根据。

图 1　豆叩寺卫星影像图

明代前期，平武一带为龙州土司，由薛、李、王三姓土司世袭统治。这些土司原为南宋时期派驻的地方官，后因动乱，朝廷无力统治，便成了割据一方的世袭军阀。明代龙州是汉族与少数民族交界地带，西北有木瓜番、白马番，今豆叩镇一带则与西南的白草番邻近。成化年间，白草地区少数民族起义，州境南部的军事防御需要加强，朝廷遂于成化五年（1469 年），命龙州宣抚司副使李胤实分守州境南部，即今大印、豆叩、南坝等地[2]。嘉靖四十四年（1565 年），宣抚使薛兆乾因与副使李蓄产生矛盾，将其杀害，畏罪叛乱，被官军平定[3]。

[1] 清道光《龙安府志》卷二《津梁》，收入《中国地方志集成·四川府县志辑》第 14 册，巴蜀书社，1992，影印本，第 647 页。

[2] 《明宪宗实录》卷 66，台湾"中央研究院"历史语言研究所校印，1962，影印本，第 1332 页。

[3] 《明世宗实录》卷 545，第 8799 页；卷 558，第 8966 页。

后于嘉靖四十五年（1566 年）"改土设流"，改龙州宣抚司为龙安府[4]。万历十八年（1590 年）又置平武县[5]。

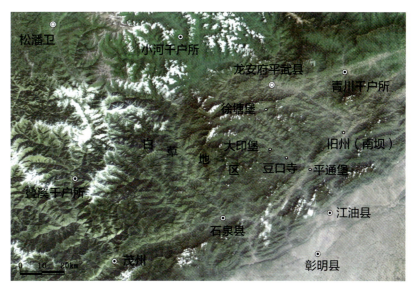

图 2　明代晚期豆口寺区位示意图

平武地区在明代除先后受土司和府县统辖外，军事方面还受到安绵兵备道管理，后者设立了许多关堡，其中平通堡、大印堡、徐塘堡都能与今天豆叩镇相邻的乡镇对应，每处关堡驻官军约 250 员[6]。豆叩镇西 11 公里的大印镇，在明代是龙州南路防备白草番的战略要地，屯有粮草，今豆叩镇一带则是在大印屏障下与州城及平原地区联系的交通要塞。

明末平武为张献忠部所据，清顺治三年(1646 年)收入清版图[7]，仍为龙安府平武县。三藩之乱时，平武为吴军所据，康熙十九年（1680 年）收复[8]。清代平武县山区仍以少数民族聚居为主，但大部分地区汉化程度已较高。县境内划分乡团 58 处，其中即有"豆口寺"。嘉庆五年（1800 年），白莲教起义流窜至平武，造成当地少数民族人口锐减，此后汉族移民大量涌入[9]。嘉庆七年（1802 年），在大印山分驻主簿，豆口寺分属大印。民国废府留县，1935 年红四方面军占领平武，短暂建立了县乡多处苏维埃政权。此后县境虽有多次调整，但未涉及豆口寺一带。不知何时，"豆口"已讹为"豆叩"，1949 年后一直为乡镇驻地，1992 年改豆叩乡为豆叩镇至今。

豆叩寺创建年代不详，原有山门、戏台等建筑，现仅存大殿，曾作为乡镇小学校舍使用。2007 年公布为四川省文物保护单位，公布年代为明代。2008 年"5·12"汶川大地震后，小学腾退。2010 年，大殿经修缮并保存至今。

[4]《明世宗实录》卷 566，嘉靖四十五年十二月壬辰。

[5]《明神宗实录》卷 222，万历十八年四月甲午。

[6]（明）刘大谟、杨慎等纂修《四川总志》卷十六《经略下·边备》，收入《北京图书馆古籍珍本丛刊》第 42 册，据嘉靖刊本影印，书目文献出版社，1996，第 318 页。

[7]（清）赵尔巽等撰《清史稿》卷 237，第 31 册，中华书局，1977，第 9477 页。

[8]（清）赵尔巽等撰《清史稿》卷 6，第 2 册，中华书局，1976，第 202 页。

[9]平武县县志编纂委员会编《平武县志》，四川科学技术出版社，1997，第 219 页。

图3　豆叩寺外部环境

图4　修缮前的豆叩寺大殿

图5　修缮后的豆叩寺大殿

二　结构形制

豆叩寺大殿位于豆叩镇上一座5.9米高的两重高台上，坐西南朝东北，面朝清漪江与徐塘河交汇的河口，背后是豆叩镇主街道（图3）。高台上砌低平的台基，修缮前为水泥抹面，修缮后改为石板铺砌。台基上建大殿，面阔三间12.2米，其中明间宽6.2、次间宽3米，明间约为次间的2倍多。进深九檩12.06米，通檩用四柱。柱身挺直，略带收分，柱头无卷杀，檐柱径38~40、金柱径约46厘米。因前檐施斗栱，其余柱施挑枋，故前檐柱较其他檐柱矮。前檐明间2个柱础为古镜式带雕饰，前檐角柱柱础为鼓墩式带雕饰，殿内前金柱柱础为素面古镜式，后金柱柱础为素面覆盆式，山面及后檐其余柱础为方形。

前檐柱高3.3米，修缮中重新调整了柱础标高，使角柱生起6厘米。柱间施额枋一道，断面呈圆形，至角出头截平，肩部做弧线卷杀。修缮前的前檐柱之间，明间开敞，柱脚未见下槛痕迹，额枋下未见上槛及抱框痕迹，次间为现代砖墙玻璃窗（图4）。修缮后，在前檐柱间增加了下槛、上槛、隔扇门窗、槛墙等（图5）。前檐柱头施平板枋，断面呈扁平斗形，分为2段，在明间当中搭掌相接。平板枋上施七踩斗栱5攒。

斗栱材厚10、足材广20、单材广15厘米。外拽出三昂，昂底部平出向上卷起，故用足材枋即可制作，昂嘴呈尖角状。自大斗心向两侧45°方向平出斜昂三跳，昂头抹斜。二昂头上用薄木板做卷草纹三幅云。三昂头上直接承挑檐檩。正心栱用4道横栱，栱头卷杀中间略起脊，其中第四层横栱减为单材，上承一道正心枋及正心檩。斗栱里拽平身科、柱头科、角科各有所区别。平身科仅明间1攒，里拽为翘头和斜翘三跳，卷杀与正心栱相同，第三跳斜翘头抹斜，上施里拽枋，再上压挑斡，挑至下金檩下（图6）。柱头科里拽斜翘与平身科相同，而正向翘头只出两跳，上压双步梁（图7）。角科里拽只出斜翘两跳，第二跳为实拍栱，上压斜双步梁（图8）。

a. 平身科外拽

b. 平身科里拽

图6　大殿前檐明间平身科

a. 柱头科外拽

b. 柱头科里拽

图7　大殿前檐柱头科

a. 角科外拽

b. 角科里拽

图8　大殿角科

后檐角柱也有生起。山面和后檐柱柱间施照面枋，断面圆形。后檐明间和山面中间的照面枋较两边的略高，当中立1根瓜柱。各柱头直接承托正心檩，檩下施挂枋。各柱出挑枋承挑檐檩，翘角挑下施撑弓。照面枋与挂枋之间用撑枋分隔做竹编壁（图9、10）。照面枋以下，修缮前为现代红砖墙和门窗，从墙体垮塌处，可见后檐明间照面枋下有6处榫口，将间广分为5份，右山后次间照面枋下有4处榫口，将间广分为3份（图11、12），说明原来装有抱柱枋、撑枋，采用木装板或竹

图9　大殿后檐

图11　后檐明间照面枋下榫口痕迹

图10　右后角承檐结构

图12　右山后进照面枋下榫口痕迹

图13　明间右缝梁架

图 14　五架梁与金柱节点

图 15　前檐柱与金柱间梁架

图 16　后檐柱与金柱间梁架

图 17　山花屋架

编壁，修缮后改为砖墙。

　　殿内用金柱 4 根，前、后金柱间施五架随梁和五架梁，肩部均做弧线卷杀。梁头节点是在金柱顶端开一字口，梁头做箍头榫，完全卡入金柱头，梁上皮基本与柱头平齐。五架梁上施 2 个柁墩，前、后柁墩都雕刻有花卉，但外形略有差异。柁墩上施大斗，上承三架梁，梁头承上金檩，下施挂枋。三架梁当中立脊瓜柱，两缝瓜柱间施正梁，柱头承脊檩（图 13、14）。

　　四面 8 根檐柱与金柱间用步枋拉结，12 根双步梁或挑枋的后尾也入金柱，双步梁或挑枋上立瓜柱，瓜柱与金柱间又有步枋拉结。大部分瓜柱底部为鹰嘴砍杀，只有后檐挑枋和翘角挑上的瓜柱为两面斜杀。前、后檐两排瓜柱间施檩挂，左、右山两列瓜柱上则做山花梁架（图 15、16）。

　　山花屋架是在山面挑枋上的 2 根瓜柱之间施五架随梁和五架梁，梁头也是用箍头榫完全卡入柱头内的做法，山面当中的挑枋后尾则做成挑斡抵至五架随梁下。五架梁上立 2 根瓜柱，三架梁头做直榫穿透瓜柱，其上再承脊瓜柱（图 17）。

　　前金柱轴线上，金柱间施照面枋一道，枋下有 4 处榫口痕迹，将间广分为 3 份（图 18），应为抱

图 18　前金柱间照面枋下榫口痕迹

图 19　前金柱与山柱间竹编壁

图 20　后金柱轴线梁架（红外影像）

柱枋和撑枋痕迹，表明大殿原门窗应在前金柱轴线上，而且照面枋和次间步枋的断面都加工成外侧鼓起、内侧平直，应是为了在内侧安装连楹等构件。金柱头直接承檩，檩下施挂枋。照面枋与檩挂之间用撑枋分 3 格做竹编壁。金柱与山柱间的步枋以上至椽子下也做竹编壁，并保存有壁画（图 19）。

后金柱轴线上，与前面基本相同。只是明间照面枋和次间步枋断面均为两侧圆弧，且照面枋下有多处榫口痕迹，表明后金柱间原有扇面墙。明间照面枋与檩挂间、次间穿插枋与挑枋间都有竹编壁（图 20）。

转角处，角梁后尾搭在斜双步梁上的瓜柱上。修缮前角梁前端已被截短，檐口平直，是否有仔角梁或大刀木并不清楚；修缮后设计为角梁上出仔角梁。翼角椽修缮前为平行布置，修缮后改为放射状布置。修缮前椽子全部为矩形断面；修缮后将檐椽改为圆形断面，且与矩形断面的花架椽相错排布，并增加方形断面的飞椽。屋面修缮前为冷摊小青瓦，叠瓦脊，山花屋架外钉山花板；修缮后在椽上增加望板，上铺筒瓦屋面，烧制脊，山花板改钉在檩条出际以外，并做卷云纹灰塑和方砖博缝（见图 4、5）。

三　题　记

殿内木构件上现存墨书题记 3 条。明间正梁下为颂词，从两端向中间分别写有"皇图巩固，帝道遐昌，佛日增辉，法轮常转"和"风调雨顺，国泰民安，五谷丰登，万民乐业"，中间画太极图（T1）。明间前上金挂枋下皮，从两端向中间分别写有"四川龙安府中宪大夫知府加三级纪录七次正堂张，文林郎知龙安府事平武县加

一级纪录三次正堂赵"和"龙飞雍正拾年岁次壬
子，暮春月望旦壬申之吉，重建古迹丛林豆口寺
禅林僧上瑞下光和尚、本域住持比丘僧权实谨题"
（T2）。明间前下金挂枋下皮，从两端向中间
分别写有"龙安府缙绅大竹县儒学正堂李仕棠、
庐州儒学正堂李仕荫、龙庠贡生张"和"发心修
建古迹常住豆口寺本境士民全缘众姓人等永沐天
休谨题"（T3）（图21）。

从题记可知，大殿重建于清雍正十年，上梁
日为农历三月十五日，即1732年4月9日。当
时寺名为"豆口寺"，而且是一处"古迹丛林"，
说明创建时间更早。其中龙安府"正堂张"应为
张育茳，山西贡生，康熙五十九年（1720年）
任知府；平武县"正堂赵"应为赵升朝，山西进士，
雍正五年（1727年）任知县[10]。龙安府缙绅李
仕棠和李仕荫均经平武县学岁贡出仕[11]，明代
李姓土司势力即在平武南部，此二人或许为其旁
系后代。"龙庠贡生张"名字不详，方志所载清
代龙安府学贡生虽有张姓者，但都是彰明县或江
油县人[12]。张姓是豆叩镇大姓，民国时有民谣"平
通的猪（朱）杀不得，豆叩的章（张）盖不得，
大印的羊（杨）牵不得，平驿铺的案子审（沈）
不得"云云。民国时期，张志均、张卓然兄弟是
当地首领，所有恶霸、地主、会道门头目均听其
指挥[13]，题记中的贡生张某或许为此家族的先人。

[10] 清道光《龙安府志》卷六《职官志》，第832、836页。

[11] 同上，卷七《选举志》，第879页，"仕"作"世"。

[12] 同上，卷七《选举志》，第876~878页。

[13] 平武县县志编纂委员会编《平武志》，四川科学技术出版社，
1997，第877、944~946页。

T1　　T2　　　　T3

图21　题记

四　彩　画

　　大殿原前廊部位的柱、梁、枋、檩、斗栱等构件残留有彩画，但色彩已不明显，修缮后只能通过红外摄影看到墨线轮廓。彩画不施地仗，直接绘制在木构件表面。

　　柱子彩画现存于金柱、山柱和瓜柱上。前金柱上半部绘连环锁子纹，前山柱仅柱头残存少量彩画，下半部都已被后期油漆涂刷。前檐双步梁上的瓜柱绘锁子纹，柱脚鹰嘴砍杀处绘如意头（图22、23）。

图22　前廊右缝彩画（红外影像）

图23　左前金柱彩画

图24　前檐左次间额枋、正心檩、斗栱等彩画（红外影像）

梁枋彩画分布于平板枋、额枋、双步梁、随梁、斜梁、步枋、挑枋、挂枋、撑枋等构件（图24、25），构图由箍头、藻头、枋心或藻头、枋心组成。其藻头纹饰与山西地区清代的"一绿细画"彩画中的"草片花"有些相似（图26），草片花通常以半圆形花为基本单元，外围称"花边"，中心称"花心"，之间则有多达三至七圈花瓣[14]。这种藻头也见于甘青地区古建筑，如兰州五泉山古建筑群等（图27）[15]。具体到豆叩寺，为半圆形的草片花和两破如意头的组合，可分为一整两破、两整两破、两整四破等形式。如前廊双步随梁彩画，箍头盒子内纹样已不清楚，藻头为一整两破，枋心类似苏式彩画，中间为扇面，两边有花卉和聚锦（图28）。双步梁彩画，藻头为两整四破，枋心在瓜柱正下方画花朵（图29）。瓜柱与金柱间的步枋彩画，藻头为两整两破，枋心满画锁子纹（见图22）。

檩条彩画分布于前廊正心檩、下金檩、中金檩，大部分绘卷云纹，而山面正心檩与山柱相交的端头

图25 左前次间斜梁、挑枋、撑枋、正心檩、正心枋等彩画（红外影像）

图26 山西"一绿细画"彩画的构图与名称（图片来源：注释[14]）

图27 兰州五泉山嘛尼寺观音殿彩画（图片来源：注释[15]）

图28 前廊左缝双步随梁彩画

图29 前廊右缝双步梁彩画

［14］张昕：《山西风土建筑彩画研究》，博士学位论文，同济大学建筑系，2007，第77~79页。

［15］公雅妮、陈华：《河湟地区古建筑彩画研究——以兰州五泉山古建筑群地方彩画为例》，《福建建筑》2018年第8期。

a. 斗栱外拽彩画　　　　　　　　　　　　　　b. 斗栱里拽彩画

图 30　前檐斗栱彩画

则画有藻头（见图 25）。

　　前檐斗栱内外遍施彩画，较清楚的有大斗正面绘莲花，昂身、栱身绘卷云、卷草等（图 30）。

　　豆叩寺大殿的彩画集中分布于原前廊空间内，与整个建筑重视前檐视觉效果的理念是一致的。其彩画构图是曾在较广的地域范围内使用的地方风格，纹样采用常见的传统纹饰组合而成，未见重绘痕迹，应是雍正十年（1732 年）重建时的原物，是四川地区清代早期建筑彩画的珍贵实例。豆叩寺的彩画在修缮前后变化较明显，肉眼已几乎不可见，较为可惜。

五　壁　画

　　大殿原前廊位置两次间的编壁上保存有壁画 12 铺，编为 1~12 号（图 31），其中有 8 铺为西游记故事壁画，现分述如下。

　　1 号画面左上方云端之上为李天王托塔持剑，太上老君抛出金刚琢。右侧上方云端之上为哪吒、二郎神、雷公各执兵器向前。右侧下方为高出云表的山崖，画面中央孙悟空从崖旁坠下。整幅图描绘的是大闹天宫中孙悟空被击落的一幕（图 32）。

　　2 号画面左侧唐僧双手合十与猪八戒立在山石间，沙僧伏在岩上张望。右侧一女子向唐僧行礼，身前摆放着食器，脑后引出一道气，内画蝎子，表示女子为蝎子幻化。中间孙悟空食指放在口中，似在尝食。今本《西游记》中蝎子精无此情节，可能是套用三打白骨精的故事，描绘女妖化人形献食，被悟空识破的场景（图 33）。

　　3 号画面右侧赛太岁手持紫金铃放出火、沙、烟，身后一群小妖鼓号助威，左侧孙悟空败逃而走，描绘的是悟空初盗紫金铃不成的场景（图 34）。

　　4、5、7、8 号壁面狭小，只绘花草。

　　6 号画面右侧下部为两座殿堂建筑的屋顶，上方为一着戎装弓鞋女子腾云执兵器，头上引出一道气，

图31 壁画分布示意图

图32 1号壁画

内画兔子,表示女子为兔精。画面左侧孙悟空挥棒追赶,猪八戒在后张望。整幅描绘的是天竺国擒玉兔精的场景,但今本《西游记》中并无八戒在场。右下的殿宇可能是指月上广寒宫,八戒在场可能与其曾调戏月宫嫦娥的故事有关(图35)。

9号画面右侧水中浮一大鼋,背上驮着唐僧师徒一行。左侧岸边立一老汉、跪一童子,向唐僧师徒行礼。整幅画面描绘的是通天河收服灵感大王后,陈老汉与唐僧一行告别的场景(图36)。

图33 2号壁画

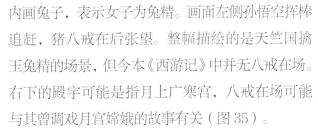

图34 3号壁画

图35 6号壁画

图36 9号壁画

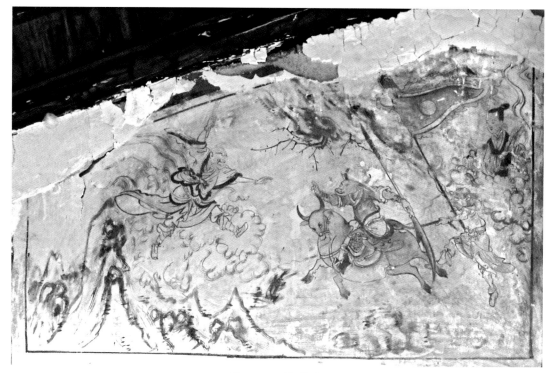

图 37 10号壁画

图 38 11号壁画

图 39 12号壁画

10号画面左侧孙悟空腾云举棒而来。右侧牛魔王舞大刀骑牛向前,身后一小妖左手拽牛尾,右手举大旗,后面云中铁扇公主执芭蕉扇。整幅画面描绘的是三借芭蕉扇中的场景(图37)。

11号画面左上一老虎驮着唐僧腾云而去。左下山石上留下虎皮,猪八戒挥耙打去,孙悟空伸手望向虎精。右边沙僧牵着马从林中走出。整幅画面描绘的是黄风岭虎先锋劫走唐僧的场景(图38)。

12号壁画仅存右半部,绘云中有一高台,台上立有两名武将,可能是天宫上的神将,具体题材不详（图39）。

　　西游记题材的图像在很多地方都有发现，已有研究较多的甘肃地区现存西夏至清代西游记壁画十余处，其中清代壁画受明代晚期刊刻的《李卓吾先生批评西游记》插图影响很深。四川地区则在蓬溪宝梵寺、德阳宝峰寺、平武阔达回龙寺等处发现有西游记题材壁画，但没有经过系统的记录和整理。豆叩寺这组西游记故事壁画与流传甚广的李评本插图相比，以孙悟空为绝对主角的意识很强。如大闹天宫孙悟空被擒的场景，在李评本插图中，突出了二郎神与哮天犬擒住悟空的瞬间，而豆叩寺1号壁画的二郎神与哪吒、雷神混在一起，突出了悟空即将被擒之前逃窜坠落的瞬间。黄风岭唐僧被劫走的场景，李评本插图是悟空、八戒一齐打向虎皮，而豆叩寺11号壁画中只有八戒打向虎皮，悟空则望向空中的虎精，已经发现自己中了计。女妖献食的场景，李评本插图中根本没有悟空出场，豆叩寺2号壁画则将悟空置于画面中央，并将唐僧护在身后。渡过通天河的场景，李评

图40　李评本《西游记》插图（图片来源：注释［16］）

本插图表现的是众人拜谢观音菩萨，而豆叩寺壁画表现的则是陈老汉一家拜谢唐僧师徒，且将悟空绘制在最靠近陈老汉的地方，并作回礼（图40）[16]。此外，右次间正面的6、9、10号三幅壁画中，孙悟空所持兵器为一头粗一头细的棒子，其余则为两头一样粗的短棍，这可能表明壁画是由不同的画师绘制。

　　壁画的排布顺序似乎是按照《西游记》小说的情节发展从两边向中间一左一右交替布置的。左山面1号大闹天宫被擒在《西游记》第六回，对称的右山面11号黄风岭在第二十回；左次间2号如果当作三打白骨精则在第二十七回，对称的右次间9号通天河在第四十九回；左次间2号上方缺失一块，对称的右次间10号牛魔王在第六十回；左次间3号紫金铃在第七十回，对称的右次间6号玉兔精在第九十五回。根据这一规律，可以推测1号壁画旁缺失的一块可能是第一回石猴出世至第三回龙宫取宝的某个场景，右山面残缺的12号壁画可能是第四回天宫上官封弼马温至第五回蟠桃会的场景，2号壁画上方缺失的可能是第五十回青牛精至第五十八回真假猴王的

［16］明佚名撰、托李赞评《李卓吾先生批评西游记》第一册，日本内阁文库藏明代刊本。

场景，明间的3块编壁则可能画有第九十八、九十九回面见如来取得真经的西天净土场景。如此，从两山面孙悟空的顽劣不化，到两次间的师徒经历磨难修行，再到明间的修成正果，将包含佛教教义的通俗故事与佛殿的宗教空间结合起来，体现出颇具匠心的设计。

六　建筑年代及原状

平武豆叩寺大殿有明确的纪年题记——重建于清雍正十年（1732年），主体结构大部分没有经过后期改造，能够作为川北地区清代早期建筑形制的标尺。但是，过去一直将其误认为明代建筑，这里有必要对川北地区清代早期建筑的主要特征稍作说明。

川北地区年代明确、后期改动较少，可以作为清代早期建筑标尺的建筑还有：建于顺治十年（1653年）的南部县报恩寺大殿、建于康熙二十九年（1690年）的盐亭陈家庵、约建于康熙四十七年（1708年）至康熙五十年（1711年）的剑阁香沉寺前殿、建于康熙五十五年（1716年）的盐亭文星庙桂香殿和剑阁金仙文庙前殿，以及建于雍正十三年（1735年）的江油云岩寺大雄殿等。

这些清代早期建筑的一个显著特征是其梁柱交接节点的做法。如五架梁与金柱节点，从顺治年间开始的所有实例，都是五架梁头整个做箍头榫，完全卡入柱头的一字口，梁上皮与柱头齐平或略低于柱头，柱头承檩。三架梁节点则有两种做法，一种是用带雕饰的柁墩加大斗来承托，如豆叩寺、香沉寺前殿、盐亭文星庙等；一种是用瓜柱承托，与五架梁同样做箍头榫完全卡入柱头，如南部报恩寺、盐亭陈家庵、金仙文庙前殿、江油云岩寺大雄殿等。而同地区的明代建筑不论五架梁或三架梁，其普遍做法是仅在梁头下半部做箍头榫，卡入柱头的一字口，因此梁的一半高出柱头，梁头承檩（图41）。

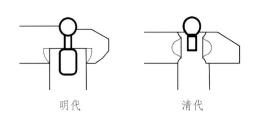

明代　　　　　　清代

图 41　四川明清梁柱节点对比

其中，平武豆叩寺、南部报恩寺、盐亭文星庙和江油云岩寺大雄殿使用了斗栱，做法相近，如斗栱大多只布置于前檐，从第一跳开始自大斗出斜栱；大部分偷心，三幅云用材比栱薄，类似《营造法原》中的枫栱；栱头卷杀角度较僵直，并采用雕刻、起脊、刻瓣装饰等。而明代建筑中斗栱"前繁后简"者是从前檐至山面第二根柱上柱头科用较复杂的斗栱，即使出斜栱也会逐跳计心，三幅云与栱材厚相同，栱头卷杀有曲率变化。

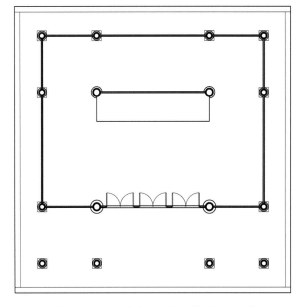

图 42　豆叩寺大殿平面复原示意图

　　当然，各种形制特点并不一定都是截然以明清朝代的更替为时间点而突然消失或出现，但四川清代早期（顺治至雍正时期）的建筑风格大体如此。

　　通过调查还可以部分还原豆叩寺大殿清代重建时的原状。首先平面布置方面，建筑前部原为敞廊，门窗在前金柱轴线上，室内在后金柱之间原有扇面墙，墙前方供奉主尊。其次墙体结构方面，山面、后檐、扇面墙的原状都应以竹编壁为主（图42）。豆叩寺大殿屋面、翼角的原状已不可考。川北地区翼角结构保存完好的清代早期建筑数量不多。如盐亭文星庙桂香殿翼角椽下层为放射状排布、上层为平行排布；阆中观音寺天王殿椽、飞均为矩形断面放射状排布；巴巴寺墓殿翼角椽为圆形断面、飞子为方形断面，均为放射状排布。豆叩寺修缮后的现状接近阆中巴巴寺墓殿的做法。

七　结　语

　　平武豆叩寺大殿建于清雍正十年（1732年），是川北地区一处纪年明确、主体结构保存较完好的清代早期木构建筑，体现了四川清代早期建筑的典型形制特征，如前檐用斗栱承檐，山面和后檐用挑枋承檐，梁柱交接采用抬担式结构，梁上皮与柱头基本齐平，五架梁上用柁墩和大斗承三架梁等。通过遗痕可判断大殿前部原为敞廊，前廊是整座建筑装饰的重点，廊柱的柱础带有雕饰，柱上施繁复的斗栱，廊内还绘有丰富的建筑彩画和西游记故事壁画。彩画的构图和纹样具有地方特色，为研究四川地方彩画提供了新材料。西游记故事壁画绘制精美，场景的选择和构图抓住了故事的戏剧性，人物线条流畅、表情传神、极具动态，小妖等配角和山石草木等配景也很好地衬托了故事的环境氛围，是清代民间壁画的精品。

　　平武豆叩寺所在地区在明清时期是汉族与白草地区少数民族交界地带，这里的历史是中华民族在西南边陲融合发展的一个缩影。明初以土司为边疆地区的缓冲，并设立卫所施行军事化管理，大量汉地军士及其家属在这里定居，带来了汉地的文化。受到汉化影响的当地原住民被称为“熟番”；而更边远地区未接触汉文化的族群被称为“生番”，众多军将、官僚们视其为蛮夷，对他们持敌对态度，是意欲赶尽杀绝的。只有明宣宗态度比较开明，认为“天生此类，其性固殊。为人君者但抚谕之，使不为盗，在此者不罹其毒，在彼者亦得安生，此朕之心也”，承认文化差异，也知道两者都要生存，因此以安抚为主。然而这种政策并没有持续，矛盾最终还是激化为战争，朝廷通过数次武力征服，最终在万历七年（1579年）使白草地区的少数民族成为明朝的编户子民。

　　豆叩寺清初重建时被称为“古迹丛林”，表明此地在明代已有佛教建筑。明代豆叩寺为土司辖区，又有官军驻守，汉式佛寺的存在说明汉族地区的宗教信仰、营造技艺在当地扎根，汉文化在当地已产生深刻的影响。“豆叩寺”之名成为其所在场镇的名称，说明该寺是当地最具标志性、最重要的公共建筑。清雍正十年（1732年）的重建，是在平定“三藩之乱”50年后，四川各地社会经济已经过较长时间的恢复。这次重建标志着当地社会已经基本安定，社会凝聚力重新形成，当地士绅民众有条件完成这样的营建工程。

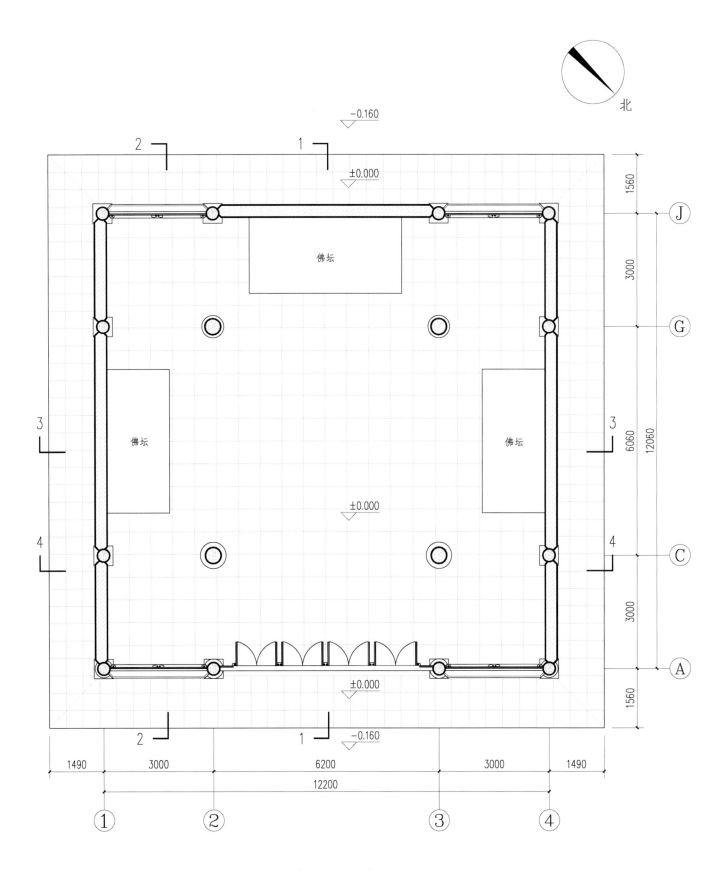

北

−0.160

±0.000

佛坛

佛坛

佛坛

±0.000

±0.000

−0.160

1560

3000

6060

12060

3000

1560

J

G

C

A

1490　3000　6200　3000　1490

12200

① ② ③ ④

大殿平面图 1:100

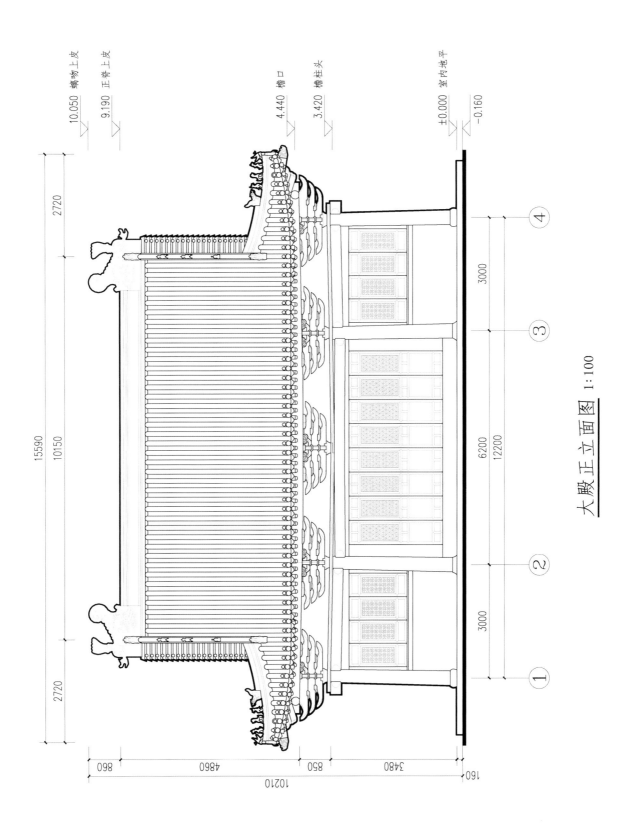

大殿正立面图 1:100

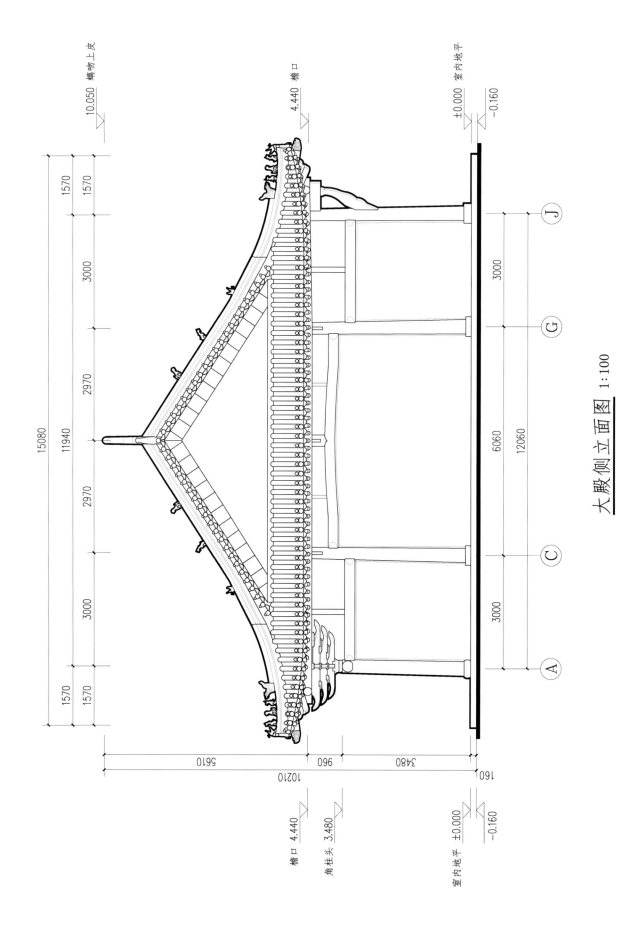

大殿侧立面图 1:100

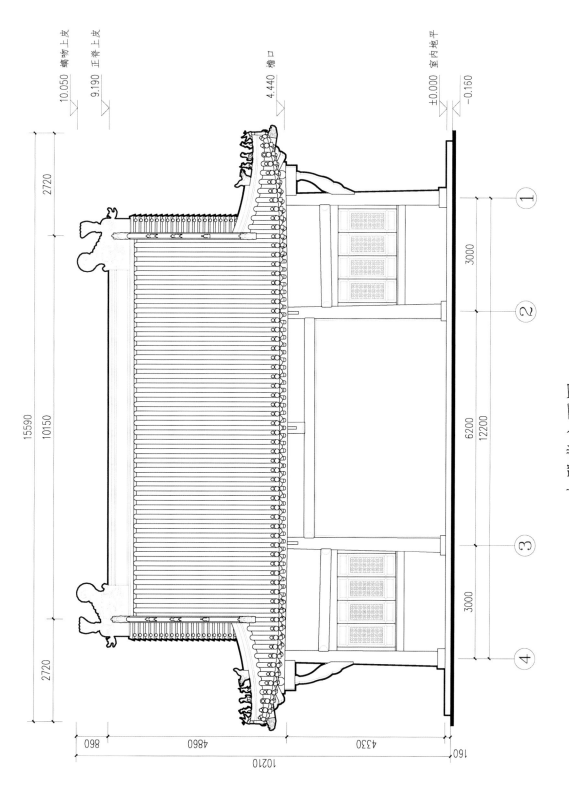

大殿背立面图 1:100

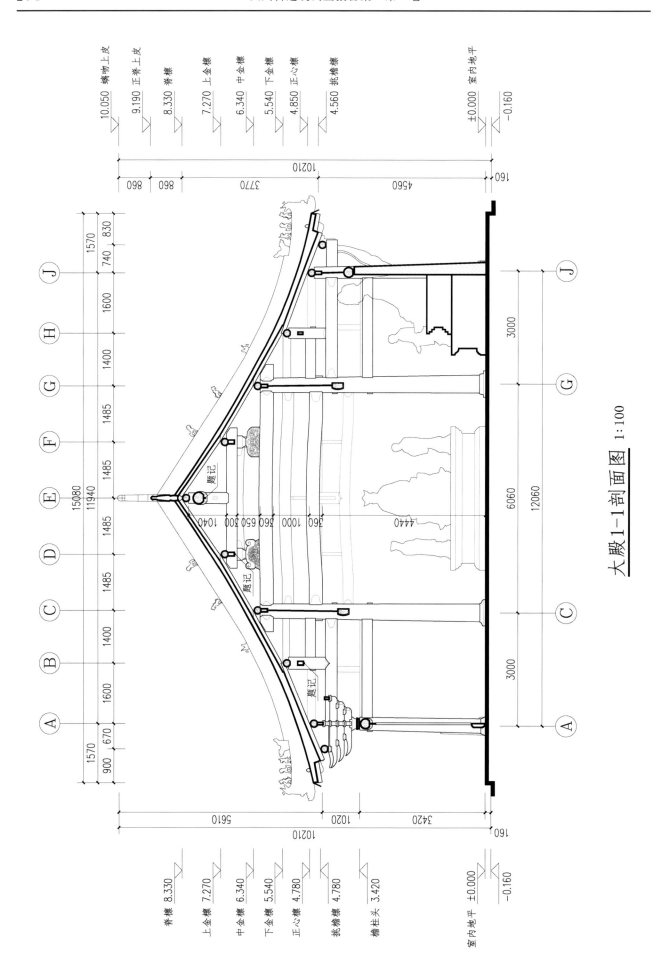

大殿1-1剖面图 1:100

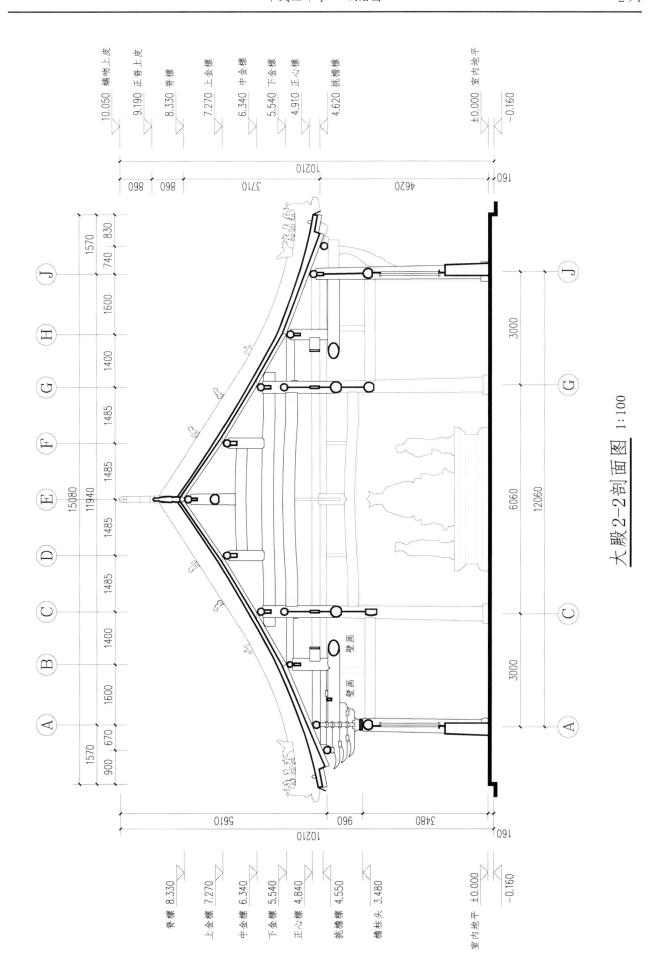

大殿2-2剖面图 1:100

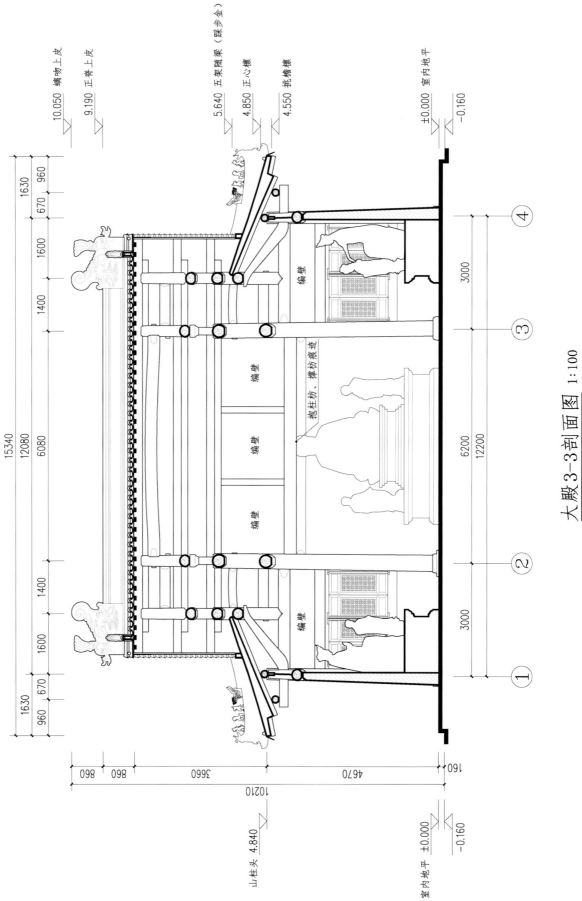

大殿 3—3 剖面图 1:100

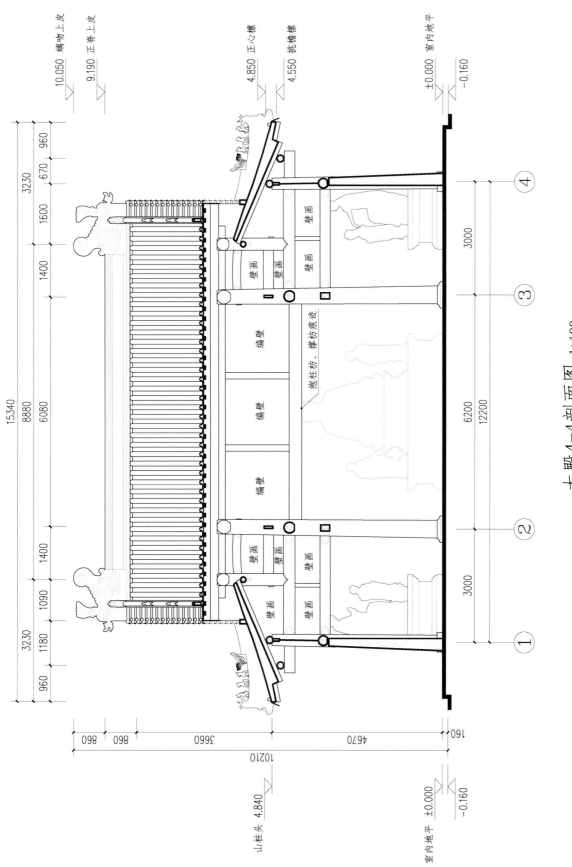

大殿4-4剖面图 1:100

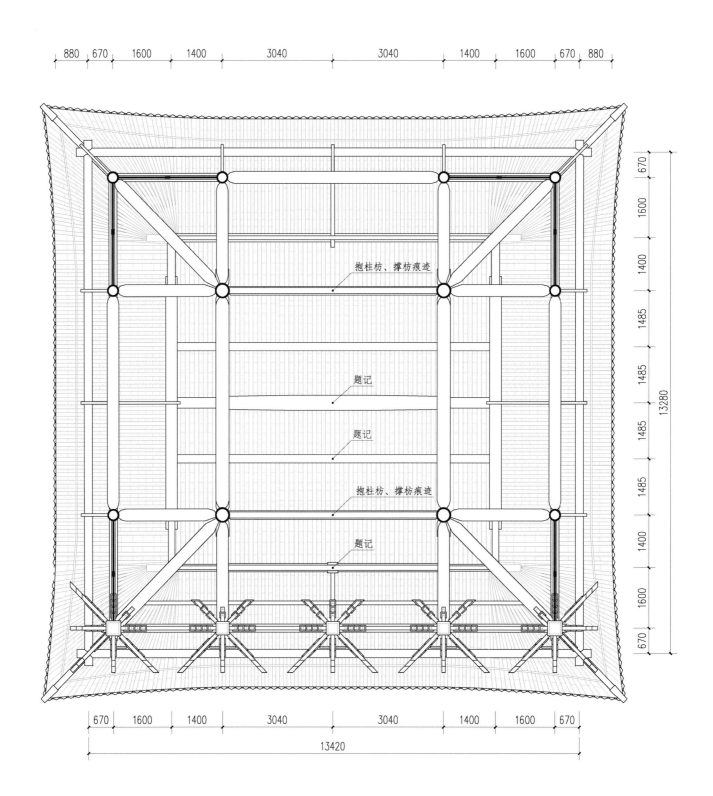

880 670 1600 1400 3040 3040 1400 1600 670 880

670
1600
1400
1485
1485
1485
1485
1400
1600
670

13280

抱柱枋、撑枋痕迹

题记

题记

抱柱枋、撑枋痕迹

题记

题记

670 1600 1400 3040 3040 1400 1600 670

13420

大殿梁架仰视图 1:100

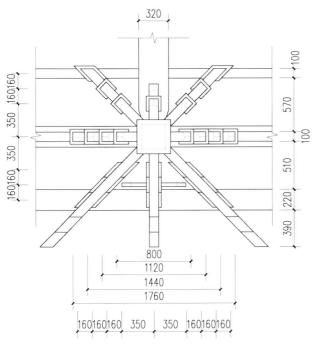
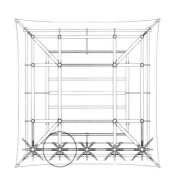

仰视图

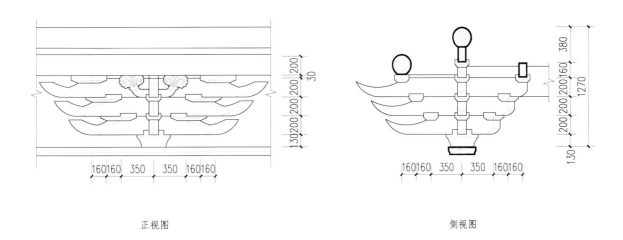

正视图   侧视图

大殿前檐柱头科 1:40

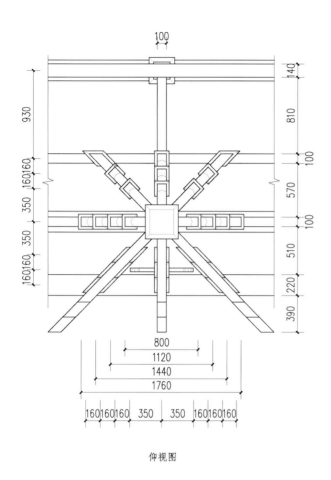

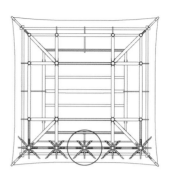

仰视图

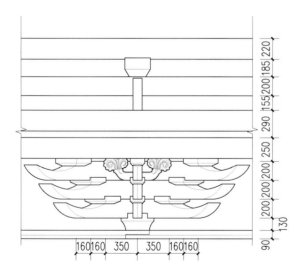

正视图

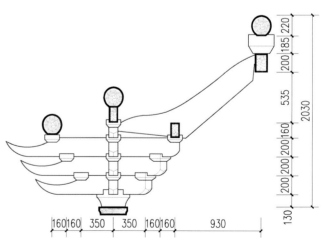

侧视图

大殿前檐平身科 1:40

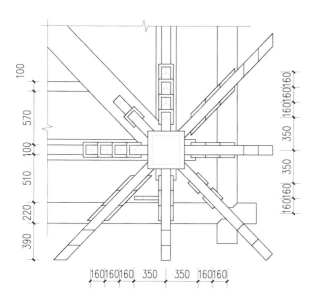

仰视图

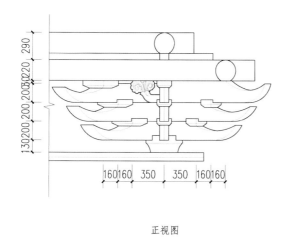

正视图　　　　　　　　　　　　　侧视图

大殿前檐角科 1:40

四川古建筑木材树种鉴定报告（一）

一　分析方法

古建筑的木料选材对古建筑的历史研究和保护均有重要意义。但木料或藏于油漆以下，或被陈年积尘覆盖，或处于高处难以靠近，不易通过肉眼进行识别。此次鉴定是通过古建筑采样、实验室加工、微观形貌观察的方法进行树种鉴定。

具体步骤为：第一步炭化，将木样用锡箔纸包裹严实后，放入马弗炉中加热，约 40 分钟后马弗炉温度升至 400℃，保持该温度 30 分钟，使木样炭化。第二步制样，将上步骤制得的木炭样品用锋利的刀片分别切出表面均匀规整的木材横切面、径切面和弦切面，再用导电胶粘于扫描电镜导电杯上备用。第三步显微观察，将导电杯放入扫描电镜样品室中进行观察和拍照，放大倍数为 100~1000 倍不等。电镜型号为荷兰飞纳公司生产的 Prox 台式扫描电镜。第四步比对识别，将获得的木材三个面的照片与标准木样照片进行比对，从而识别出树种。标样相关数据来自于《中国木材志》《中国裸子植物木材志》等。

这种方法一般能鉴定到木材的属，少数常见的木材能鉴定到种。

二　木材显微分析

采集的样品来自剑阁香沉寺（5 个）、阆中五龙庙（10 个）、阆中张桓侯祠（19 个）、南部真相寺（12 个）、南部观音庵（11 个）和平武豆叩寺（14 个）。样品主要采自这些寺庙中主体结构为清朝以前的建筑，如剑阁香沉寺，采样选取的单体建筑为寺内年代最早的元代大殿。只有南部真相寺前厅和平武豆叩寺大殿为明确的清代建筑。样品编号规则为"寺庙名称 + 数字序号"。每个木样选取其横切面、径切面和弦切面图片各一张，附于表 1 中。

表 1　　　　　　　　　　　　　木构件样品的显微图像

样品编号	横切面	径切面	弦切面
香沉寺 1			
香沉寺 2			

续表

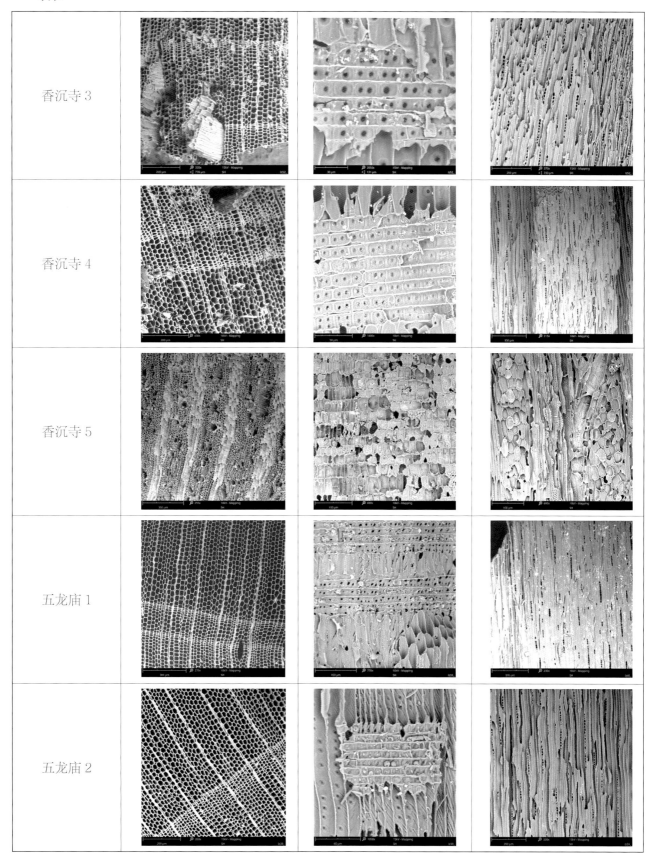

续表

五龙庙3			
五龙庙4			
五龙庙5			
五龙庙6			
五龙庙7			

续表

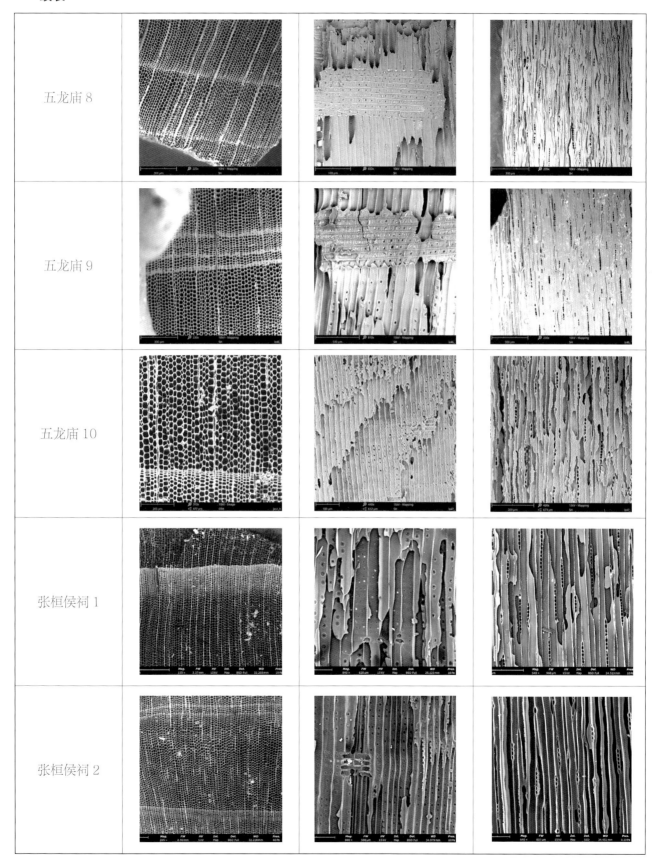

五龙庙 8		
五龙庙 9		
五龙庙 10		
张桓侯祠 1		
张桓侯祠 2		

续表

张桓侯祠 3			
张桓侯祠 4			
张桓侯祠 5			
张桓侯祠 6			
张桓侯祠 7			

续表

张桓侯祠 8			
张桓侯祠 9			
张桓侯祠 10			
张桓侯祠 11			
张桓侯祠 12			

续表

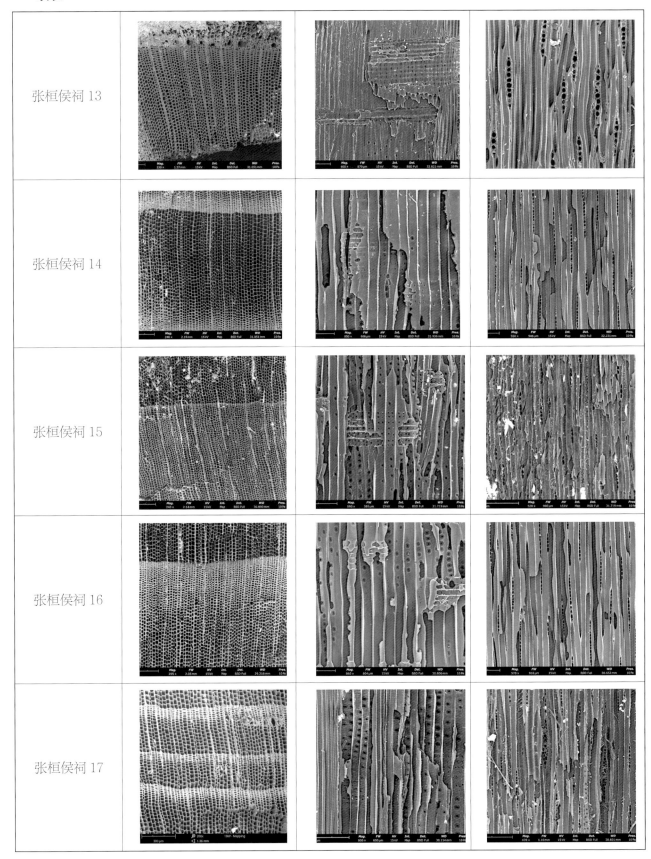

续表

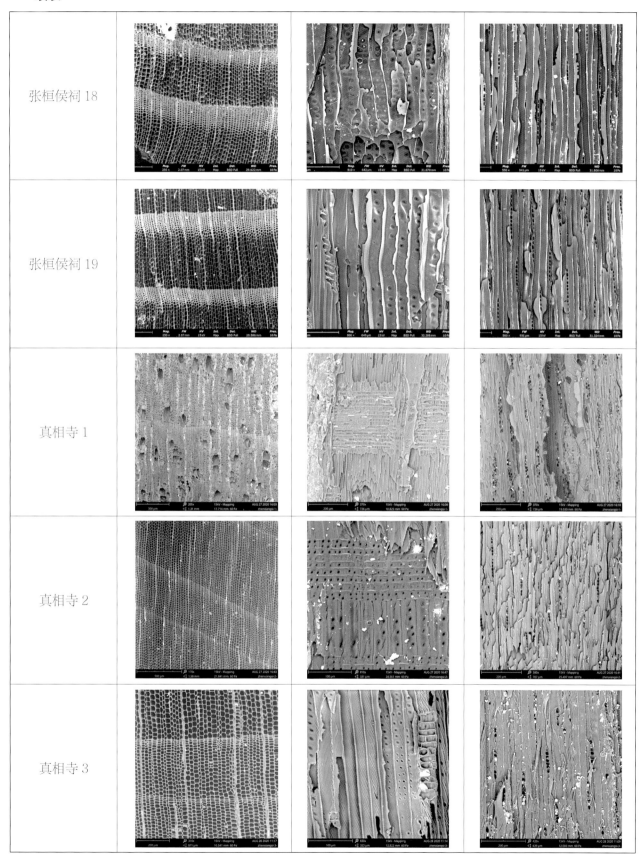

张桓侯祠 18		
张桓侯祠 19		
真相寺 1		
真相寺 2		
真相寺 3		

续表

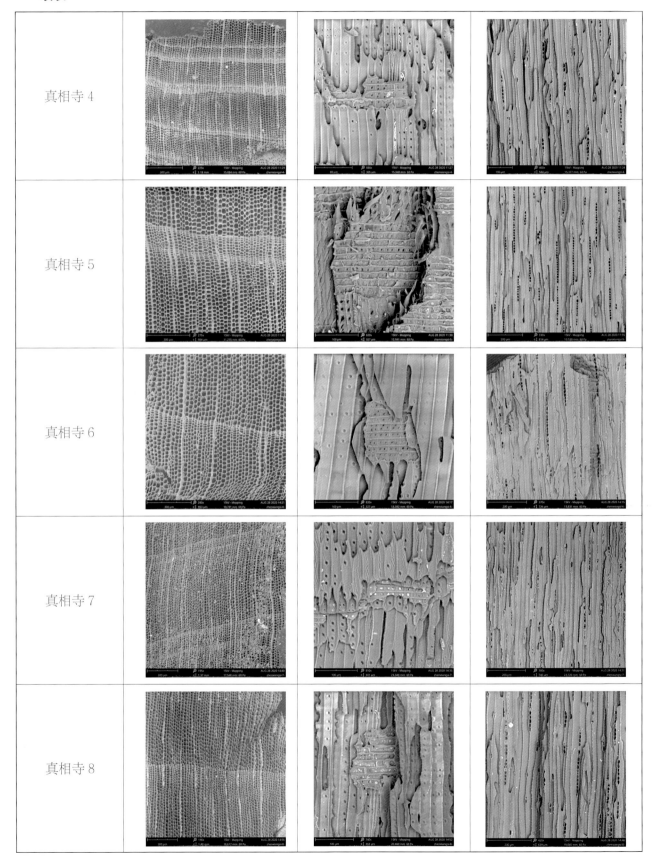

续表

真相寺 9			
真相寺 11			
真相寺 12			
观音庵 1			
观音庵 2			

续表

观音庵 3			
观音庵 4			
观音庵 5			
观音庵 6			
观音庵 7			

续表

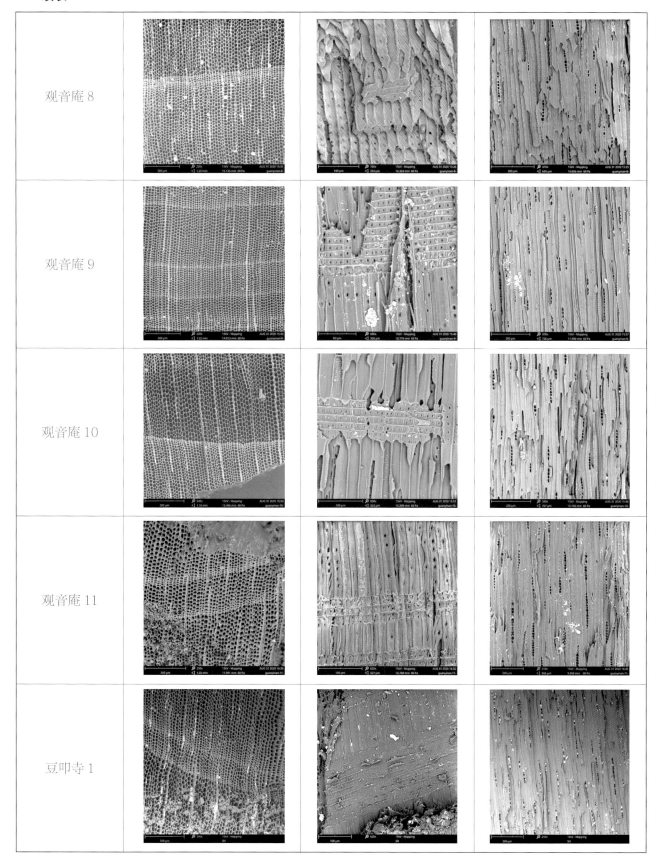

续表

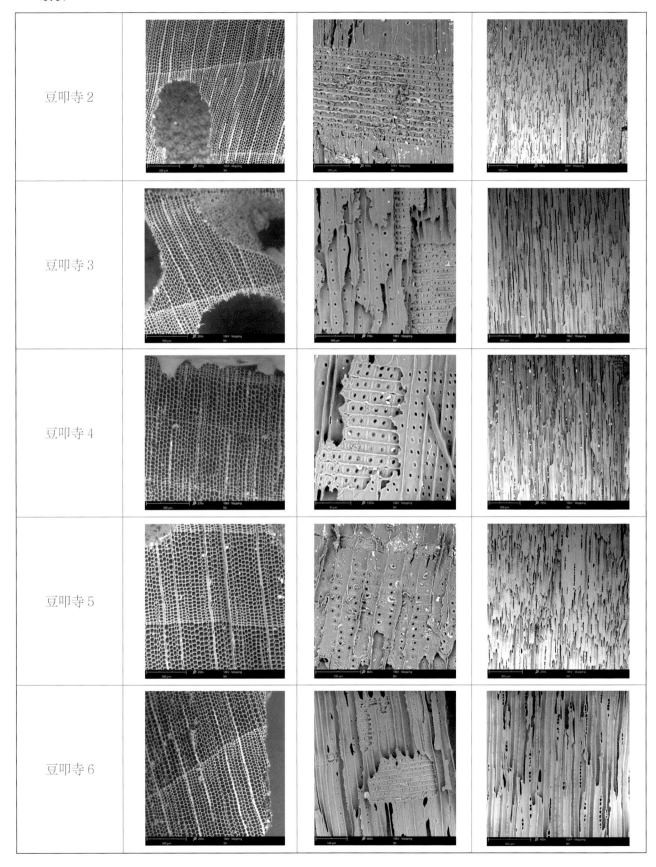

续表

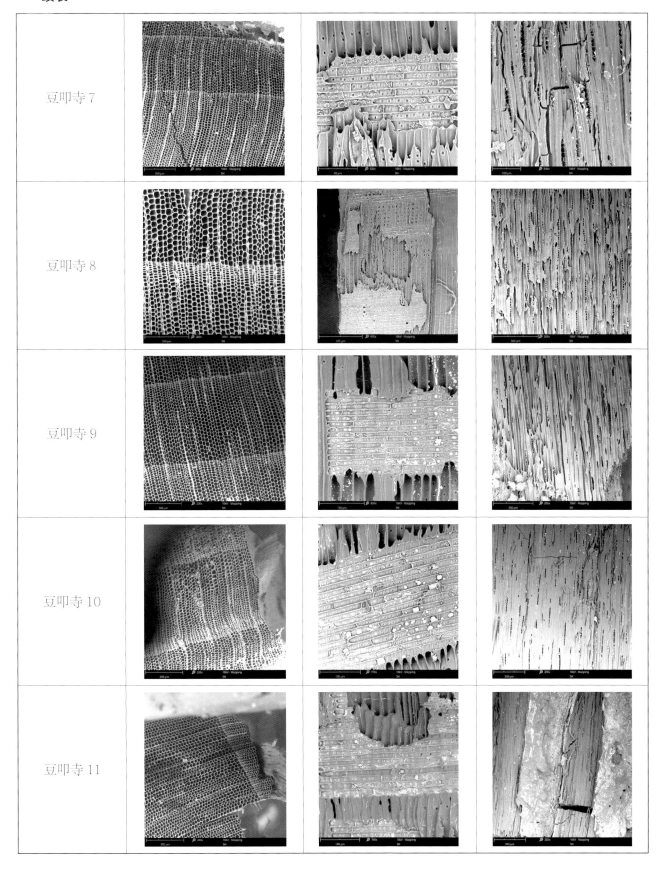

续表

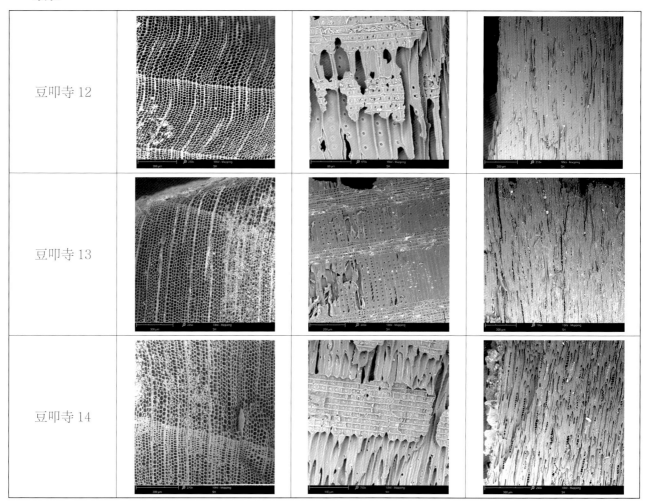

豆叩寺 12		
豆叩寺 13		
豆叩寺 14		

通过对上述木样照片进行比对，可知大多数木样微观结构特征与柏木属较为接近。横切面：轴向管胞形状为椭圆形或多边形，早材带极宽，占据横切面绝大部分面积，早材至晚材渐变，轴向薄壁组织少，星散状分布，树脂道缺乏。径切面：管胞有具缘纹孔，圆形，通常 1 列，管胞壁光滑，无螺纹加厚。射线细胞水平壁和端壁均光滑，壁薄，无加厚。交叉场纹孔为柏木型，2~4 个。弦切面：射线单列，射线细胞呈圆形、卵圆或椭圆形，每条射线的细胞数为 1~26 个，多数情况为 3~15 个，射线高度从低到中。具有上述特征的木材为典型的柏木属，即川北常见的柏木。部分柏木属木材管胞及纹孔上有应压撕裂形成的螺旋状沟槽，特征略有不同。

在阆中、剑阁、南部等地均传闻古代建筑喜用马桑树做梁柱，故在香沉寺附近采集了当地马桑树标本（香沉寺 5 号样品），其微观结构特征与古代建筑木构件样本有明显不同。横切面：环孔材。早材管孔多为复管孔或管孔团。晚材管孔多为单管孔。轴向薄壁组织为环管束状，呈圆形或卵圆形。径切面：导管单穿孔，无螺纹加厚，导管内含物不见或少见，导管间纹孔互列。木射线直立细胞数量多，射线高度高。弦切面：木射线异形多列，射线宽度多为 5 个细胞，射线高度高，鞘状细胞多见。

张桓侯祠大多数样品与冷杉属较为接近。微观结构特征为横切面：早材管胞横切面为方形或多边形，晚材管胞横切面为方形或长方形。轴向薄壁组织极少，早晚材渐变。径切面：射线薄壁细胞水平壁厚，纹孔多。端壁节状加厚明显，凹痕明显。交叉场纹孔为杉木型，1~3个，1或2横列。弦切面：射线单列，射线细胞呈圆形、卵圆或椭圆形，每条射线的细胞数1~26个，多数情况为3~15个，射线高度从低到中。

张桓侯祠采集到的8号和17号样品与黄杉属较为接近。微观结构特征为横切面：早材轴向管胞形状为不规则形或多边形，晚材轴向管胞形状为四边形或不规则梯形。早材带较宽，早材至晚材接近急变，轴向薄壁组织缺乏，具有轴向树脂道，通常出现在晚材，树脂道周围具有6~8个泌脂细胞，泌脂细胞壁厚，有纹孔。径切面：管胞具有具缘纹孔，圆形，通常1列。早材轴向管胞常见单根和窄间隔螺纹加厚。存在射线管胞，通常1或2行。射线薄壁细胞水平壁节状加厚，纹孔明显，端壁节状加厚，存在凹痕。交叉场纹孔口裂隙状外延，为云杉型，2~5个（通常2~3个）不规则排列。弦切面：射线单列，圆形、卵圆或椭圆形，细胞数3~30个，通常11~16个。存在径向树脂道，纺锤形，高20~27个细胞，树脂道周围具有6~8个泌脂细胞，泌脂细胞壁厚，有纹孔。

张桓侯祠采集到的12号样品与连香树属较为接近。微观结构特征为横切面：导管横切面为圆形、卵圆或椭圆形，具有多角形轮廓。单管孔，散生，壁薄。径切面：导管复穿孔，梯状。管间纹孔梯状分布，纹孔圆形或椭圆形。木射线多列，异形Ⅱ型，直立细胞比横卧细胞高。射线导管间纹孔类似管间纹孔，梯形分布。弦切面：木射线多为2或3列。

真相寺1号样品与桢楠属较为接近。微观结构为横切面：管孔为圆形及卵圆形，单管孔及短径列复管孔，管孔团较常出现，管孔分布为星散状散孔材。轴向薄壁组织较少，环管状或翼状，油细胞星散状。径切面：导管有梯状复穿孔，具分枝，横隔窄。导管间纹孔互列。射线导管间纹孔为刻痕状，部分类似管间纹孔。弦切面：木射线异形多列，为异形Ⅲ型。射线通常宽2或3个细胞。

三　鉴定结果

通过分析比对得出的鉴定结果见表2。

表2　　　　　　　　　　　　　　木构件树种鉴定结果

木构件树种鉴定结果	取样位置	树种
香沉寺1	大殿右前内柱	柏木属
香沉寺2	大殿左前内柱	柏木属
香沉寺3	大殿左后内柱	柏木属

续表

香沉寺 4	大殿左缝后檐柱	柏木属
香沉寺 5	香沉寺附近山上活体马桑树	马桑属
五龙庙 1	文昌阁左二缝前廊柱	柏木属
五龙庙 2	文昌阁左一缝前檐柱	柏木属
五龙庙 3	文昌阁右一缝前檐柱	柏木属
五龙庙 4	文昌阁右前角柱	柏木属
五龙庙 5	文昌阁右山前檐柱	柏木属
五龙庙 6	文昌阁右前内柱	柏木属
五龙庙 7	文昌阁左前内柱	柏木属
五龙庙 8	文昌阁左山前檐柱	柏木属
五龙庙 9	文昌阁左山后檐柱	柏木属
五龙庙 10	文昌阁前廊左梢间普拍枋	柏木属
张桓侯祠 1	敌万楼上檐左山平板枋	冷杉属
张桓侯祠 2	敌万楼上檐左后角科耍头	冷杉属
张桓侯祠 3	敌万楼左后金柱	冷杉属
张桓侯祠 4	敌万楼上檐左山北侧平身科头翘	冷杉属
张桓侯祠 5	敌万楼上檐左山北侧平身科正心万拱	冷杉属

续表

张桓侯祠6	敌万楼上檐左山大额枋	冷杉属
张桓侯祠7	敌万楼左前金柱	冷杉属
张桓侯祠8	敌万楼上檐左山南侧平身科正心万拱	黄杉属
张桓侯祠9	敌万楼后檐上额枋	冷杉属
张桓侯祠10	敌万楼下檐左后角科头昂	冷杉属
张桓侯祠11	敌万楼下檐左后角科二昂	冷杉属
张桓侯祠12	敌万楼下檐左后角科三昂	连香树属
张桓侯祠13	敌万楼下檐左山大额枋	冷杉属
张桓侯祠14	敌万楼下檐右山大额枋	冷杉属
张桓侯祠15	敌万楼下檐右后角科头昂	冷杉属
张桓侯祠16	敌万楼上檐右后霸王拳	冷杉属
张桓侯祠17	敌万楼右后金柱	黄杉属
张桓侯祠18	敌万楼上檐右山平板枋	冷杉属
张桓侯祠19	敌万楼上檐后檐平板枋	冷杉属
真相寺1	正殿左二缝后檐柱	桢楠属
真相寺2	正殿左一缝后檐柱	柏木属
真相寺3	正殿右一缝后檐柱	柏木属

续表

真相寺 4	正殿右二缝后檐柱	柏木属
真相寺 5	正殿左二缝后金柱	柏木属
真相寺 6	正殿左一缝后金柱	柏木属
真相寺 7	正殿右二缝前金柱	柏木属
真相寺 8	正殿右二缝前檐柱	柏木属
真相寺 9	正殿左二缝前檐柱	柏木属
真相寺 11	前厅右一缝后檐柱	柏木属
真相寺 12	前厅左一缝后檐柱	柏木属
观音庵 1	大殿左前角柱	柏木属
观音庵 2	大殿左缝前檐柱	柏木属
观音庵 3	大殿右缝前檐柱	柏木属
观音庵 4	大殿右前角柱	柏木属
观音庵 5	大殿右山前檐柱	柏木属
观音庵 6	大殿右山次前檐柱	柏木属
观音庵 7	大殿右山后檐柱	柏木属
观音庵 8	大殿右后角柱	柏木属
观音庵 9	大殿左山前檐柱	柏木属

续表

观音庵 10	大殿左山次前檐柱	柏木属
观音庵 11	大殿左山后檐柱	柏木属
豆叩寺 1	大殿左前角柱	柏木属
豆叩寺 2	大殿左山前檐柱	柏木属
豆叩寺 3	大殿左山后檐柱	柏木属
豆叩寺 4	大殿左后角柱	柏木属
豆叩寺 5	大殿左缝后檐柱	柏木属
豆叩寺 6	大殿右缝后檐柱	柏木属
豆叩寺 7	大殿右后角柱	柏木属
豆叩寺 8	大殿右山后檐柱	柏木属
豆叩寺 9	大殿右山前檐柱	柏木属
豆叩寺 10	大殿右前角柱	柏木属
豆叩寺 11	大殿右缝前檐柱	柏木属
豆叩寺 12	大殿左缝前檐柱	柏木属
豆叩寺 13	大殿右前金柱	柏木属
豆叩寺 14	大殿左后角柱撑弓	柏木属

后记

　　《四川古建筑调查报告集（第一卷）》是成都文物考古研究院古建研究所在多年田野调查的基础上形成的工作成果。工作组成员具有文物建筑专业、文物保护专业以及建筑历史与理论专业的学科背景，在田野调查和报告撰写过程中，大家相互交流、彼此学习是本书得以成形的基础。

　　本卷各篇报告的编写人员如下。《剑阁香沉寺》执笔：赵元祥、李林东、陈晓宁；三维扫描：姚建夫；航拍：姚建夫、陈晓宁；摄影：赵元祥、姚建夫、赵芸；绘图：石松峰、赵元祥。《昭化文庙》执笔：赵元祥、陈晓宁；三维扫描：李见；全景摄影：王亚龙；摄影：赵元祥、蔡宇琨；绘图：石松峰、赵元祥。《阆中五龙庙》执笔：李林东、赵元祥、白露；摄影：李林东、赵元祥；绘图：李林东。《阆中张桓侯祠》执笔：蔡宇琨、赵元祥、余书敏；三维扫描、全景摄影：石松峰；航拍：李林东；摄影：李林东、蔡宇琨；绘图：石松峰、蔡宇琨、李见。《南部观音庵》执笔：蔡宇琨、赵元祥、白露；三维扫描、航拍：李见；全景摄影：石松峰；摄影：蔡宇琨；绘图：蔡宇琨、李见。《南部真相寺》执笔：蔡宇琨、赵元祥；三维扫描、航拍：李见；全景摄影：石松峰；摄影：蔡宇琨；绘图：蔡宇琨、李见。《平武豆叩寺》执笔：赵元祥、余书敏；三维扫描：李林东、王亚龙；全景摄影：王亚龙；摄影：赵元祥；绘图：赵元祥、王亚龙。《四川古建筑木材树种鉴定报告（一）》执笔：白露、闫雪；现场取样和实验室操作：白露。剑阁香沉寺、阆中五龙庙的全景摄影：北京大学考古文博学院尚劲宇。本书全景照片均由北京大学考古虚拟仿真实验教学中心提供网络支持。全书最后由蔡宇琨、赵元祥、李林东负责文字统稿和图纸校核。

　　四川省文物局王毅局长在调查启动阶段为我们确立了工作模式和工作方向；省文物局文物保护处何振华处长提供了省内已有古建筑的基础资料。成都文物考古研究院颜劲松院长、蒋成副院长和江章华副院长一直关心、支持着这项工作，并对编写提出了宝贵意见。

北京大学考古文博学院徐怡涛教授多年来给予了我们建筑考古学的理论指导，并为本书作序。广元市昭化区、剑阁县，南充市南部县、阆中市以及绵阳市平武县等地的文物管理部门为田野调查提供了大力支持和配合。文物出版社耿昀女士为本书的编辑出版付出了辛勤劳动。在此，对以上诸位领导、同仁及单位一并表示感谢！

对四川古建筑详细、科学的调查工作将会持续进行。本书难免存在疏漏之处，敬请各位读者不吝指正。

编　者

2020 年 11 月